国家自然科学基金项目（32060367，42061039）、贵州省科学技术基金重点项目（黔科合基础〔2020〕1Z011）、贵州省科技支撑计划项目（黔科合支撑〔2021〕一般 458）、高层次人才科研及平台建设项目（600009214401）资助

城市遗存喀斯特自然山体资源及其公园化利用

——以黔中多山城市为例

王志泰　包　玉　王志杰　著

科学出版社

北　京

内 容 简 介

改革开放以来，尤其是西部大开发战略实施以来，我国中西部城市化快速发展，山地区域城市扩展与生态环境保护之间矛盾日趋激烈，而自然山体是矛盾焦点。本书以协调城市遗存山体生态保护与开发利用之间的矛盾为出发点，首先介绍了城市化过程对城市自然遗存景观格局、生态过程的影响；其次以黔中喀斯特多山区域为主要研究区，分析了黔中多山城市空间形态与景观格局、城市遗存山体空间格局、形态特征和植被特征；再次评价了城市遗存山体生态系统服务绩效，构建了景观生态网络；最后针对城市遗存山体公园化利用，进行了城市遗存山体植物群落公园化利用响应、公园化利用适宜性、山体公园游人容量和空间效能的研究。

本书可供城乡规划、土地科学、景观生态和风景园林等领域的科技工作者及高校师生参考，也可供自然资源、生态环境、市政管理等政府部门管理人员，以及从事国土规划、城乡规划、景观规划等工作的人员参考。

审图号：黔 S(2022)004 号

图书在版编目（CIP）数据

城市遗存喀斯特自然山体资源及其公园化利用：以黔中多山城市为例/王志泰等著. —北京：科学出版社，2022.3
　ISBN 978-7-03-071168-7

Ⅰ.①城… Ⅱ.①王… Ⅲ.①喀斯特地区–山区–土地利用–研究–贵州 ②喀斯特地区–山区–生态系–研究–贵州 Ⅳ.①P942.73

中国版本图书馆 CIP 数据核字（2021）第 271538 号

责任编辑：马　俊　付　聪　陈　倩 / 责任校对：贾娜娜
责任印制：吴兆东 / 封面设计：无极书装

科学出版社 出版
北京东黄城根北街 16 号
邮政编码：100717
http://www.sciencep.com
北京建宏印刷有限公司 印刷
科学出版社发行　各地新华书店经销

*

2022 年 3 月第 一 版　开本：787×1092　1/16
2022 年 10 月第二次印刷　印张：14 3/4
字数：347 000
定价：228.00 元

前　言

　　随着全球城市化进程的快速推进，城市扩展过程已成为影响自然生境的主要因素之一，也是近年来科研人员关注的热点问题。快速城市化常伴随人口的快速增长和城市规模的不断扩大，原有自然生境的破碎化和丧失，导致区域生态环境恶化、人与自然关系失衡，以及一系列"城市病"的出现。我国是多山国家，山地城镇约占全国城镇总数的一半，而中西部地区大多为山地城镇，在快速城市化过程中，多山城市人地关系更为紧张，城市扩展和人口激增所带来的生态环境问题更为严重。山体一方面制约和限制了城市的扩展，另一方面其镶嵌于城市之中，形成城市遗存自然或近自然生境，成为城市人工环境中的重要生态斑块。然而，由于理念、技术及经济等方面相对落后，中西部山地区域快速城市化过程中，城-山矛盾更为突出，山体资源的优势并没有得到足够重视和利用，城市生态问题依然严峻。在实现中华民族伟大复兴的关键时期，平衡生态保护与经济社会良性发展的关系，是当前必须面对和解决的现实问题。

　　国家在总结改革开放40多年来取得的举世瞩目的伟大成就的同时，也在反思快速发展过程中存在的问题，尤其是生态环境保护与经济社会发展之间的协调与平衡问题。之后相继出台"多规合一"的国土空间规划以及城市修补和生态修复等政策措施，旨在改善城市生态环境，建设宜居健康的城市人居环境。然而，作为以问题为导向的城市更新手法，城市生态修复的重点和关键之一在于城市生态问题的准确诊断，以免盲目且用力过猛的生态修复实践导致因保护而再破坏。所以针对不同类型的城市开展城市生态问题研究，揭示城市发展与生态保护之症结，是当前科研和实践领域亟待解决的重大课题，尤其是中西部山地区域。但是，目前学术界针对多山城市景观格局与生态安全、城市遗存山体生境与城市开发建设之间的响应关系及生态过程研究的专著鲜见报道。为此，本书以黔中典型的多山城市为研究对象，研究城市化过程对城市遗存山体时空格局的塑造作用、城市遗存山体植物群落生态过程对城市化的响应以及城市遗存山体的公园化利用，为我国多山城市国土空间规划、城市生态修复提供理论和技术支撑。

　　本书聚焦多山城市，联系实际，系统阐述了城市化过程对黔中多山城市景观格局的影响，详细解析了城市遗存山体植物群落特征及其对城市化的响应，分析了城市遗存山体公园化利用的适宜性及其空间效能。全书共10章，第1章论述了城市遗存自然山体资源保护和公园化利用的研究目的与意义，分析了相关研究进展，介绍了研究区特征；第2章分析了黔中多山城市空间形态与景观格局；第3章分析了黔中城市遗存喀斯特自然山体空间格局与形态；第4章论述了黔中城市遗存自然山体植被群落特征；第5章评价了黔中城市遗存自然山体生态系统服务绩效；第6章基于第3~5章的研究成果构建了黔中多山城市景观生态网络；第7章论述了黔中城市遗存喀斯特山体植物群落的公园化利用响应；第8章对黔中城市遗存自然山体公园化利用进行了适宜性评价；第9章分析了黔中城市喀斯特山体公园游人容量；第10章论述了黔中城市喀斯特山体公园游憩空间效能。本书综合景观生态学、群落生态学和风景园林学等学科领域的相关理论与方法，对黔中多山城市遗存山体资源保护与公园化利用进行了研究，是在城市生态领域的新探索。

本书写作过程中参考和借鉴了国内外一些专家、学者公开发表的研究成果，在此谨向相关作者致以诚挚的谢意。向杏信、陈信同、汤娜、孔宁、周寒冰、彭冲、范春苗、邓国平参与了山体植被群落的外业调查工作，张瑾珲和邓国平参与了山体公园游人量的调查工作，曾雨静、任梅、张瑾珲、邢龙参与了多山城市景观格局的数据处理与分析，陈信同、孙玉真、林迅、刘淑萍、乔韵薇和李芩参与了文字校对，马星宇、魏文飞、王铁霖、莫亚国和吴斌参与了书稿插图绘制，科学出版社编辑团队为本书的出版做出了大量非常专业和细致的工作。本书得到国家自然科学基金项目"岩溶地区城市喀斯特山体野境野性评价与维持机理"（32060367）和"喀斯特城市景观格局时空演变及其对山体植物多样性影响的尺度效应"（42061039）、贵州省科学技术基金重点项目"黔中城市喀斯特山体自然遗存植被稳定性维持机理"（黔科合基础〔2020〕1Z011）、贵州省科技支撑计划项目"岩溶地区城市遗存喀斯特自然山体野性评价与维持关键技术研究与示范"（黔科合支撑〔2021〕一般 458）及高层次人才科研及平台建设项目（600009214401）的资助。在此一并表示衷心感谢。

由于著者水平有限，书中难免存在不足之处，敬请读者不吝赐教和斧正。

王志泰

2021 年 9 月 29 日于贵阳

目　　录

第1章 绪 论

1.1 城市遗存自然山体资源保护和公园化利用研究目的与意义

随着全球城市化的进程，人类与自然之间的联系正在急剧减弱，给人类自身的健康和福祉带来负面影响（Miller，2005；曹越等，2019）。城市中的自然或近自然生境不仅成为连接人与自然的重要纽带（Soga and Gaston，2016），而且能够向城市提供多种生态系统服务功能（de Araújo and Bernard，2016），尤其在保护城市生物多样性（Brunbjerg et al.，2018）、帮助城市居民体验野性自然（Ottewell et al.，2019；Smith et al.，2020）、促进市民身心健康（de la Barrera et al.，2019）等方面具有重要且独特的价值，是城市中非常珍贵的生态资源（Fernández et al.，2019）。然而，城市快速扩张过程中，城市内部及周边区域中大量的自然或近自然生境或被开发，或被大规模"美化"改造为公园（曹越等，2019；韩西丽和李迪华，2009；车生泉等，2009），导致本土生物多样性显著降低、生态功能严重退化（Ramalho et al.，2014）。因此城市环境中的自然生境保护与生态修复刻不容缓。

我国山地面积占国土面积的 2/3 左右，山地城镇约占全国城镇总数的一半（黄光宇，2005）。以贵州高原为中心的南方岩溶地区，是全球喀斯特发育最典型、最复杂、景观类型最丰富的一个片区，也是面积最大、最集中的生态脆弱区（王世杰等，2015）。快速城市化背景下，大量喀斯特山体被城市建设用地包围，形成城市遗存喀斯特山体（图 1-1a 和 b）。由于城市用地紧张和过分追求土地经济价值，在"向山要地"思想驱动下，城市喀斯特山体野境（野生生境）长期被建设用地蚕食和破坏，同时存在过度公园化利用等现象，导致其植被退化、石漠化加剧，自然野性衰退并逐渐丧失（图 1-1c～f）。而当前城市生态修复实践，主要集中于受损山体边坡的人工植被恢复，形成轻保护重修复、边破坏边修复的惯性，但喀斯特山体生态脆弱，一旦破坏将很难恢复。城市喀斯特山体野境保护和生态修复的理论研究与实践探索远远不够。

大量研究表明城市自然遗存能够向城市提供多种生态系统服务功能（de Araújo and Bernard，2016），尤其在缓解城市热岛效应（王剑强和王志泰，2014；Chen et al.，2014）、净化城市水环境（Yu et al.，2013）和维持城市生物多样性（Brunbjerg et al.，2018）等方面，城市自然植被斑块的面积和生产力比城市景观格局更重要。然而，城市自然遗存能否长期提供生态系统服务，取决于它们是否有能力维持其自身的稳定性（Fernández et al.，2019）。城市增长促使城市不断向外蔓延，并侵蚀城市自然遗存，使绿色基础设施在规模和种类上不断减少，空间结构连接性不断下降，导致城市自然遗存提供生态系统服务的能力持续下降（Wang et al.，2018）。但大多数研究限于城市整体景观尺度的宏观分析，系统性地针对城市化背景下城市自然遗存植被稳定性维持机理的相关研究非常薄弱（于振良，2016）。

图 1-1 城市山体空间格局与各种破坏干扰形式
a、b. 镶嵌于城市建成环境中的城市山体（贵阳市局部）；c～f. 城市山体被开挖侵占、开荒种菜、公园化利用

城市双修（生态修复、城市修补）是我国迫切的时代需求，作为以问题为导向的城市更新手法，其中城市生态修复的重点之一为对城市生态问题的准确诊断（王志芳等，2017）。多尺度格局与过程相结合，耦合自然和人文要素与过程，发展系统整体的综合方法（傅伯杰，2018），定量研究不同影响因素对城市自然遗存植被稳定性的影响机理，进而揭示其生态系统服务供给与稳定性维持所需空间之间的平衡机制（王云才等，2018）。在不影响城市空间发展的前提下，通过城市园林绿地格局优化调控，确保城市自然遗存植被稳定性，提高其生态系统服务功能的发挥水平。但基于此认识，在多时空尺度上对城市遗存自然山体生态过程的研究，目前还不够深入和系统（Fernández et al.，2019）。以上表明城市自然植被稳定性研究已成热点，但植被稳定性维持机理研究较少，尤其是城市遗存喀斯特自然山体植被稳定性维持机理研究鲜见报道。

贵州是我国唯一没有平原支撑的省份，境内 92.5% 的面积为山地和丘陵，61.2% 的面积属于喀斯特地貌（王世杰等，2015）。黔中地区锥、塔状喀斯特地貌集中连片分布，数量多、规模小、分布散的喀斯特山体镶嵌于城市内部，形成典型的城市遗存喀斯特自然山体。前期研究发现，城市遗存喀斯特自然山体平均斑块面积在减小、连通度在降低（任梅，2018），植被覆盖度和物种多样性水平明显低于周边自然环境中的山体绿地，植被衰退迹象明显（曾雨静，2018）。因此，本研究以黔中地区为研究区域，以城市遗存喀斯特自然山体为研究对象，将植物生态学、景观生态学、风景园林学多学科相关理论与方法交叉融合，多时空尺度分析城市化过程对城市遗存自然山体空间格局的塑造作用。通过城市内外喀斯特山体自然植被及其植物群落特征的对比分析，基于系统的综合方法，从城市整体尺度的景观格局和绿地系统布局、城市局部尺度的缓冲区开发建设强度，再到斑块尺度的遗存自然山体内部生境条件和植物群落特征等各尺度的影响因素与生态变量，分析植被稳定性的影响因素和路径，揭示城市遗存自然山体时空格局和植被特征及其城市化响应规律，具有重要的科学意义及广阔的应用前景。

（1）对丰富和深化由城市化导致的残余生境生态系统维持的相关理论具有重要的科学意义

残余生境植被稳定性的研究一直以来是生态学研究的热点和难点，且相关研究已非常广泛和深入，但研究大多集中于自然环境中各种干扰背景下的生境生态系统。不同环境背景下的残余生境，植被稳定性影响因素和作用机理各不相同。城市化地区具有高度的生境异质性和强烈的人类干扰影响，形成了独特的环境，城市自然遗存植被维持的影响因素和过程更为复杂，喀斯特这一独特因素，使得自然植被的维持难上加难，但当前相关研究缺乏。而且，喀斯特地貌分布广泛，约占全球陆地面积的1/3，从地域分布看，本研究具有喀斯特地域的典型性与代表性。将残余生境植被稳定性维持的理论研究引入喀斯特多山城市环境背景，拓宽了该领域研究方向与解决更复杂问题的理论深度，同时为城市生态环境相关研究提供了理论支持。

（2）对丰富喀斯特多山城市绿地系统规划理论具有重要意义

城市遗存自然山体具有多种生态系统服务功能，是喀斯特多山城市独特的生态资源优势。但由于喀斯特多山城市绿地系统规划理论研究滞后，城市内丰富的遗存自然山体未得到足够的重视，在城市绿地系统中未发挥应有的作用。现有相关规范、标准和理论在指导喀斯特多山城市绿地系统规划时，往往与喀斯特多山城市实际生态环境严重不一致，尤其在遗存自然山体绿地的规划方面不具备指导性和可操作性。本书定量研究不同影响因素对城市自然遗存植被稳定性的影响机理，进而揭示其生态系统服务供给与稳定性维持所需空间之间的平衡机制，在城市绿地功能配置、空间布局和结构体系等方面丰富喀斯特多山城市绿地系统规划理论。通过城市园林绿地系统格局优化调控，确保城市自然遗存植被稳定性，提高其生态系统服务功能的综合效益。

（3）对喀斯特多山城市生态修复具有重要的现实指导意义

多山城市用地紧张，人地关系矛盾突出，喀斯特遗存自然山体本身生态脆弱，加之城市建设的不断侵占和蚕食，以及各种人工干扰，使其生态系统衰退，甚至出现城市石漠化现象。本研究将准确诊断城市遗存自然山体的生态问题，明确生态修复的重点内容和对象，以及相关修复方法与对策，对于喀斯特多山城市，尤其是黔中地区的城市生态修复具有重要的现实指导意义。

1.2　城市自然遗存研究进展

1.2.1　城市自然遗存

城市化是人类驱动的最激烈的土地利用变化过程之一，通常导致自然生境的丧失、退化和破碎（Sushinsky et al.，2013）。随着城市地区的扩大，原边界以外受保护和难以开发建设的自然生境逐渐破碎化，形成一个个分散的自然遗存系统而嵌入高度人工化的城市建成环境之中（宫宾和车生泉，2007），这些被城市人工环境部分或完全隔离的自然碎片被称为城市自然遗存（urban natural remnant，UNR）（车生泉等，2009；韩西丽和李迪华，2009；Fernández et al.，2019）。国外关于城市遗存近自然生境的整体保护及可持续利用的研究始于 20 世纪 70 年代，早期研究主要集中于城市自然遗存的物种调查与人工干扰（de Araújo and Bernard，2016）、生境识别与评价（Fernández et al.，2019）及综合生态系统服务功能论证（Calderón-Contreras and Quiroz-Rosas，2017）等方面。21 世纪以来，城市自然遗存对鸟类、昆虫及小型哺乳动物栖息地价值的研究成为热点（Gibb and Hochuli，2002）。大量的研究成果表明，城市自然遗存能够向城市提供多种独特的生态系统服务功能，然而，城市自然遗存能否长期提供生态系统服务，取决于它们是否有能力维持其自身的稳定性。Fernández 等（2019）对智利首都圣地亚哥的城市遗存自然山体绿地初级生产力的城市化响应进行了研究，结果表明所有城市自然遗存绿地的初级生产力都在下降，这种生产力损失与周围城市人工环境植被覆盖的变化在空间上是相关的，建议规划者合理规划城市自然遗存周围城市人工环境的植被，以确保城市自然遗存生态系统稳定性的维持。国内关于城市自然遗存的研究相对较晚，宫宾和车生泉（2007）分析了城市自然遗存地的概念及分类，韩西丽和李迪华（2009）总结了城市自然遗存生境研究进展，车生泉等（2009）分析了城市自然遗存保护设计方法。此后，以城市自然遗存为研究对象的相关研究少见报道，可见国内关于城市自然遗存方面的研究主要集中在理念的提出和呼吁阶段，对于其基础性的理论研究以及整体保护和利用的研究较为缺乏，主要原因可能与研究对象和场所限制有关。我国当前城市化的迅猛发展导致蔓延式的城市建设，城市所在区域原有自然生境极度破碎化乃至消失，非特殊地段的生境斑块很容易成为城市更新的牺牲品，或被人工化的绿地所代替（韩西丽和李迪华，2009）。而在中西部多山地区，依托山间平地或谷地发展起来的城市，在城市扩展过程中，开发建设难度大的山体生境被城市建设用地包围镶嵌于城市建成环境中，形成具有一定规模和数量的城市遗存自然山体，如山地省份贵州，镇以上级别城市中几乎都有城市遗存自然山体，其数量与城市规模成正比。这为系统研究城市自然遗存的保护和利用提供了理想场所，且在西部大开发战略带动下，中西部地区城镇化高速发展，由于城市建设用地紧张，加之人们的审美偏见，城市遗存自然山体也受到建设用地蚕食、侵占，或被人为"美化"改造为城市公园。

以上分析显示，国外城市自然遗存的研究较为全面，注重城市自然遗存野性自然的保护，以及生态功能的发挥，并通过基础研究提出城市规划策略，但仍然没有深入到自然遗存维持机理的内在研究；国内相关研究则十分薄弱，由于大多数城市建成环境几乎没有自然生境残存，相关研究无从开展，所幸的是中西部山地城镇仍然保留了相对完整的自然遗存地，为开展城镇自然遗存研究提供了较理想的场所，而当前城镇遗存自然山体面临严重的干扰与胁迫，急需相关基础理论研究成果来指导快速城市化背景下的城镇生态修复与规划、管理及建设实践。

1.2.2　城市化过程中城市自然遗存景观格局

城市化是人类驱动的最激烈的土地利用变化过程之一（Sushinsky et al.，2013），对自然生境的影响以周边生境的破碎化和丧失为主（Alonzo et al.，2016），在特殊自然环境下的城市（如多山城市、湖泊水系城市等），一些受保护的或不易开发建设的生境资源常被蚕食、侵占而破碎化，破碎化的残余生境碎片逐渐被城市基质包围，形成镶嵌于城市内部、类型各不相同的城市自然遗存（Fernández et al.，2019）。城市景观格局的时空动态分析可以很直观地反映城市扩展过程对周边和内部自然生境的空间格局塑造作用（Nowak and Greenfield，2012）。城市自然遗存时空格局涉及城市自然遗存物理属性的空间特征（如斑块密度、平均距离和连通性等）和形态特征（斑块大小和形状），以及对残余生态系统过程影响的生态效应（Fahrig，2017），如斑块面积效应、边缘效应、形状效应、廊道效应、基质效应等（Fahrig，2019），直接表现在物种组成及其生物多样性水平等涉及生态系统稳定的各个方面（Fletcher et al.，2018）。当前，关于城市化过程对城市绿地景观格局影响的研究已非常广泛（Chen et al.，2017），大多数研究中虽然包含城市自然遗存空间格局的分析（冯舒等，2018），但专门针对某一类型城市自然遗存景观格局的动态研究中，仅湿地类的城市自然遗存空间格局多有报道；城市森林的时空格局研究也比较广泛（Chen et al.，2017），但城市森林包括了城市各种绿地中的森林，而专门以城市遗存自然山体斑块为对象的相关研究却鲜见报道。

总体来看，虽然城市绿地景观格局的研究较为系统全面，但城市遗存自然山体景观格局时空演变的相关研究非常薄弱，城市扩张模式和遗存自然山体的镶嵌规律仍不清晰，将来需要在多时空尺度上进行空间格局的分析，解析城市化对多山城市自然生境丧失和破碎化的影响过程，揭示城市遗存自然山体在城市基质中的空间格局特征，在此基础上分析自然遗存植被的城市化响应。

1.2.3 城市化对城市自然遗存生态过程的影响

随着全球城市化进程的快速推进，城市扩展过程已成为影响自然生境的主要因素之一（Seto et al.，2012），也是近年来科研人员关注的热点问题，当前研究主要集中于城市化过程对城市生境质量和生物多样性的影响方面（宋世雄等，2018），并取得了丰硕的成果。研究主要分为两大类：一类是基于实地调查的生境质量评价研究（Balasooriya et al.，2009），另一类主要是通过 InVEST 模型分析不同城市开发强度对生境质量的影响（吴健生等，2015；冯舒等，2018）。城市化对城市生物多样性的影响是当前研究的热点问题（Natálie et al.，2017；干靓，2018），而大多数的研究聚焦于鸟类和无脊椎动物多样性响应方面（Tiwary and Urfi，2016；Brunbjerg et al.，2018）。Yan 等（2019）以总不透水表面积百分比（PTIA）作为城市化强度的指标，在 PTIA 为 5%~95% 梯度上，研究了城市化强度对植物多样性的影响，结果表明随着 PTIA 的增加，植物多样性逐步降低，PTIA 在 40% 以上时，植物多样性急剧下降；而外来植物与特有植物的比例则随着 PTIA 的增加而增加。

目前的研究主要集中于城市化过程对城市整体生境的影响方面，且大多数研究从城市尺度进行分析，研究中直接或间接地反映了城市自然生境对城市化过程的响应。Fernández 等（2019）评估了圣地亚哥（智利）10 个城市自然遗存绿地的初级生产力，结果表明所有自然遗存植被的初级生产力都在下降，这种生产力损失与周围城市基质植被覆盖的变化在空间上是相关的，说明基质植被对自然遗存生态过程的影响具有时间和位置的依赖性。并建议规划者不仅应侧重于城市自然遗存内的植被，还应侧重于适当规划城市自然遗存周围城市基质的植被，以确保和提升城市自然遗存的生态系统服务功能。其他直接以城市自然遗存为对象的类似研究未见报道。

综上所述，目前关于城市化对城市整体生境质量影响的相关研究非常广泛，并取得了丰硕的成果，但多数研究是从宏观尺度上分析得出结果和结论，总体上可以判断城市化对城市生态环境的影响程度，但问题的症结在何处、生态修复的对象与重点是什么等具体问题诊断依然不明确，从而无法指导城市生态修复实践，导致在当前生态修复的实施过程中，常常无视城市实际情况而互相模仿，或者看到什么就整治什么（王志芳等，2017）。城市生态系统中，自然植被作为镶嵌于城市不透水地表基质中的绿色斑块，其生态过程受到不同尺度上的干扰活动影响和斑块内外环境因素叠加效应的共同作用（邬建国，2007），因此将来需要通过大量实证研究，从城市自然遗存的时空格局、缓冲区城市化强度、斑块内部生境条件、植物群落特征等各个方面进行耦合分析，可全面揭示城市化过程对城市自然遗存植被的影响过程和机理。

1.2.4 城市遗存山体生态修复研究

城市生态修复在国外已有多年的历史，西方大多数国家早在 20 世纪 30 年代后就开展了城市生态修复相关的研究与实践，以简·雅各布斯（2005）和麦克·哈格（2006）等为代表的学者相继提出与自然结合、与生态系统相耦合的城市生态修复理念。近年来国外的城市生态修复研究与实践主要集中于后工业时代的棕地生态修复（Anderson and Minor，2017），而关于城市山体修复的相关研究则较少报道。

我国是一个多山国家，改革开放以来，我国城市经历了快速扩张式发展，大量自然山体不断被城市建成区域包围，而围入城中的山体不断受到建设性破坏和各种人为的干扰，受损山体是城市生态修复的主要对象之一（刘颂和张心素，2019）。城市双修背景下城市山体修复的相关研究主要集中在山体保护规划和受损山体生态修复两方面。关于城市山体保护规划方面的理论探索主要集中在山体保护规划理念、保护线划定和管控、规划实施与管理 3 个层面，代表性成果如下：黄光宇（2005）探索了我国密集人口背景下的多山城市发展模式，创立了多山城市生态化建设理念与方法体系；唐志军等（2012）采用地理信息系统（GIS）空间分析技术，通过生态敏感度分析和山体景观的完整性原则划定山体的绿线控制范围；有些城市以山脚线外一定宽度或山体相关高度作为标准建立了刚性山体绿线划定标准（景阿馨等，2014；许宁，2010）；丁兰和陈涛（2017）从山体落界线划定和分类分级层面提出山体管控策略；刘颂和张心素（2019）通过文献综述总结了城市中心区山体景观保护策略研究。而在城市受损山体生态修复方面，虽然有大量的工程实践，但相关研究报道比较少。张德顺和赖剑青（2016）通过调查指出济南山体景观在城市发展中面临的危机；王玉圳（2018）从规划层面探索了城市双修指导下的山体修复技术方法；王竞永和王江萍（2019）以武汉大学校园山体为例进行实践研究，探索城市双修视角下的城市山体修复模式；张竹村（2019）构建了城市山体生态修复效果评价指标体系。城市山体受损的方式主要有两种，一种是工程性破坏，即开挖山体搞建设，形成陡峭平整的边坡，其生态修复难度大，一般采用挂网喷播技术等工程措施进行快速复绿，其壁立的坡面和人工化的复绿效果，对城市景观风貌产生很大的负面影响；另一种是生产性破坏，包括公园化利用和开荒种菜等，这种破坏原有自然性植被代之以人工"美化"和实用植物的方式，对山体形态没有太多的负面影响，而对山体自然植被及其生态过程产生程度不同的影响。从现有文献来看，关于城市山体植被破坏及其生态修复的文献也不多见，在这方面沈清基（2017）做了中肯的归纳分析，他通过对文献数据库的分析发现，学界对生态修复的研究主要集中在"做"，在"思"（理论）方面关注不够，明确地进行城市生态修复理论系统研究的文献基本未见。

由以上分析可以看出，在当前城市双修背景下，城市山体作为城市生态修复的主要对象，虽然有大量的生态修复工程实践项目，但是相关理论研究，尤其是机理性的基础理论研究仍然十分薄弱。为什么保护、保护什么、怎样保护、划定保护绿线的科学依据是什么、如何确定城市山体保护的优先次序、多山城市建设用地需求与山体保护之间以及山体野性自然的保护与受损后的人工植被恢复之间如何权衡等是当前亟待研究的基础理论问题。

1.2.5　小结

综上所述，城市生态环境的相关研究随着城市化的加速而日益深入和系统化，大量的研究已证明城市自然遗存生态系统服务效应的重要性和不可替代性，同时，也证明城市化对自然遗存有明显的负面影响。但关于城市化对城市自然遗存植被生态过程影响的研究仍很薄弱，且已有研究大多集中于宏观尺度上城市化对生境破碎和生物多样性的影响方面，而植被是城市自然遗存生态系统的重要组成部分，也是其发挥生态系统服务功能的基础，在城市化各种干扰下，植被稳定性是基于植物群落多个指标特征，综合分析其抵抗力、恢复力、持久性和变异性等水平而判断的，仅从生物多样性等单一角度和城市整体水平单一尺度，无法评价城市化对城市自然遗存植被生态过程的影响程度，更不能预测其稳定性水平。

受城市化干扰后自然植被生态系统的生态响应是一个复杂的过程，随着 3S 技术的发展，景观生态学为从景观尺度分析城市化对山体自然生境破碎化时空格局的影响提供了有效手段，将"生态学干扰理论"引入城市化对城市遗存自然山体植被稳定性影响的研究，在方法上将样方尺度的微观过程和城市尺度的空间格局相结合，将群落内部特征和缓冲区城市基质特征相结合，从多尺度揭示城市遗存自然山体植被特征的城市化响应规律，总结喀斯特多山城市绿地系统空间优化配置规划理论，不仅对喀斯特多山城市生态修复、城市绿地系统规划、城市遗存自然山体的保护以及公园化利用具有重要的指导价值，而且可为科学布局城市绿地系统，提升城市绿地有限空间的生态系统服务功能提供重要的科学依据。

1.3 研究区地貌特征与黔中典型多山城市

1.3.1 研究区地貌特征

我国南方碳酸盐岩分布面积 53.26×10^{4}km^2，和中美洲、西南欧并列为世界三大碳酸盐岩集中分布区。其中，我国西南地区喀斯特（岩溶）地貌分布广泛，景观千姿百态（王世杰等，2015）。贵州处于我国西南部连片岩溶地貌的核心区域，喀斯特出露面积约11×10^{4}km^2，占全省面积的 61.2%。它不仅是贵州地质生态环境的主体，更是全球罕见的"喀斯特博物馆"，并以其脆弱的环境、多样的类型和鲜明的特色蜚声海内外（李宗发，2011）。按成因和组合形态特征，贵州喀斯特地貌可分成三大成因类型：溶蚀地貌、溶蚀-侵蚀地貌和溶蚀-构造地貌，其中溶蚀地貌分为峰丛洼地、峰丛谷地、峰林谷地、峰林洼地、丘峰谷地、溶丘洼地、溶丘盆地、溶丘坡地、峰林溶盆和丘丛山地等 10 种类型；溶蚀-侵蚀地貌分为峰丛峡谷、峰丛沟谷等两种类型；溶蚀-构造地貌分为断块山沟谷、溶蚀构造平台状山沟谷、溶蚀断陷谷（盆）地和垄脊槽谷（垄岗谷地）等四种类型（王世杰等，2015；李宗发，2011）。

贵州中部的岩溶高原区，为浅碟形峰丛洼地地貌，喀斯特峰林连片分布在黔中和黔西南地区，发育的地层岩性主要是中、下三叠统的白云岩和石灰岩。形成遍及高原面上以喀斯特峰林（峰林谷地、峰林洼地、峰林盆地）为主的地貌景观，喀斯特地貌形态尤以塔状锥峰为典型；其次穿插和交叉发育有溶丘盆地、峰丛峡谷、峰丛沟谷，在分水岭地带还发育溶丘洼地和残丘坡地、断块山沟谷等地貌（李宗发，2011）。其中，黔中地区以峰林洼地和峰林盆地为主，以此区域形成和发展起来的城镇具有明显的城-山互嵌的空间格局特征，形成典型的"城在山间，山在城中"的黔中喀斯特山地城镇，以贵阳市、安顺市为代表的黔中城市，建成区内遗存有大量的喀斯特峰林、峰丛、孤峰等山体。西部大开发战略实施以来，尤其在快速城市化背景下，黔中地区城市扩展迅速，周边大量自然山体与自然生境割裂，被城市建设用地所包围，成为镶嵌于不透水建设用地基底上的绿色生态斑块，是开展多山城市景观生态学、残余生境生态学和自然-社会复合生态学研究的理想场所。

1.3.2 黔中典型多山城市

1. 贵阳市

贵阳市位于贵州省中部（图 1-2），空间区域位于北纬 26°11′~27°22′，东经 106°07′~107°17′，是贵州省省会，也是贵州省唯一的特大城市，是我国西南地区四大中心城市之一。贵阳市地处长江与珠江分水岭地带，云贵高原的东斜坡上，黔中山原丘陵中部，属全国东部向西部高原过渡地带，地质情况复杂多样，出露地层自震旦系至第四系都有分布，其中出露的碳酸盐岩层广泛分布。地貌属于以山地、丘陵为主的丘原盆地地区。喀斯特地貌占全市陆地面积的 73%，形成了集峰林、溶沟、峡谷、溶洞为一体的绚丽景观。

图 1-2　研究区区位示意图

市区平均海拔 1071m，总地势西南高、东北低。山地面积 4218km²，丘陵面积 2842km²，坝地面积 912km²，较平坦的坝子有花溪、孟关、乌当、金华、朱昌等；此外，还有约 1.2%的峡谷等地貌。

　　贵阳市常年受西风带控制，属亚热带季风性气候，冬无严寒，夏无酷暑，雨量充沛，雨热同季，光照稍差。年平均气温 14.1℃，与地球平均气温接近，适宜人类居住与多种植物生长。最热月为 7 月，平均气温为 23.1℃。最冷月为 1 月，平均气温为 3.7℃。贵阳市年平均相对湿度为 76.9%，年平均总降水量为 1197mm。

　　贵阳市下辖南明区、云岩区、花溪区、乌当区、白云区、观山湖区、清镇市、开阳县、息烽县、修文县。贵阳市是全国生态休闲度假旅游城市，首批国家森林城市，国家园林城市，生态文明国际论坛永久举办城市，中心城区面积为 1230km²。至 2019 年底，建成区面积 369.00km²，常住人口 497.14 万（《贵州统计年鉴 2019》）。贵阳市城市遗存自然山体资源丰富，截至 2018 年底，建成区内共有 527 座喀斯特山体，总面积 44.9km²，其中小于 10hm²的中小山体共 416 座，其喀斯特遗存自然山体具有很强的典型性；经济增速连续 7 年位居全国省会城市第一，社会经济提速发展和快速城市化过程面临的生态问题具有区域代表性；同时，良好的城市山体自然资源禀赋与脆弱的喀斯特生态环境具有显著的特殊性。

2. 安顺市

　　安顺市位于贵州省中西部（图 1-2），距贵州省省会贵阳市 90km，空间区域位于北纬 25°21′~26°37′，东经 105°13′~106°33′。处于长江水系乌江流域和珠江水系北盘江流域的分水岭地带，是世界上典型的喀斯特地貌集中地区。安顺市地处云贵高原梯状东斜坡地带的三级台阶上，是以岩溶丘陵为主的山原地貌，属低中丘陵区。地势西高东低，南北两端分别向北盘江和乌江倾斜，西北边缘及南部为山地峡谷，中部为盆地丘陵，北部为洼地丛峰,是长江水系和乌江水系的分水岭。全市平均坡度 18.58°,山地区面积占 46.8%,丘陵区面积占 38.2%,山间平坝区面积占 15%。境内山体连续性差,脉络极不明显,山岩裸露,岩溶地貌十分发育,溶蚀盆地、溶丘洼地、峰林脊地、峰丛洼地相间;石牙、石笋、石柱、石林、溶沟、溶槽、溶孔、溶隙、溶洞随处可见;暗河与伏流、地表水与地下水明暗交错,喀斯特形态绚丽多彩,为贵州岩溶地貌最典型的地区。境内多以岩溶丘陵为主的山原地貌,其间包括山地、丘陵,以及附属于山地与丘陵之中的山间盆地及局部的河谷平原。

安顺市属亚热带高原季风湿润气候。在低纬度高海拔地理环境和多种季风环流因素的综合影响下,与同纬度、同类型的地区相比,具有独具一格的气候特点:四季分明、雨量丰沛、空气湿润;春迟、夏短、秋早、冬长,为明显的山地气候特征。年平均气温 12.8~16.2℃,全市平均年降水量为 1257mm。云多寡照,风小雨频,因而相对湿度大,年平均相对湿度 79%~85%,是全国高湿地区之一。

境内海拔差异较大,立体气候明显,适宜多种动植物生长,植被在地理分布上的区域性、垂直带谱性、镶嵌性明显。自然植被有针叶林、阔叶林、针阔混交林、灌丛、灌草丛、矮禾草草丛、草地等类型。

安顺市下辖西秀区、平坝区、普定县、镇宁布依族苗族自治县、紫云苗族布依族自治县、关岭布依族苗族自治县 6 个县区。2019 年末,城市区面积 160km²,建成区面积 69.80km²,城市森林覆盖率达 56%,常住人口城镇化率达 52%,人均公园绿地面积 20.43m²,166 座喀斯特山体镶嵌于建成区及周边。

安顺市素有"中国瀑乡""屯堡文化之乡""蜡染之乡""西部之秀"的美誉,是中国优秀旅游城市、全国甲类旅游开放城市、全国唯一的"深化改革,促进多种经济成分共生繁荣,加快发展"改革试验区、民用航空产业国家高技术产业基地、贵州省级历史文化名城、"贵州加快发展的经济特区"、2009 年度中国十大特色休闲城市之一、世界喀斯特风光旅游优选地区、全国六大黄金旅游热线之一和贵州西部旅游中心,以及国务院批准的第八个国家级新区贵安新区的主要组成部分。安顺市被列为第一批国家新型城镇化综合试点地区。2017 年 10 月,被住房和城乡建设部命名为国家园林城市,同年入选第一批"城市双修"试点城市。

第2章 黔中多山城市空间形态与景观格局

十余年来，城市在以前所未有的速度扩张，我国的城镇化率从2013年的53.7%增至2017年的58.52%（党丽娟和宋建军，2020），土地资源利用开发强度越来越大，土地利用效率在不同地区表现出较大的不均衡（刘世超和柯新利，2019），随之产生的生态环境、社会经济可持续发展等相关问题日益受到政府和众多学者的关注（宫聪，2018；焦世泰等，2019；成文青等，2020），而喀斯特地区的社会经济发展更是与生态环境密切相关，在我国当前加速城市化发展的山地区域开发中，经济发展与脆弱生态环境的维育、城市的发展与土地资源的集约利用存在着突出矛盾（黄光宇，2005）。特别是城市内部的遗存自然山体逐步与自然生境隔离，城市灰色基底融合遗存自然山体绿地斑块形成的景观镶嵌体特征愈加明显（王剑强和王志泰，2014）。快速的城市化进程导致自然景观破碎化程度越来越高，生态环境脆弱性加剧，生态趋于恶化。

以贵州高原为中心的南方岩溶地区，是全球喀斯特发育最典型、最复杂、景观类型最丰富的一个片区，也是面积最大、最集中的生态脆弱区（王世杰等，2015）。快速城市化背景下，大量喀斯特山体被城市建设用地包围，形成城市遗存自然山体。贵阳市地处黔中岩溶地区腹地，遗存于城市的喀斯特山体野境资源丰富，中心城区有大量锥状、塔状喀斯特山体镶嵌其中，城市遗存自然山体具有很强的典型性，社会经济加速发展和快速城市化过程面临的生态问题具有中西部地区城市的代表性，良好的城市山体自然资源禀赋与脆弱的喀斯特生态环境又有其显著的特殊性。2017年，中共中央办公厅、国务院办公厅印发了《国家生态文明试验区（贵州）实施方案》，同时在城市发展的目标中提到把贵阳市基本建设成为生态环境良好、生态产业发达、生态观念浓厚、宜居、宜游、宜业的生态文明城市。因此，亟须通过大量的基础研究支撑贵阳市乃至贵州省城市生态环境建设，使城市扩张过程中逐步"进城"的遗存自然山体景观生态系统服务功能有效发挥，以维持和保护喀斯特多山城市生物多样性，这对构建喀斯特多山城市安全生态网络具有重要而迫切的现实意义。

2018年组建的自然资源部履行国土空间用途管制、建立空间规划体系、生态保护修复等多项职责，通过"多规合一"协调各类规划之间的冲突（林坚等，2019）。现有的非喀斯特地区城市空间形态结构研究成果、理论和技术应用于喀斯特多山城市中稍显不足，因此本研究采用分形理论、空间句法理论和核密度分析等多种理论与方法，探讨喀斯特多山城市空间形态结构，以期为揭示城市基质中的遗存喀斯特自然山体的城市化响应规律、喀斯特黔中城市生物多样性保护、绿色基础设施建设、生态安全格局构建提供研究基础，为未来城市建设和更新过程中的城市园林绿地系统空间科学调控，以及城市生态网络构建提供合理的理论支撑。

随着城市化的快速推进，城市空间形态与城市扩张及动态演变已成为土地利用规划研究的热点问题（李在军等，2016）。尽管城市空间形态已成为研究的热点，但大多数学者对其研究仅建立在单一理论上，缺乏较为全面的系统理论研究，难以对城市空间形态进行全面而准确的描述，因此本研究通过多种理论对城市空间形态结构、城市扩张特征展开研究，对城市形态剖析、城市扩张特征分析以及解决城市化进程带来的问题具有重要意义。目前城市空间形态结构研究主要集中在城市形态（徐银凤等，2019）、结构（张茜等，2019）、特征（聂春祺等，2017）、演变及动力学机制（周玉璇等，2018）等方面，其中运用较多的理论有城市形态学理论（周颖，2013）、分形理论（陈彦光，2017）、空间句法理论（古恒宇，2019）、集群形态理论（张帆等，2017）、列斐伏尔空间生产理论（韩勇等，2016）等；基于上述理论，众多学者探讨了城市扩张时空变化及机制（李柳华等，2019）、城市扩张模式（于溪等，2018）、城市扩张成本（李在军等，2016）、城市扩张测度方法（刘稼丰等，2018）、城市扩张生态响应（李嘉译等，2018）等，但基于喀斯特这一特殊地形地貌的多山城市，利用单一的理论与方法显然无法准确概括城市形态及扩张特征，且鲜有学者基于喀斯特多山城市空间形态对其扩张特征进行研究。

鉴于此，本章选取多山城市中生态环境脆弱的喀斯特多山城市为研究对象，以典型喀斯特多山城市贵阳市为例，采用分形理论、空间句法理论等研究方法对喀斯特多山城市空间形态结构及其扩张特征展开系统研究，旨在较为全面地揭示喀斯特多山城市空间形态结构，为喀斯特多山城市规划、管理及可持续发展提供理论参考。

2.1 黔中多山城市空间形态与结构

2.1.1 空间形态分析

1. 空间形态分析的数据来源

选取贵阳市中心城区下辖区范围作为研究对象。所采用的底图遥感信息源为贵阳市2018年Pleiades高分辨率卫星影像图（0.5m空间分辨率）。在ArcMap 10.2中，利用监督分类法和目视解译法提取建设用地信息，其中建设用地包括各种建筑物、构筑物及建设用地集中地区的道路和广场用地，但是不包括绿地、水体以及联系中心城区与外围组团（或乡村居民点）的区域道路，在此基础上通过ArcMap 10.2进行相关分析处理，以供分形特征、核密度分析相关指标测定。通过人工解译及相关软件（AutoCAD、UCL Depthmap）处理，得到贵阳市城区道路轴线模型，以供空间句法相关指标测定。

2. 空间形态分析方法

（1）分形维数分析

常用的分形维数有边界维数、网格维数、盒维数和半径维数等（陈彦光和刘继生，2007），本章基于喀斯特多山城市特殊的用地环境采用半径维数来研究贵阳市城市空间形态。通过如下公式进行计算：

$$S(N) \propto N \pm \alpha \tag{2-1}$$

式中，N 为城市中心向外画同心圆编号；$S(N)$ 为编号 N 圆内的建设用地面积，如果二者存在幂函数关系，则可以断定城市形态存在分形（姜世国和周一星，2006）；α 为城市分形维数。主要通过拟合优度（R^2）和标准误差（δc）来确定城市分形的存在，存在的条件一般为 $R^2 \geqslant 0.996$、$\delta c \leqslant 0.04$（Benguigui et al.，2000），根据贵阳市的具体情况，本章做适当的调整。

（2）空间句法分析

空间句法通过对包括建筑、聚落、城市甚至景观在内的人居空间形态结构的量化描述，来表征空间及其组织与人类社会之间相互影响、相互作用的关系（比尔·希列尔和盛强，2014）。选取整合度、可理解度来探明城市空间结构特征，并选取连接度（connectivity）、平均深度值（mean depth value）、选择度（choice）和控制值（control value）等用以计算城市空间形态结构对植物群落特征的影响（程明洋等，2015）。①连接度：表示与某个空间直接相交的空间个数，为静态局部度量值，在实际空间系统中，一个空间的连接度越高，表明该空间渗透性越好。②整合度：表示一个空间与局部空间或整体空间之间的关系，表征特定区域整体的空间属性，反映了一个空间的可达性，空间的整合度越高，其可达性越高（陈彦光和刘继生，2007；车生泉等，2009）。③可理解度：表示局部整合度与全局整合度之间的关系，一般是用整合度 R_3（拓扑步数为 3 步）与整合度 R_n（拓扑步数为 n 步）的相关系数进行表示，其反映了局部空间结构与整体空间结构的耦合程度，可理解度越高，局部空间与整体空间一致性越高，越容易被认知和理解。④平均深度值：指某空间节点与系统中其他各空间节点深度值的平均值，是一种相对的深度值，数值越大，该空间节点的便捷程度越低。⑤选择度：反映某个空间出现在系统中其他任意两个空间的最短路径上的次数之和，最短路径是指空间中任意一个元素到另一个元素的最短路径。⑥控制值：表示某空间节点对与之相交的空间的控制程度，可反映局部空间之间的聚集程度（成文青等，2020；程明洋等，2015）。利用空间句法分析软件（UCL Depthmap 10）建立城区内的轴线模型，重点通过空间结构的连接度、整合度、平均深度值、选择度和控制值等指标的分析，总结局部空间之间及局部空间与整体空间之间的特性。

（3）核密度分析

核密度是分析相应指标的建筑或街区具体空间分布规律的一种工具，能够较为直接地反映相应指标建筑或街区的核心集聚区以及相应的空间影响范围，是相应的数据分类统计分析技术方法的有效补充，与之结合使用，可以更为清晰与全面地反映出空间形态的规律特征（史北祥和杨俊宴，2019）。

3. 城市空间形态分析的数据处理

在 ArcMap 10.2 中利用城市建设用地面积来刻画城市形态，具体方法如下：①从遥感图像中提取建设用地信息，得到建设用地图；②以城市中心为圆心，以一定距离为半径公差，做同心圆；③从中心向外，将同心圆按从 1 开始的自然数进行编号，并计算各同心圆内的建设用地面积；④将第三步得到的测度［各同心圆内建设用地面积（S）］、尺度［同心圆编号（N）］序列数据标绘在坐标图上，观察其拟合趋势（姜世国和周一星，2006）。运用 UCL Depthmap 10，通过贵阳市建成区内可通行路线来概括空间结构，将贵阳市建成区内的空间结构转译成轴线图，并对其进行轴线模型分析，得到贵阳市空间形态结构指标。在 ArcMap 10.2 中利用 Spatial Analyst Tools→Density→Kernel Density 工具，对城市建设用地面积进行核密度分析。

2.1.2 空间形态与结构特征

1. 城市空间形态特征

通过分形理论对城市空间形态进行研究，结果如表 2-1 和图 2-1 所示：图形存在明显的转折变化，观察其变化规律，确定转折点，根据其变化关系，确定两个标度区界限，2018 年贵阳市的标度区界限为 28 环带，其双标度区的回归拟合效果如图 2-1 所示。在标度区一内的幂函数关系拟合效果较好，说明贵阳城市形态具有较明显的分形特征。标度区二的直线趋势不够好，表明它是无效标度区，只有标度区一可以反映贵阳城市形态的分形特征。标度区一有 28 环带，换算成实际的空间距离为 14km。而在此之外的区域为白云区北段和花溪区南段。白云区工厂较多，建筑分布相对散乱无序；花溪区山体分布较多，城市扩张受地形限制较大，因此两个区建筑用地形成了标度区二。由表 2-1 可知：标度区一的分形维数处于一个较正常的范围（1.4～1.9），这表明贵阳城市建筑密度

表 2-1　2018 年贵阳市建设用地半径维数

参量	维数	标准误差	R^2	空间范围/km
标度区一	1.655	0.03	0.991	0～14
标度区二	0.666	0.01	0.965	>14

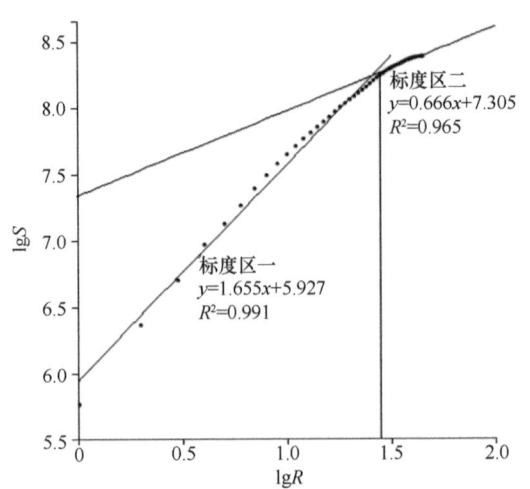

图 2-1　贵阳市建设用地半径维数拟合图

R 为半径；S 为面积

略低于一般城市，其拟合优度（R^2）也较高，城市内部山体较多，城市的演化分形受此影响，在优化结构上稍有欠缺。而在标度区二，城市分形特征不明显，其维数较低，建筑密度相对较低。

2. 城市空间结构特征

（1）城市空间结构的整合度

运用空间句法理论对城市空间结构进行分析可知（图2-2）：贵阳市整体空间形态结构呈双核心不规则向外发散的分布特征，其中双核心是以贵阳北站为核心的观山湖东部区域，以及以贵阳火车站为核心的南明区与云岩区交接区域。全局整合度较高的区域主要集中在观山湖区、南明区和云岩区，观山湖区为经济开发重点建设区域，且贵阳北站的开通运营为整个区域的发展带来了更大的活力，南明区和云岩区为贵阳市老城区，处于城市的中心，在整个城市的连接、发展中起着举足轻重的作用。全局整合度较低的区域集中在花溪区和乌当区，花溪区在向南扩张的过程中受地形地貌的影响，整个区域呈南北向条带状，故而其整体性较差，整合度较低，乌当区尽管为较早发展的城区，但在整个城市中的地位已逐渐下降，其原因为区域与城市连接的要道被山体隔开，与城市的连接较差。局部整合度较高的区域为以贵阳北站为核心的区域，这表明人流、车流在贵阳北站聚集较多，相应地受贵阳北站影响，整个观山湖区域内局部整合度均较其他区域

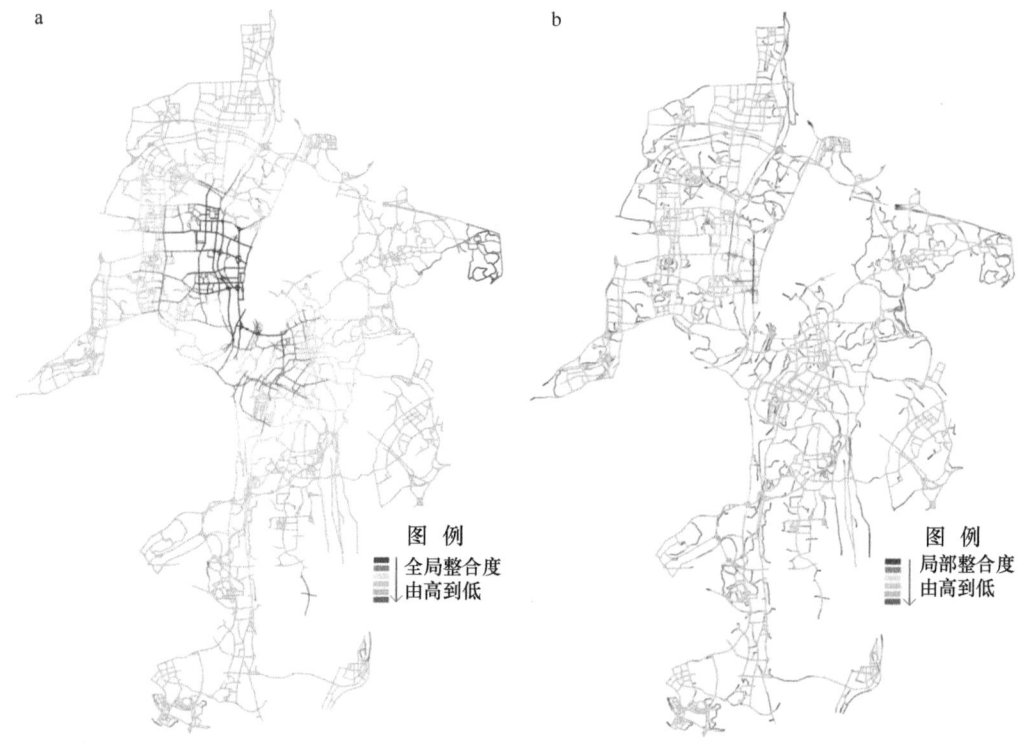

图 2-2 贵阳市建成区整体空间结构特征
a. 全局整合度；b. 局部整合度（半径=3）

高，另外也表明观山湖区近年来的建设较为合理，吸引了大量人流涌入。以上整体反映出社会经济、政府政策对城市形态结构的影响较大，城市的双核心结构以及城市外围整合度较低的现象，凸显出多山城市空间结构受山体影响较大的特点。

（2）城市空间结构的可理解度

图 2-3 显示：贵阳市中心城区全局整合度和局部整合度拟合系数低，可理解度数值仅为 0.145 578，说明贵阳市整体可理解度不高，对城市整体的感知很难通过几条主要街道或一片区域形成整体印象，喀斯特多山城市空间复杂多样，城市内遗存自然山体较多，城山交错，较多山体限制了城市道路走向以及建筑空间规划布局，由此形成了变化多样的、复杂的自然与社会融合的空间网络，因而其可理解度较低。图 2-3 中右侧红点表示全局整合度和局部整合度都较高的区域，这些区域主要为贵阳北站和贵阳火车站周边的空间，红点聚集图像近似于一条回归直线，其斜率远大于局部整合度和全局整合度形成的回归直线，说明这些区域不仅是城市核心所在，其自身也具有较为鲜明的特色，贵阳北站象征了城市建设新风貌的特征，贵阳火车站代表老城区的风貌特点。贵阳市自然遗存山体较多，城市空间、建设用地易受地形地势阻隔而改变，故而城市空间形态结构易受影响，局部空间与整体空间拟合程度不高，由此也反映出贵阳市城山交融、生态环境良好的特点。

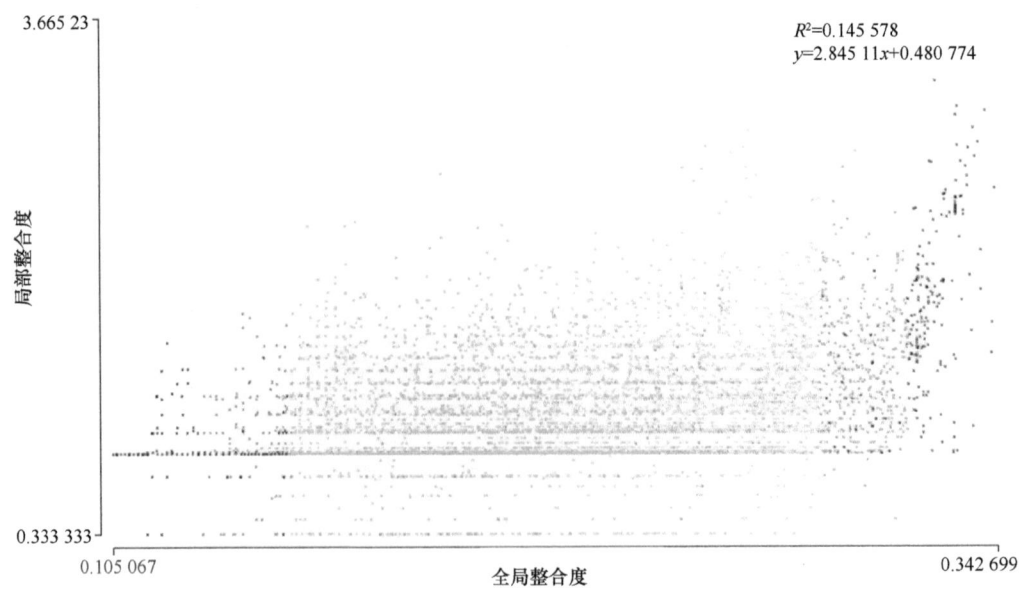

图 2-3 贵州市中心城区全局整合度和局部整合度拟合分析图

（3）城市建成区核密度

在 ArcMap 10.2 中，利用 Kernel Density 工具，对城市建成区核密度分析，结果如图 2-4 所示：从空间分布来看，区域内核密度高值区分布较散，大面积区域主要分布在观山湖区、云岩区和南明区，其他几个区有较小面积分布，整体上表现为中心城区密、四周疏的一种形态，由此也反映出城市内遗存自然山体、公园、广场对城市建筑密度的影响较大。从方位来看，在城市的北部区域，以及白云区、观山湖区、云岩区和乌当区，核密度均以由区域中心向边缘递减的方式分布，而在南明区与花溪区则出现明显的断层现象，断层处为连绵的大型山体，在保留了山体的情况下，城市的建筑分布相对散乱无序。从数值差异来看，中央区域与边缘区域差异较大，从南明区可以看出，东西两端核密度值较高，中间区域数值较低，其区域中间用地为遗存自然山体、森林公园，阻隔了区域内用地的连贯性。

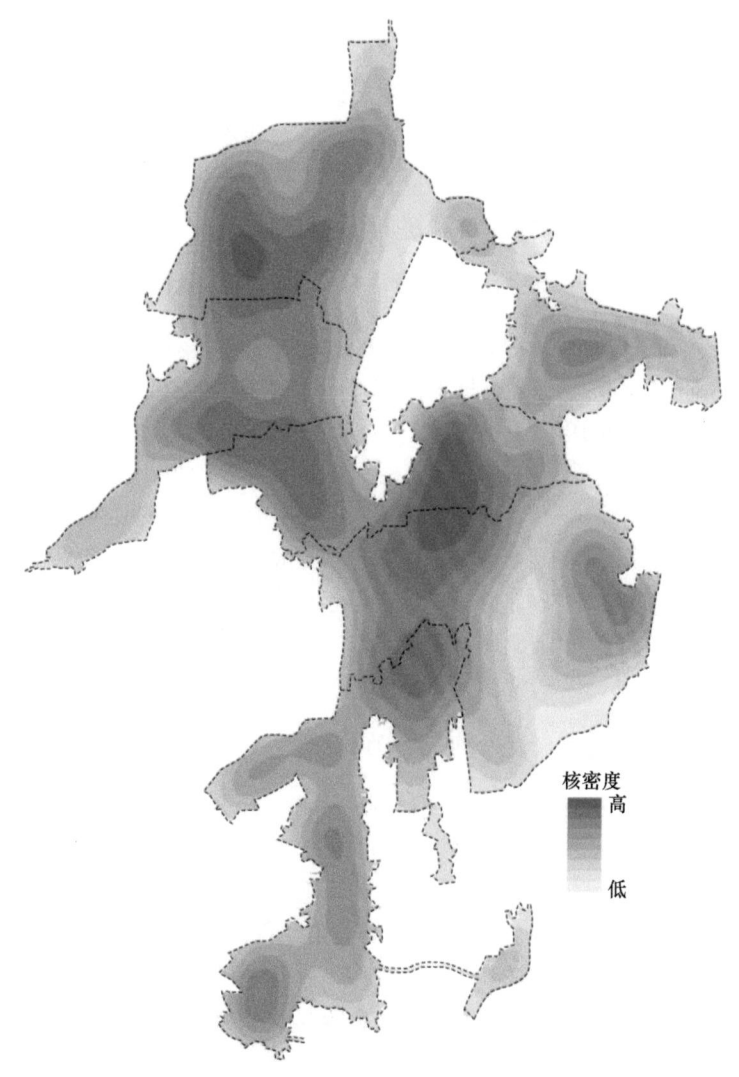

图 2-4　2018 年贵阳市中心城区建成区核密度分布图

2.1.3　小结

1. 喀斯特多山城市空间形态结构特征

城市的社会功能取决于人员、车辆在城市空间中的运动（Desyllas and Duxbury，

2001），由此影响的城市用地模式形成了城市空间的基本形态（Hillier and Penn，1996）。本节通过多元理论分析了喀斯特多山城市形态结构特征，凸显了城市各空间的分布关联性，一定程度上能为喀斯特多山城市规划、管理及可持续发展提供理论参考。从城市分形特征和空间形态结构来看，城市分形存在两个标度区，标度区一的范围是从中心到外围 14km，此标度区内城市具有明显的分形特征，城市空间形态结构整合度较高，由此可知，城市分形的演化是自然优化结构的过程。在标度区二范围内，城市空间形态结构整合度相对较低，并无明显分形，花溪区和乌当区在发展过程中受山体影响较大，城市形态结构相对复杂散乱。贵阳市整体空间形态呈双核心不规则向外发散的分布特征，其中双核心是以贵阳北站为核心的观山湖东部区域，以及以贵阳火车站为核心的南明区与云岩区交接区域。喀斯特多山城市在城市表征、形态结构上相对复杂。在城市发展过程中，受地形地貌的严重影响，区域内各项量化指标较低。分形特征在城市外围表现不明显，为保留城市内遗存自然山体，建筑分布也相对散乱。

2. 分形理论在喀斯特多山城市空间形态结构研究中的可行性及启示

分形城市形态研究兴起以来（Batty，1985），众多学者对城市分形研究涉及的范围越来越广泛，在研究尺度与地域选择上出现城市绿地系统（刘杰等，2019）、城镇总体规划（曹伟和朱鹏辉，2019）、集镇体系（吴映梅等，2019）等，分形理论在不同角度上的成功应用已被广泛接受。本研究结果表明，喀斯特多山城市标度区一内存在明显分形特征，这说明在喀斯特这一特殊地域环境下，应用分形理论对城市形态进行分析研究是可行的。在城市发展过程中，人对环境的适应一般向最优化的方向选择，城市分形演化也是自然优化的过程，喀斯特多山城市地形起伏多变，尽管城市发展受限因素较多，但在优化空间结构基础上，城市仍向有序的方向发展，在未来城市发展过程中，可利用分形理论进行科学分析，引导城市实现可持续规划与发展。

3. 城市空间形态结构和建筑密度分布关系的特征

城市核密度中心分布能在一定层面上揭示城市的社会中心、经济中心等（刘锐等，2011），本研究结果显示：从城市分形特征和建筑密度分布特征来看，城市建筑密度整体上表现为中心密、四周疏的特点，与城市的分形存在一定的耦合关系，建筑的有序聚集在一定程度上构成了城市的分形特征；从城市空间形态结构和建筑密度分布特征来看，城市的核心区域为贵阳北站和贵阳火车站，在这两个区域建筑密度处于较高水平；由可理解度分析可知，人们行走于此区域内更容易感知整个城市的风貌，这说明建筑与道路的交融更能体现城市的特征。喀斯特多山城市地形地貌复杂，上述结果说明不管从何种角度来体现城市形态风貌，均可看出喀斯特地区城市核心较为分散，城市空间结构复杂，与其他山地城市相似（王力国，2016），人与环境的协调统一构成了独特的喀斯特多山城市风貌。

4. 城市空间形态结构与空间规划的协调性

空间规划包含对人类生产生活活动以及自然生态系统的空间组织和落地布局（樊杰

等，2014；郭锐等，2019），目标是在保护全民所有自然资源的前提下，建设美好的人居环境（吴唯佳等，2019）。城市空间形态结构在一定程度上体现了空间规划的内涵，也是人居环境的一个重要外在表现，城市整体空间形态的合理性对城市发展、社会活动等有着重大意义。本研究结果显示：在重点建设的观山湖区内，通过科学的空间规划，区域内空间形态结构更为合理，借助科学的理论与方法对城市进行空间规划，构建生态和谐的喀斯特多山城市空间格局成为必然。

贵阳市分形特征存在两个标度区，界限为 28 环带，在标度区一内的幂函数关系拟合效果较好，说明贵阳城市形态具有较明显的分形特征，维数为 1.655；标度区二无明显分形。贵阳市可理解度较低，空间联系程度不高，较好的区域为贵阳北站区域，说明喀斯特多山城市空间复杂多样，社会空间与自然空间交融、异质性高，城市遗存自然山体遗留较多，城山交错，从而形成了变化多样的、复杂的自然与社会融合的空间网络，因而其可理解度较低。核密度高值区分布较散，建筑密度主要以由各行政区中心向外围递减的方式分布。

由上述结果分析可知，喀斯特多山城市空间形态结构复杂，城市内遗存自然山体处于城市不同空间形态结构下，山体内植物群落特征是否表现出差异性还有待探讨，复杂的空间形态结构为后续的研究提供了良好的条件。

2.2　黔中多山城市景观格局

2.2.1　景观格局变化分析

1. 景观格局变化分析的数据来源

以 2017 年安顺市中心城区规划区范围为主要研究区域，选用 2007 年、2012 年、2017 年 3 期 Pleiades 高分辨率历史遥感影像图（0.5m 空间分辨率）作为基础数据源。参照《土地利用现状分类》（GB/T 21010—2017）、《城市用地分类与规划建设用地标准》（GB 50137—2011）等相应的国家标准，根据研究区实际情况及研究需要，将土地利用分为不透水建设用地（非绿化建设用地）、城市人工园林绿地（绿化建设用地）、在建用地、待建用地、自然水域、城市遗存自然山体 6 个景观类型。参照安顺市中心城区土地利用现状图（2015 年）、《安顺市城市总体规划修编（2016—2030 年）》等资料，在 ArcMap 10.2 中对 3 期遥感影像进行人工目视解译，结合实地调查，对各景观斑块进行复查和修正，建立规划区和建成区两个尺度上的城市土地利用空间数据库。

2. 景观要素划分

以 2017 年由国土资源部组织修订的国家标准《土地利用现状分类》（GB/T 21010—2017）及安顺市现状为分类参考标准，依据安顺市地表覆盖特性，将研究区景观类型分为 14 类，分别为：①草地；②耕地；③工矿仓储用地；④公共管理与服务用地；⑤公共绿地；⑥交通运输用地；⑦林地；⑧其他用地；⑨山体公园；⑩商服用地；⑪水域及水利设施用地；⑫在建山体；⑬住宅用地；⑭自然山体。具体含义见表 2-2。对分类后的图像进行分类精度评估,总的精度高于最低允许精度要求。获得不同时期景观组分分类图后,在 ArcGIS 10.2 中进行计算并制作专题图进行分析。

表 2-2 土地利用类型分类

编号	类型	含义
1	草地	指以生长草本植物为主的土地
2	耕地	指种植农作物的土地,包括熟地,新开发、复垦、整理地,休闲地(含轮歇地、休耕地),以种植农作物(含蔬菜)为主,间有零星果树、桑树或其他树木的土地;平均每年能保证收获一季的已垦滩地和海涂。耕地中包括南方宽度<1.0m、北方宽度<2.0m 的固定的沟、渠、路和地坎(埂);临时种植药材、草皮、花卉、苗木等的耕地,临时种植果树、茶树和林木且耕作层未破坏的耕地,以及其他临时改变用途的耕地
3	工矿仓储用地	指主要用于工业生产、物资存放场所的土地
4	公共管理与服务用地	指用于机关团体、新闻出版、科教文卫、公用设施等的土地
5	公共绿地	指城镇或村庄范围内的公园、动物园、植物园、街心花园、广场和用于休憩、美化环境及防护的绿化用地
6	交通运输用地	指用于运输通行的地面线路、场站等的土地,包括民用机场、汽车客货运场、港口、码头、地面运输管道和居民点道路及其相对应的附属设施用地
7	林地	指生长乔木、竹类、灌木的土地及沿海生长红树林的土地,包括迹地,不包括城镇、村庄范围内的绿化林木用地,铁路、公路征地范围内的林木,以及河流、沟渠的护堤林
8	其他用地	指上述地类以外的其他类型的土地
9	山体公园	指以保护恢复山体特征及原有生态环境,依自然山体进行布局、造景的公园
10	商服用地	指主要用于商业、服务业的土地
11	水域及水利设施用地	指陆地水域,滩涂、沟渠、沼泽、水工建筑物等用地,不包括滞洪区和已垦滩涂中的耕地、园地、林地、城镇、村庄、道路等用地
12	在建山体	指正在进行修建的自然山体
13	住宅用地	指主要用于人们生活居住的房基地及其附属设施的土地
14	自然山体	指以山为主的土地

按照《第二次全国土地调查土地分类图式、图例、色标》规范,结合安顺市主要土地利用类型,最终得到 2007~2017 年安顺市规划区景观类型分布图(图 2-5)。

3. 景观格局指数选择

景观格局指数是可以定量反映景观格局特征的指标。景观生态学的研究对象从单一生态系统的格局演进到全球生态系统的变化以来,景观格局指数就被广泛地用来描述景观格局的变化。虽然景观指数在中外研究中存在多种分类标准,但其分类方法都是基于景观生态学的基本原理,来探讨斑块层级、类型层级和景观层级的。斑块层级和类型层级部分指数较为重复,研究中常常将斑块层级和类型层级合并为一类,简化为景观类型层级特征和景观层级水平这两类。多山城市生态景观格局是较为复杂和庞大的,单一的景观格局指数无法完整描述多山城市生态景观系统的结构与特点,因此,本研究从多个方面来描述其景观格局的动态变化。

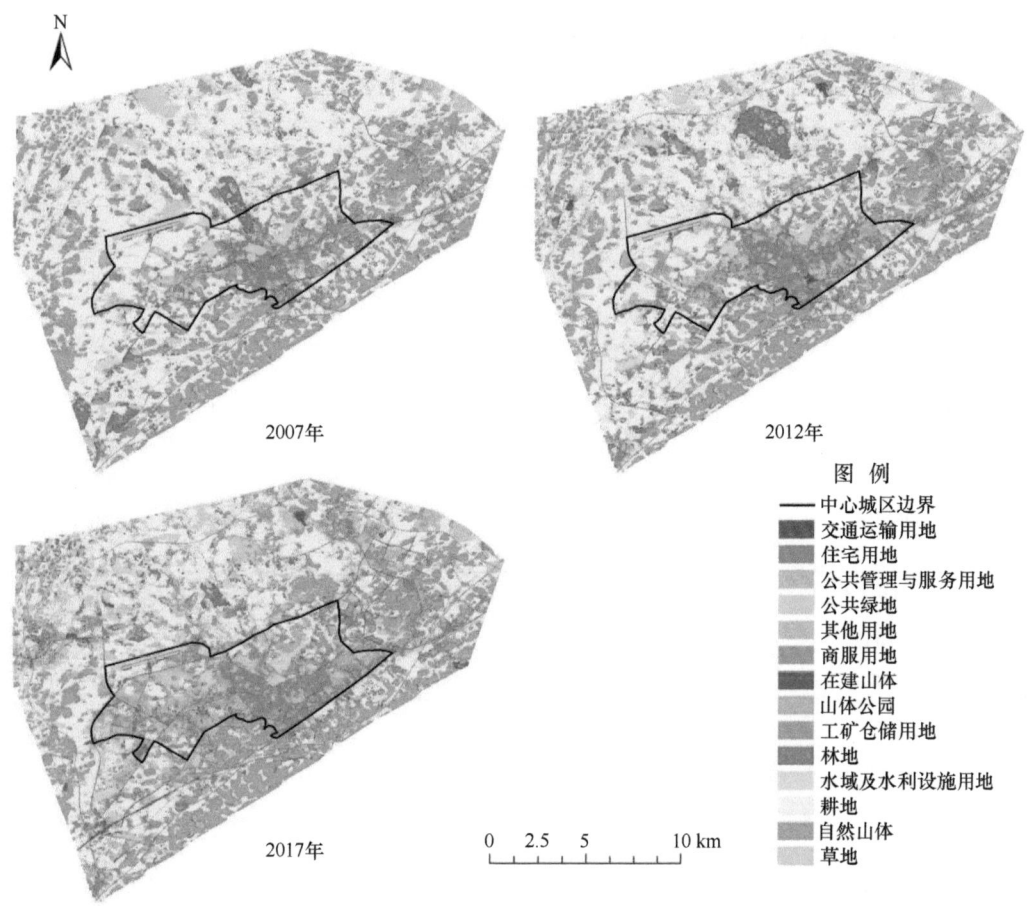

图 2-5　2007～2017 年安顺市规划区景观类型分布图

采用了 Fragstats 景观格局计算软件对 2007～2017 年的规划区和建成区 3 期遥感影像进行景观格局指数计算。考虑到多山城市的特征，本研究在前人研究的基础上，选取了斑块数量（NP）、平均斑块面积（MPS）、边缘密度（ED）、斑块密度（PD）和最大斑块指数（LPI）代表类型层级，散布与并列指数（IJI）、蔓延度指数（CONTAG）、聚合度指数（AI）、分离度指数（SPLITI）代表景观层级空间构型，用香农-维纳（Shannon-Wiener）多样性指数（SHDI）表现景观整体多样性特征。计算公式及生态含义见表 2-3。

4. 基于 LCM 模型的土地利用模拟

在利用 LCM 模型模拟未来景观类型的过程中，为了保证研究具有相等的时间间隔，选取了具有相等时间间隔的 2007 年、2012 年和 2017 年的三期数据。在 IDRISI 软件中，利用 LCM 模型对景观类型进行模拟，将不同景观类型的转化模型与事先模拟的转移矩阵构成神经网络，通过一组权重值相互连接（初始权值为一组随机量）构成 MLP。首先将 2007 年和 2012 年景观类型转移矩阵数据作为基础数据，与 2017 年土地利用进行对比。预测结果 Kappa 系数表明，迭代次数一般在 5000 次内，准确率水平可以到 70%～

90%，构建的 MLP 模型基本满足本研究的要求。基于此模型，以 2017 年为起始年，用 LCM 模型对研究区 2027 年的景观类型进行预测。

表 2-3　景观类型水平指数计算公式及生态含义

水平	景观指数	表达式	指数全称	生态含义
类型层级	斑块数量（NP）	$NP = n_i$	number of patches	值的大小与破碎度之间呈正相关
	平均斑块面积（MPS）	$MPS = \dfrac{A_i}{n_i} \times 10^6$	mean patch size	描述景观粒度，一定意义上揭示景观破碎化程度
	边缘密度（ED）	$ED = \dfrac{E_i}{A_i} \times 10^6$	edge density	景观总体的斑块分化程度或破碎化程度
	最大斑块指数（LPI）	$LPI = \dfrac{\max(a_1, \cdots, a_n)}{A} \times 100$	largest patch index	某一景观类型最大斑块占整个景观面积的比例，有助于确定景观规模或优势类型等
	斑块密度（PD）	$PD = \dfrac{n_i}{A} \times 10\,000 \times 100$	patch density	反映的是单位面积上的斑块数，有利于不同大小景观间的比较
景观层级	香农-维纳多样性指数（SHDI）	$SHDI = -\sum\limits_{i=1}^{m}(p_i \ln p_i)$	Shannon-Wiener's diversity index	反映景观中各斑块类型的复杂性和变异性
	聚合度指数（AI）	$AI = \dfrac{g_{ii}}{\max \to g_{ii}} \times 100$	aggregation index	反映景观中不同斑块类型的非随机性或聚集程度
	蔓延度指数（CONTAG）	$CONTAG = \left(1 + \dfrac{\sum\limits_{i=1}^{m}\sum\limits_{j=1}^{m} p_{ij} \ln p_{ij}}{2\ln m}\right) \times 100$	contagion index	反映景观中斑块类型的团聚程度或延展趋势
	散布与并列指数（IJI）	$IJI = \dfrac{\sum\limits_{k=1}^{m}\left(\dfrac{e_{ik}}{\sum\limits_{k=1}^{m} e_{ik}} \ln \dfrac{e_{ik}}{\sum\limits_{k=1}^{m} e_{ik}}\right)}{\ln(m-1)} \times 100$	interspersion and juxtaposition index	反映那些受到某种自然条件严重制约的生态系统的分布特征
	分离度指数（SPLITI）	$SPLITI = \dfrac{D_i}{S_i}$	splitting index	反映景观空间结构的复杂性。一般来说，破碎度越大，人类对生态系统的影响越大

注：i 为景观类型序号；j 为同一类型内斑块的序号；A 代表景观总面积，单位为 m²；A_i 代表第 i 类景观总面积，单位为 m²；m 代表景观中包含的类型数；n_i 代表第 i 类景观中斑块的数目；E_i 代表第 i 类景观中所有斑块边界总长度，单位为 m；a_n 代表景观中第 n 个斑块的面积，单位为 m²；p_i 代表斑块类型 i 在景观中出现的概率；g_{ii} 代表相应景观类型的相似邻接斑块数量；p_{ij} 代表斑块类型 i 和 j 相邻的概率；k 代表景观类型从 1 开始变化的数值；e_{ik} 代表景观中斑块类型 i 与 k 之间的边界长度，单位为 m；D_i 代表景观类型 i 的距离指数；S_i 代表景观类型 i 的面积指数

2.2.2　景观空间格局动态特征

1. 景观类型构成的动态特征

从表 2-4 规划区分析时段内景观类型的变化动态可以看出，交通运输用地和工矿仓储用地均增加近 3 个百分点，住宅用地增加 3.49 个百分点，而且 2012 年之后增长速度开始加快；耕地、自然山体和草地面积有较大变化，水域及水利设施用地和公共管理与服务用地面积有一定波动；公共绿地和山体公园的面积有小幅增长。在 2007~2017 年，耕地所占的比例持续减少，由 47.74% 下降到 33.93%；自然山体下降幅度大于山体公园

表 2-4　2007~2017 年规划区景观总体构成及变化

斑块类型	占规划区面积的比例/%			2007~2012 年变化/个百分点	2012~2017 年变化/个百分点
	2007 年	2012 年	2017 年		
草地	3.39	3.52	8.69	0.13	5.17
耕地	47.74	44.01	33.93	−3.73	−10.08
工矿仓储用地	1.66	2.68	4.61	1.02	1.93
公共管理与服务用地	0.52	0.47	0.73	−0.05	0.26
公共绿地	3.18	3.37	4.26	0.19	0.89
交通运输用地	2.54	3.54	5.28	1.00	1.74
林地	3.79	3.64	3.13	−0.15	−0.51
其他用地	1.91	3.18	5.00	1.27	1.82
山体公园	0.20	0.66	1.35	0.46	0.69
商服用地	0.10	0.11	0.34	0.01	0.23
水域及水利设施用地	1.62	1.38	1.54	−0.24	0.16
在建山体	0.01	0.01	0.00	0.00	−0.01
住宅用地	7.99	9.52	11.48	1.53	1.96
自然山体	25.35	23.91	19.66	−1.44	−4.25

的增长幅度,耕地和自然山体成为城市建设用地扩展的主要来源。林地面积占比尽管有所下降,但总体保持相对稳定。随着城市对于环境改善需求的增加,公共绿地面积自 2012 年后开始逐渐上涨,增长幅度趋近于 1%。

2017 年建成区范围是分析时间段内快速城市化的典型区域,自然生态系统向城市生态系统转变迅速。表 2-5 分析结果表明,建成区的交通运输用地、住宅用地一直保持较高的比例且呈增长趋势,与规划区的增长趋势接近,2012 年是增长加快的转折点。

表 2-5　2007~2017 年建成区景观总体构成及变化

斑块类型	占建成区面积的比例/%			2007~2012 年变化/个百分点	2012~2017 年变化/个百分点
	2007 年	2012 年	2017 年		
草地	1.65	2.84	6.54	1.19	3.70
耕地	34.63	28.58	12.73	−6.05	−15.85
工矿仓储用地	2.91	4.59	5.60	1.68	1.01
公共管理与服务用地	1.94	1.98	2.93	0.04	0.95
公共绿地	9.79	9.68	11.31	−0.11	1.63
交通运输用地	4.53	5.05	7.46	0.52	2.41
林地	1.88	0.60	1.24	−1.28	0.64
其他用地	2.75	5.18	7.72	2.43	2.54
山体公园	0.49	3.03	6.12	2.54	3.09
商服用地	0.57	0.63	1.46	0.06	0.83
水域及水利设施用地	2.60	2.22	2.41	−0.38	0.19
在建山体	0.04	0.03	0	−0.01	−0.03
住宅用地	20.31	23.32	26.59	3.01	3.27
自然山体	15.89	12.27	7.89	−3.62	−4.38

与之对应的是，耕地和自然山体景观面积占比不断下降，2012年后下降速度加快，耕地面积占比下降15.85个百分点。与规划区相比，山体公园与自然山体面积占比之间的差距减小。林地面积变动较小，2012年后呈回升趋势。公共绿地的面积在2012年后从负增长转为正增长，说明建成区开始注重公共绿地建设。建成区的优势景观从耕地转变为住宅用地，相比2007年，2017年住宅用地的比例增加超过6个百分点，耕地的比例则下降了近22个百分点。

2. 规划区景观斑块动态变化特征

在类型层级中，平均斑块面积（MPS）、边缘密度（ED）和斑块密度（PD）能很好地描述景观的破碎化程度。从图2-6规划区用地斑块的景观变化特征来看，2007～2017年，耕地的边缘密度最大，平均斑块面积大幅下降，表明耕地在斑块数量不变的情况下，面积在急速缩小，破碎化程度增加。代表城市化的交通运输用地、公共绿地和住宅用地斑块，其边缘密度和斑块密度均持续上升，2017年交通运输用地的最大斑块指数（LPI）超过耕地，成为研究范围内的优势景观。林地的斑块密度和边缘密度整体上也呈现上升趋势，平均斑块面积出现小幅波动，说明林地空间分布趋于集中。

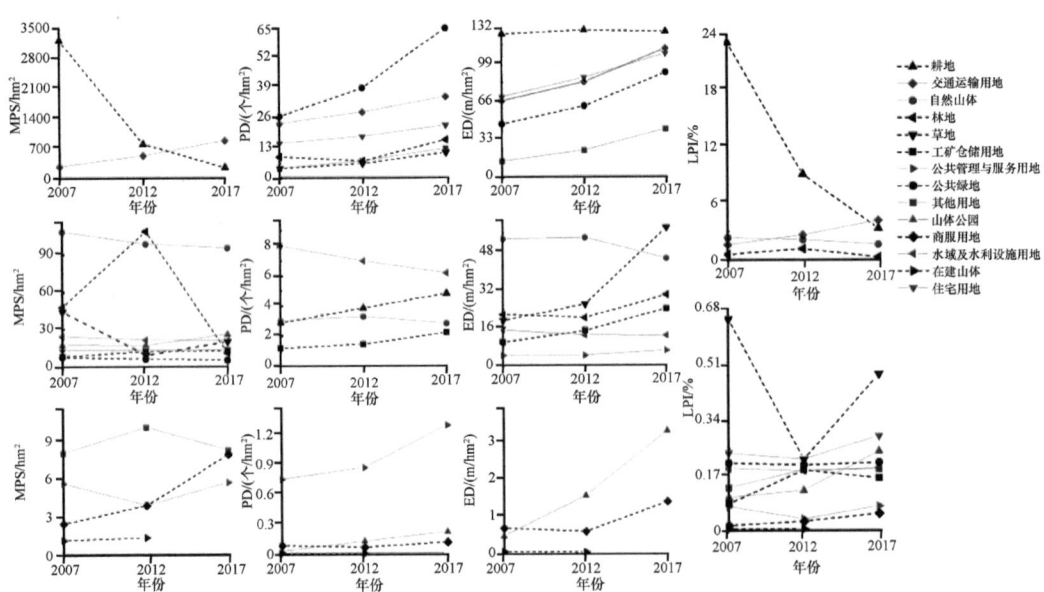

图2-6 2007～2017年安顺规划区平均斑块面积、斑块密度、边缘密度和最大斑块指数的变化
各土地类型对应的景观格局指数存在数量级的差异，为了更清楚地表达它们的变化趋势，将具有相近数量级的土地类型绘制在一个图中，特此说明，图2-7同

从边缘密度来看，2017年耕地、交通运输用地和公共绿地的边缘密度较大，表明其景观开放性较强，是其他物种交流时不可或缺的通道。城市化建设以来，草地边缘密度到2017年超过了自然山体，形成了更有利的通道。

2007年，最大斑块指数最大值为23%（耕地类型），到2017年，最大值仅为4.1%（交通运输用地），耕地的最大斑块指数下降到3.2%，这一变化表明了景观类型间的演替过程与城市化的快速发展相呼应。

3. 建成区景观斑块动态变化特征

从图 2-7 看，在研究区域内耕地边缘密度小于公共绿地，而平均斑块面积总体呈下降趋势，说明耕地在该区域更趋向于破碎化、分散化，且不断向城市生态系统转变。而自然山体类型的斑块密度、边缘密度和平均斑块面积均持续下降，说明其景观在建成区发展过程中受到人工干扰的影响，斑块破碎化程度增加。结合表 2-5 中其他景观类别的比例变化说明，这几种用地类型总量在减少的同时，空间分布更加分散，因总体面积减少导致破碎度降低。公共绿地的斑块密度和边缘密度与前述几种景观类别变化趋势相反，而平均斑块面积呈缓慢下降趋势，说明公共绿地总量一直在增加，但城市化留给公共绿地发展的空间分散，面积较小，导致其无法成为区域内的优势景观，削弱了其保护生物遗存的作用。

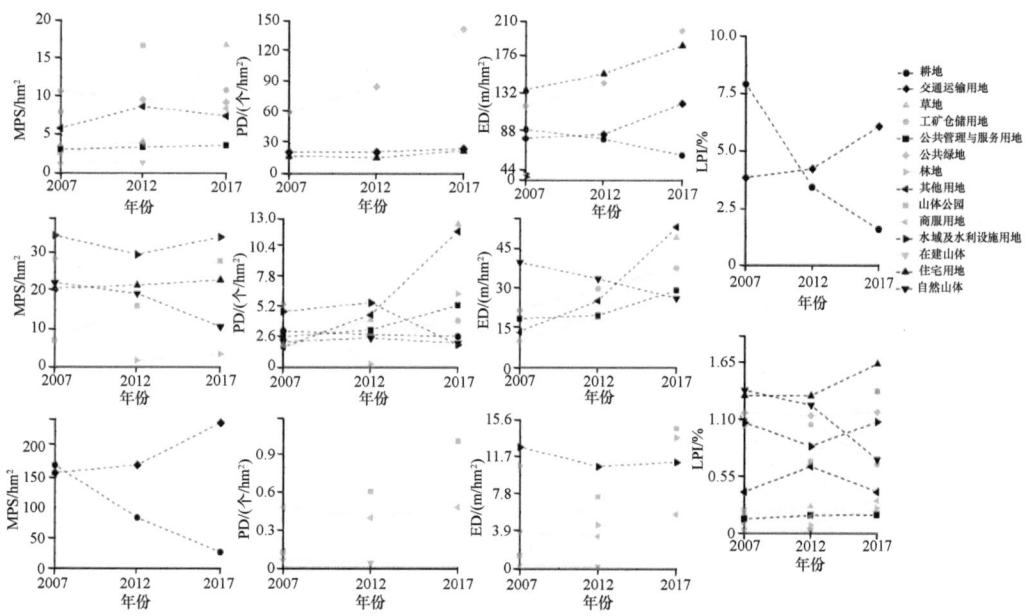

图 2-7　2007～2017 年安顺建成区平均斑块面积、斑块密度、边缘密度及最大斑块指数变化

最大斑块指数描述的是景观优势度。从最大斑块指数的动态特征来看，耕地一直是建成区范围尺度的优势景观，但交通运输用地的优势度在逐年上升，其最大斑块的比例不断增加，说明了城市化进程中交通运输用地的增长态势以及空间形态的变化。而其他类型用地斑块类型的景观特征保持相对稳定。

4. 景观水平的空间格局动态特征

景观多样性指数越大，景观类型越丰富，破碎化程度越高。从图 2-8 来看，规划区和建成区的 Shannon-Wiener 多样性指数（SHDI）均呈上升趋势，说明各斑块类型在景观中呈均衡化趋势分布。建成区指数始终大于规划区，表明建成区景观多样性较高，与实地调研结果吻合。规划区 2012 年后增长速率加快，说明规划区城市化速率提升。总体上讲，两个研究区的 SHDI 较高，景观多样化程度持续升高。蔓延度大小与景观中斑

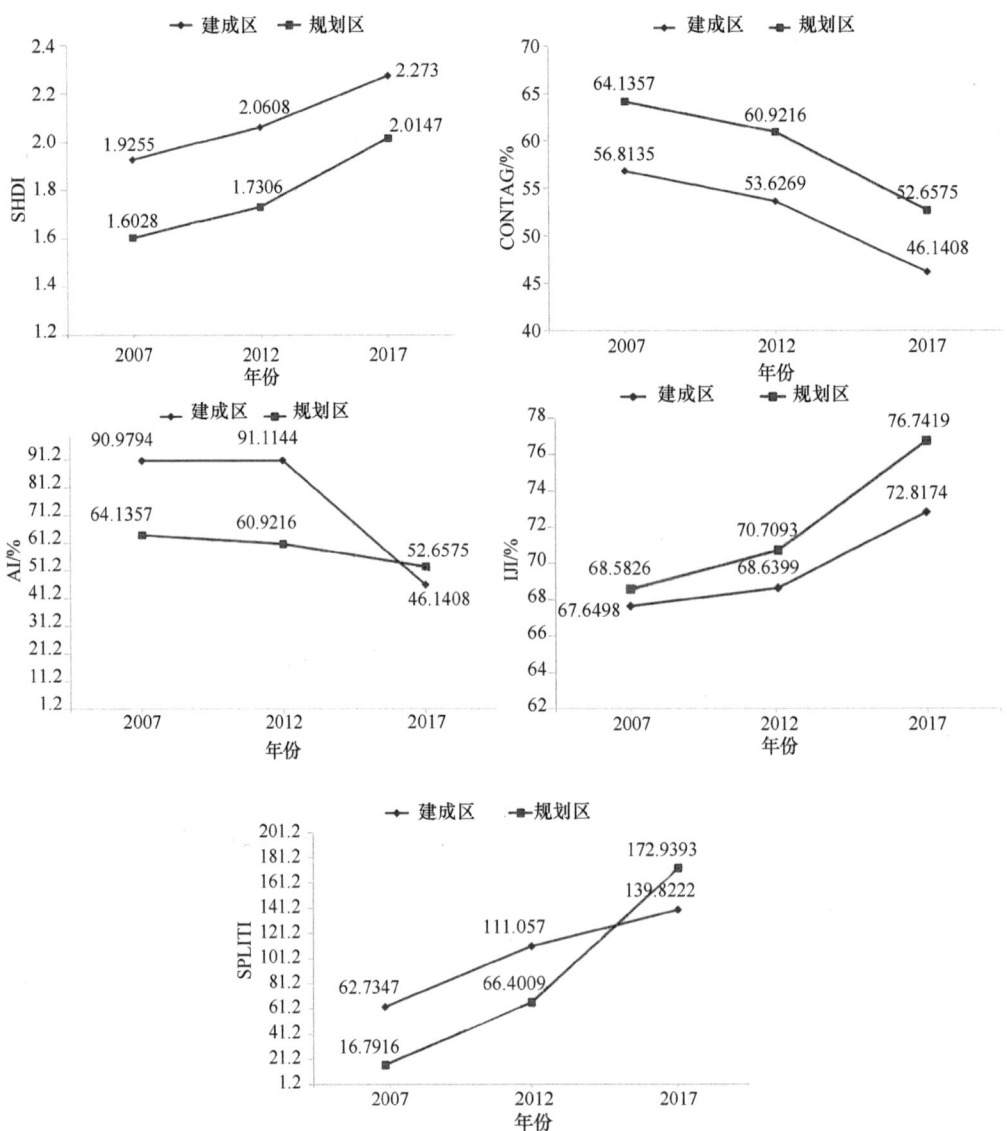

图 2-8　2007~2017 年安顺研究区 Shannon-Wiener 多样性指数、蔓延度指数、聚合度、散布与并列指数、景观破碎化指数变化

块大小有直接的关系，蔓延度指数（CONTAG）较小时表明景观中存在许多小斑块，蔓延度指数较大时说明景观中存在一些面积大、连通度高的优势斑块。规划区和建成区的蔓延度指数均呈下降趋势，表明随着城市化发展，大型的山体、耕地斑块被切割，研究区内总体蔓延度水平持续下降。聚合度考察的是景观斑块类型的连通性，聚合度（AI）越小，表示景观越离散。由图 2-8 可以看出规划区的景观连通性在 2007~2012 年基本保持稳定，而建成区聚合度在 2012 年大幅降低。由于规划区景观优势类型为耕地和自然山体，建成区优势景观为交通运输用地和公共绿地，因此两地区景观态势表现不同。散布与并列指数（IJI）是描述景观空间格局的重要指标之一，散布与并列指数越高，该区域不同景观类型之间相邻接的概率越大。由图 2-8 看出，所有散布与并列指数均大于

60%，规划区增长速度大于建成区，表明规划区相邻接的景观类型增多。2007 年，规划区的景观破碎化指数小于建成区，仅约为 16.79，至 2017 年其破碎化程度增加，超过建成区（约 139.8），达到约 172.9，在一定程度上反映了社会城市化对区域景观格局的干扰程度。总体上讲，景观破碎化指数与城市化区域相关，城市生态系统对自然生态系统的转化影响不容忽视。从景观破碎度上来分析，2017 年规划区的破碎化更为严重。在聚合度上，研究地呈现下降趋势，但小尺度的建成区变化更为激烈。聚合度下降速率过快，表明建成区景观的分布更为复杂，城市化开发影响景观的破碎化程度，但景观的分布和形态更多地受社会活动强度的影响。Shannon-Wiener 多样性指数主要指景观单元或生态系统在结构、功能以及随时间变化方面的多样性，反映了景观的复杂性，一般而言，值越大表明景观内各组分布越均匀。从研究地的变化来看，景观多样性上升，说明景观整体面积比率在缩小，反映了规划区和建成区仍然处于城市化增长的过程。

5. 景观格局变化的驱动因素

格局的变化在于内外驱动因素对于景观要素的干扰作用，其结果使得景观稳定性及其空间结构发生变化，从而使景观格局发生变化（周亮进和由文辉，2007）。城市是以人类活动为主体的复合生态系统，其景观格局的演变过程受到自然和人为因素的共同作用。现阶段的研究均表明人为的作用占主体，但自然因素的驱动机制也是不可忽略的。

（1）社会因素

以研究时段安顺市景观多样性为因变量（Y），以该地区总人口（X_1）、全社会固定资产总投资额（X_2）、第一产业比例（X_3）、第二产业比例（X_4）、第三产业比例（X_5）、城镇居民可支配收入（X_6）、地方财政收入（X_7）及地区生产总值（X_8）为自变量。具体数据见表 2-6。

表 2-6　安顺市 2007～2017 年主要经济来源数据

年份	景观多样性	地区总人口/万人	全社会固定资产总投资额/亿元	第一产业比例/%	第二产业比例/%	第三产业比例/%	城镇居民可支配收入/亿元	地方财政收入/亿元	地区生产总值/亿元
2007	1.60	267.04	80.21	19.07	40.73	40.20	13 786.00	18.38	18.38
2012	1.73	284.30	400.06	15.10	38.90	46.00	18 617.00	87.40	352.60
2017	2.01	234.44	794.54	2.30	15.60	82.00	27 224.00	76.24	802.46

注：数据来自安顺市政府 2007 年、2012 年、2017 年主要经济来源报告

将因变量与自变量进行逐步回归分析，可以得到以下方程：

$$Y=1.514+0.002X_5+0.1X_8 \quad (R^2=0.87, \ P<0.01) \tag{2-2}$$

由此可见，城市第三产业变化和地区生产总值是规划区景观变化的主要驱动因素。近 10 年来，安顺大力发展文化生态旅游服务业、现代物流服务业和现代商贸服务业，促进了第三产业的快速发展。在 2007～2017 年，安顺规划了自由贸易区，立足安顺普定循环经济工业基地、安顺民用航空产业国家高技术产业基地、安顺经济技术开发区等众多工业园区，以"一园两片"为特色，构建大宗物资物流服务平台。第三产业的变化

和生产总值的高产出、高投入,迅速推动了该地区景观格局的变化。

（2）地理因素

城市的地理特征与景观格局变化是紧密相关的。安顺市位于云贵高原的三级台阶上,是以岩溶丘陵为主的山原地貌,属于低中丘陵。安顺市地势西高东低,中部以盆地为主,喀斯特地貌丰富且占比超过 60%,山体连续性较差,覆土层浅薄,是贵州省喀斯特地貌的典型代表区域。由于其独特的岩溶地貌特征,安顺市域内山体数量众多,散布于整个区域。城市遗存自然山体是建成区内致密化发展过程中,建设用地蚕食和侵占的主要对象。

从安顺市规划区的最大斑块指数来看,2007～2017 年主要是耕地和自然山体景观向交通运输用地景观转换,安顺的城市化主要作用于耕地和自然山体景观,林地的斑块变化不明显。其间,自然山体景观斑块总面积呈不断下降的趋势,同时,自然山体景观的平均斑块面积也不断下降,说明研究期间自然山体景观的斑块数量也有所下降,每个斑块的面积越来越小。而斑块密度则由 2007 年的 2.98 个/hm^2 增加至 2012 年的 3.21 个/hm^2,2017 年又下降至 2.80 个/hm^2,表明自然山体景观呈由分散转为连片再重新分散的发展态势。自然山体景观的优势地位在发展中被削弱,同时被其他景观类型挤占和切割。总体来说,地形地貌不同决定了城市的主要基质不同,受到城市化影响的景观类型也会不同。

（3）规划因素

城市景观格局变化与城市总体规划的计划和实施是密切相关的。城市总体规划是依据国民经济和社会发展规划制定的一定时期内的各项用地安排与综合部署,是城市经济和社会发展目标在空间上的具体落实。上一版总体规划中,安顺市确定了 2001～2020 年城市"一心一片,两点三轴"的空间结构,形成了"中心城市—规划区—中心镇——般镇"的四级区域,以此规划未来的空间发展策略。城市总体规划（2001～2020 年）实施以来,城市在不断发展,建成区和规划区的差异逐渐形成,规划区尺度以交通用地网格式发展,建成区以内部增加斑块为主,景观蔓延度降低。规划区在建成区外围发展,空间分离,因此出现两研究地景观格局不同的态势。规划区耕地和自然山体斑块密度、平均斑块面积、边缘密度、最大斑块指数的变化趋势均反映了规划区破碎化程度在增加。

在总体规划的指引下,经过近 10 年的城市发展,城市景观格局发生了较大变化,特别是中心城区,由于人口数量增加和活动范围扩大,城市化对于自然景观的压力也在增加。中心城外围的规划区承担疏散人口、聚集新产业的任务,这一预设促进了土地利用景观格局的转变。在城市总体规划的引导下,住宅用地、交通运输用地和公共绿地的斑块密度大幅上升,建成区公共绿地斑块密度也在增加。规划区和建成区在景观层级上的蔓延度与聚合度指数则呈现明显下降的趋势,表示景观破碎度都增加。

城市基础设施服务水平的提升促进了城市化发展。2001 年总体规划中的产业结构调整促进了道路交通基础设施水平的提升,是推动城市化进程的重要驱动因素。2007～2017 年,规划区交通运输用地的平均斑块面积从 290.09hm^2 增长到 870.2hm^2。大规模发展城市交通路网，往往使城市景观呈现网格化，加深景观整体破碎化程度。

6. 基于 LCM 模型的土地利用预测

（1）研究区总体景观变化的预测模型结果

图 2-9 为 2027 年安顺市景观类型预测模拟图。与 2017 年基础数据比较，2027 年的景观类型变化主要集中在公路附近的村落和自然山体，斑块变化区域比较分散。不同景观类型中，耕地和自然山体分别减少了 9.1% 与 4.2%，交通运输用地增加了 2%，住宅用地增加了 2.1%，草地和工矿仓储用地增加了 2%，其他景观类型的变化则相对较小。总体来说，自然山体和耕地面积减少较多，并且呈现向交通运输用地、住宅用地、草地和工矿仓储用地转换的态势，这主要是受到城市化的影响。

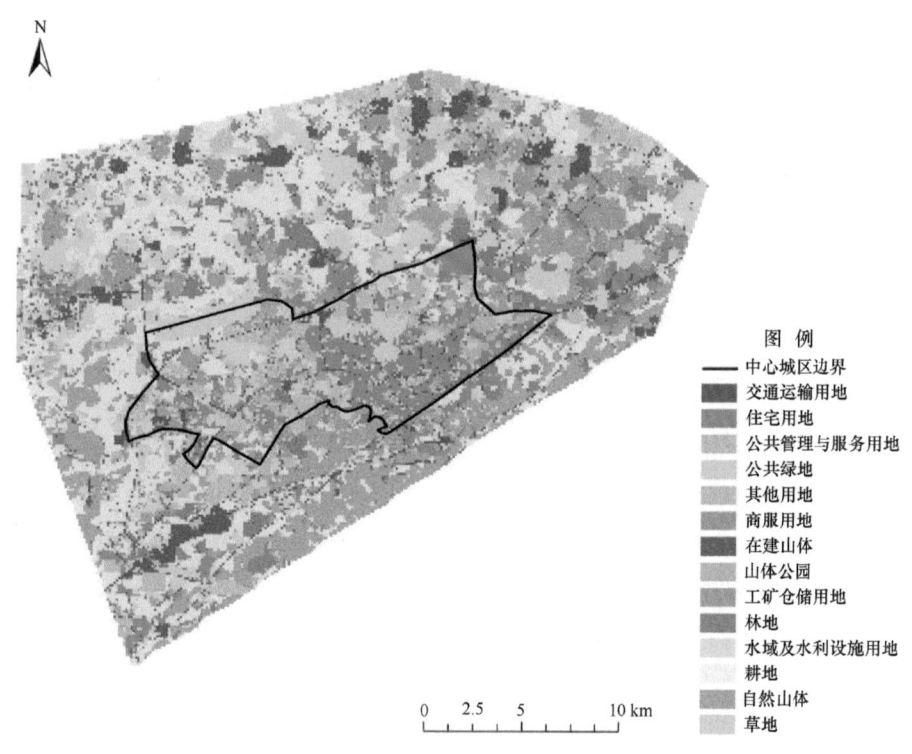

图 2-9　2027 年安顺市景观类型预测模拟图

（2）规划区景观未来变化分析

将 IDRISI 的数据导入 ArcGIS 进一步分析，并利用景观变化动态分析各研究区的景观变化速率。从图 2-10 可以看出，两个研究尺度的耕地、自然山体和水域及水利设施用地均在减少。规划区住宅用地增加了 25.02%，工矿仓储用地增加了 51.92%，交通运输用地增加了 46.60%，此外，草地、公共管理与服务用地、公共绿地、其他用地和商服用地的面积也有所增加。建成区耕地、自然山体和林地面积减少较多，分别减少 56.16%、49.81% 和 31.80%；交通运输用地和公共管理与服务用地分别增长了 30.59% 和 22.94%，山体公园和公共绿地也有较大的增加，其他景观类型变化相对较小。

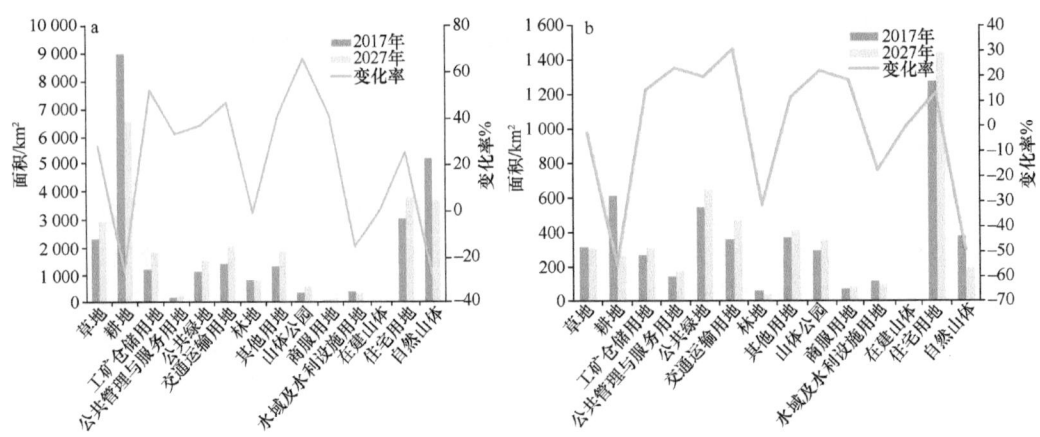

图 2-10　安顺市规划区（a）与建成区（b）景观类型面积动态预测

总体上来说，规划区景观动态变化超过建成区。规划区未来变化率相对较高，仍然处于高度城市化进程中；而建成区未来景观变化较小，整体趋于稳定。两个研究区域内自然山体和耕地的面积未来仍会减小，且减少速率较快，需要引起关注。

2.2.3　小结与建议

安顺市总体规划（2001～2020 年）实施以来，规划区和建成区的景观类型发生了较大的变化。规划区的耕地和自然山体面积呈现下降趋势，而交通运输用地保持较快增长速度。在中心快速城市化的地区，2017 年耕地面积比 2007 年减少 20%，交通运输用地和住宅用地面积共增加近 10%。受到建成区向外拓展的用地需求压力，耕地和自然山体成为城市生态系统转化的主要来源。景观格局指数从类型层级的斑块个体特征、景观层级的破碎度和整体多样性三个方面，描述了快速城市化过程中景观空间结构的动态变化特征。在大尺度范围内，耕地的破碎化程度增加，其景观优势被交通运输用地取代。建成区景观类型的变化更为激烈，交通运输用地增长趋势更为明显，在 2012 年就成为优势景观。由于建成区向外发展，侵蚀规划区空间，两个尺度的景观形态复杂性增加，表现为不同程度的破碎化趋势。通道景观类型的变化应通过城市生物多样性规划进行引导。

景观格局受到社会、地理和规划三个主要驱动因素的影响。城市地理特征决定了城市生态系统的基质构成，而城市总体规划和产业结构调整进一步推动了景观格局变化，基础服务设施水平的提升、人口规模的增加和区域规划均导致了交通运输用地、住宅用地、公共绿地等城市建设类用地规模不断扩大，耕地和自然山体萎缩，空间格局改变。自然山体景观本是安顺市的优势景观，在城市化发展过程中，受到其他景观类型的挤占和切割，其优势地位被替代，不利于整体生态景观的稳定。

城市总体规划主要是针对建设类型用地的部署和安排，对于生态类型景观保护不足。看似增加了快速城市化地区的公共绿地总面积，使得斑块密度上升，形成通道，但并未给予其足够空间发展，导致平均斑块面积不变，无法形成优势景观，进而起到保护生态遗存的作用。城市建设是一个向外扩张的过程，景观格局会发生剧烈变化，影响了生态系统功能，给城市的可持续发展带来负面影响。面对经济的发展，安顺市需要及早寻求城市发展和生态空间保护的平衡，减弱建设类型景观形成的支配趋势。

　　研究区域如何在快速发展的同时尽可能保护生态斑块完整是现阶段的重要议题。与2017 年相比，利用 LCM 模型预测的 2027 年的耕地和自然山体面积的降低比率较大，交通运输用地和住宅用地面积仍在增加，表明 2027 年安顺规划区依旧处于城市化阶段。自然山体和耕地面积的持续下降，说明未来生态环境质量会进一步下降，提出生物多样性保护规划势在必行。在当前景观格局基础上，未来建成区景观格局变化相对较小，应重点关注规划区范围。预测结果表明，虽然山地公园的面积会增加，但是自然山体的发展趋势仍不容乐观，而工矿仓储用地和住宅用地会成为侵占自然山体的潜在威胁，因此，安顺市的城市规划仍需进一步提高对自然山体和耕地的重视，限制工矿仓储用地和住宅用地对其的干扰。

第3章 黔中城市遗存喀斯特自然山体空间格局与形态

本章选取地处中国西南地区核心地带的典型喀斯特多山城市——贵阳市为研究对象，以 2018 年贵阳市建成区为主要研究区域，解析城市化对多山城市自然生境丧失和破碎化的影响过程，揭示城市遗存自然山体在城市基质中的空间格局特征，在此基础上分析自然遗存植被的城市化响应。

3.1 黔中城市遗存喀斯特自然山体景观格局、空间分布与可达性

3.1.1 数据来源与处理

1. 数据来源

本研究基础数据源主要包括以下几种数据类型：遥感影像，来源于 Pleiades 卫星的 2018 年贵阳市建成区范围高分辨率卫星影像图（0.5m 空间分辨率）（含数字高程模型）；规划资料，从贵阳市城建主管部门获取的《贵阳市城市总体规划（2009—2020 年）》、《贵阳市绿地系统规划（2015—2020 年）》、《贵阳市公园城市建设总体规划（2015 年）》、《贵阳市山体公园系统总体规划》和《贵阳市中心城区山体保护利用专项规划（2016—2030 年）》等规划文本资料；统计年鉴，分别从贵阳市统计局门户网站和贵阳市人民政府官网获取的 2018 年贵州省及贵阳市的最新年度数据统计报告。

2. 数据预处理

以 2018 年贵阳市建成区高精度遥感影像（0.5m 空间分辨率）为基础数据源，运用空间分析法进行研究数据的预处理（图 3-1）。参照《土地利用现状分类》（GB/T 21010—2017），根据研究区实际情况及研究需要将城市土地利用分为居住用地、交通用地、其他建设用地、自然水域、农林用地、自然山体 6 种景观类型。参照《贵阳市城市总体规划（2009—2020 年）》、《贵阳市绿地系统规划（2015—2020 年）》和《贵阳市中心城区土地利用现状图（2015 年）》等相关资料，在 ArcMap 10.2 平台中对高精度遥感影像进行目视解译及人工判读，结合现场实地调查及查看百度三维街景地图实况，对各景观斑块进行复查和修正，建立贵阳市土地利用空间信息数据库。根据景观类型的属性赋值进行分类，得到城市景观类型空间分布图（图 3-1a）；从贵阳市土地利用空间信息数据库中，将自然山体景观类型空间信息数据单独提取出来，再根据各山体空间区位所

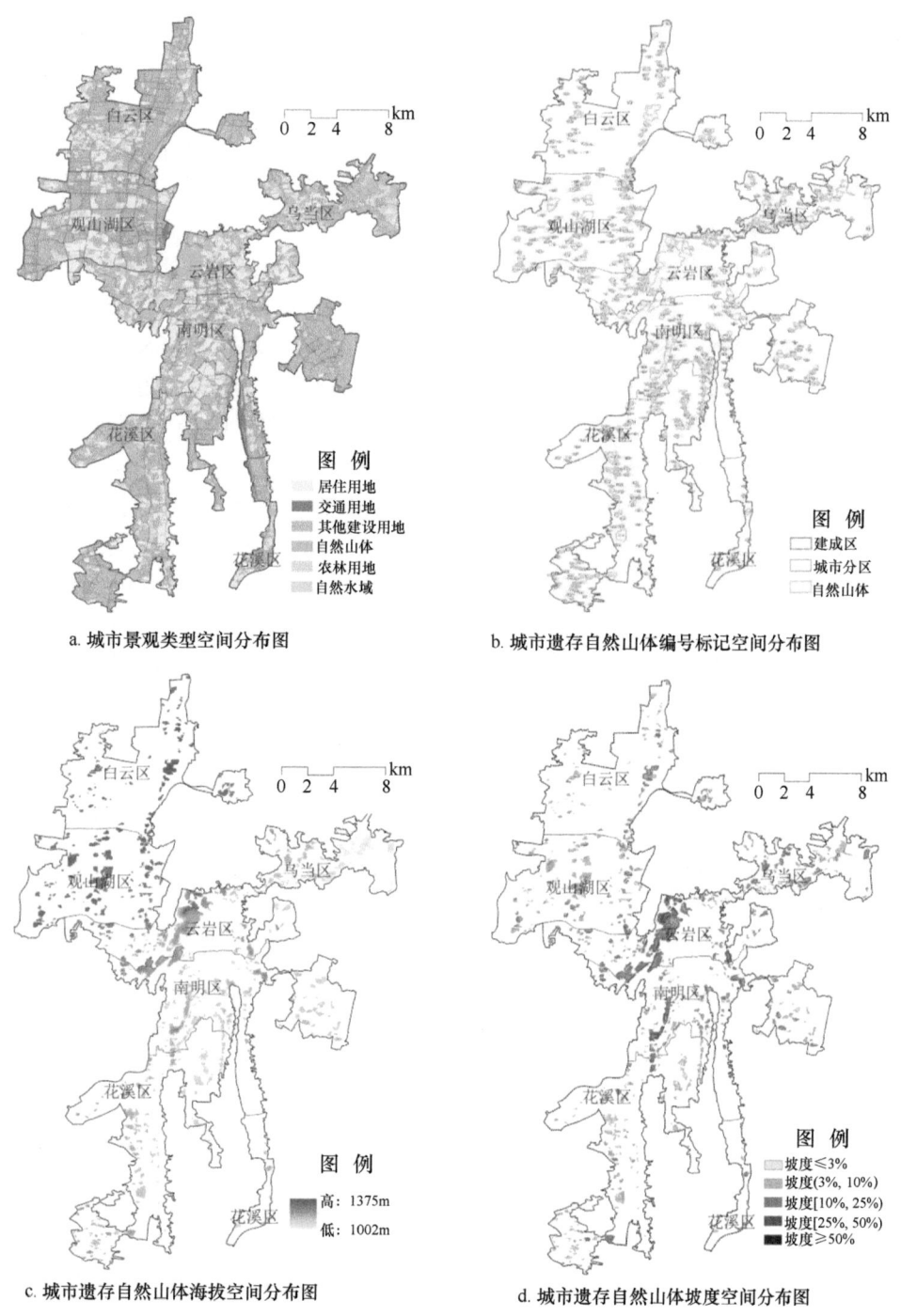

a. 城市景观类型空间分布图

b. 城市遗存自然山体编号标记空间分布图

c. 城市遗存自然山体海拔空间分布图

d. 城市遗存自然山体坡度空间分布图

图 3-1　数据预处理

在，按城市分区对其逐个进行编号标记处理，得到城市遗存自然山体编号标记空间分布图（图 3-1b）；依据提取的城市遗存自然山体空间信息数据，对贵阳市建成区数字高程模型进行裁剪后，得到城市遗存自然山体海拔空间分布图（图 3-1c），并运用 Surface-Slope

工具对各山体进行坡度分析，得到城市遗存自然山体坡度空间分布图（图 3-1d）。

3. 构建基础数据库

在 ArcGIS 10.2 和 Fragstats 4.2 软件的支持下，主要运用空间分析法、田野调查法、统计分析法分别对城市遗存自然山体景观格局、规模形态、植被覆盖、空间分布及缓冲区人口密度等基本特征进行定量化处理。

运用 ArcGIS 10.2 软件操作平台中的 Feature To Raster 工具，将人工目视解译获得的贵阳市土地利用空间信息数据按景观类型转为栅格文件（1m×1m 栅格大小），再运用 Fragstats 4.2 景观格局分析软件分别计算贵阳市各类景观斑块数量（NP）、斑块面积（CA）、斑块类型面积占比（PLAND）、景观形状指数（LSI）、平均最邻近距离（MNN）、连接度指数（CONNECT）、分离度指数（SPLITI）、聚合度指数（AI）等景观格局指数，以此获取城市遗存自然山体景观格局特征的量化数据。

城市遗存自然山体空间分布特征的量化数据主要包括空间分布聚散性及空间可达性。在 ArcGIS 10.2 软件操作平台中，运用 Feature To Point 工具将各编号标记山体空间信息数据转化为点要素，随后以城市遗存自然山体点要素为基础，运用 Average Nearest Neighbor、Multi-Distance Spatial Cluster Analysis 工具分别对城市遗存自然山体进行平均最邻近距离及多距离空间集聚分析，充分了解其空间分布聚散情况，再运用 Kernel Density 工具进行核密度分析，得到城市遗存自然山体空间分布密度；以贵阳市交通用地景观类型空间信息数据为基础，分别运用 Euclidean Distance、Kernel Density 工具对贵阳市建成区进行邻近距离及核密度分析，得到城市遗存自然山体与道路邻近距离及核心点所在区域道路密度（道路数量）。

运用 Create Finshnet 工具在贵阳市建成区范围内制作 1km×1km 网格，再根据贵阳市居住用地景观类型空间分布情况，结合现场实地调查及查看百度三维实况街景地图，分别记录各网格内居民点单元楼数、平均楼层、主要户型，通过统计住户数进行人口换算，得出各网格居住人口数，再运用 Feature To Point 工具，将网格按居住人口数转化为点要素后，通过反距离加权空间差值分析得出人口密度分布情况，以此获取城市遗存自然山体缓冲区人口密度。

3.1.2 自然山体景观格局

由贵阳市景观指数测算结果可知（表 3-1），2018 年贵阳市建成区总面积为 36 838.79hm^2，城市建设用地占比达 80.16%，非建设用地以建成区内自然山体为主（12.20%），城市遗存自然山体斑块类型面积占比较大。城市遗存自然山体共有 527 个，总面积达 4493.09hm^2，斑块数量众多。从形状指标来看，在贵阳市 6 类景观类型中，自然山体景观形状指数最低（30.39），说明城市遗存自然山体受人工干扰严重，斑块形状趋于规则化、简单化，景观形状多样性较低。按照岛屿生态学理论，自然生境斑块越规则意味着其生境异质性及斑块边缘效应越低，越不利于生物多样性的保护；连通性指标表明，自然山体平均最邻近距离最大（162.80m），连接度指数最小（0.62），各城市遗存自然山体生境斑块间连通性较差，物种信息交流沟通受到较大阻隔，对维持生态系统稳定有很大影响；对比各类景观聚散性指数可知，自然山体分离度指数（5592.76）高于各类城市建设用地，聚合度指数最大（95.61），说明城市遗存自然山体景观破碎化程度较高且较为集中，导致这种现象的主要原因在于城市建设的侵占使得原本较为完整的山体变得支离破碎。整体来说，贵阳市现有城市遗存自然山体景观格局稳定性较低，其生境斑块形状多样性、连通性及完整性都有待提高。

表 3-1　贵阳市建成区景观指数

景观类型	斑块数量/个	斑块面积/hm²	斑块面积占建成区总面积的比例/%	景观形状指数	平均最邻近距离/m	连接度指数	分离度指数	聚合度指数
居住用地	816	8 601.84	23.35	49.34	73.92	0.87	5 573.27	94.65
交通用地	1 116	4 009.07	10.88	126.04	25.66	1.22	86.03	80.21
其他建设用地	2 007	16 920.93	45.93	67.06	33.77	0.65	1 182.30	94.92
自然水域	297	546.63	1.48	39.44	119.72	1.81	251 285.09	83.47
农林用地	621	2 267.23	6.16	37.83	112.63	0.89	38 052.32	92.24
自然山体	527	4 493.09	12.20	30.39	162.80	0.62	5 592.76	95.61
总计	5 384	36 838.79	100	—	—	—	—	—

3.1.3　自然山体空间分布

平均最近邻（average nearest neighbor）分析工具是测量每个要素质心与其最近邻质心位置之间的距离，然后计算所有最邻近距离算数平均值。基于假设随机分布的期望平均距离，该分布使用相同数量的要素覆盖相同的总面积。如果平均最近邻距离小于假设随机分布的平均值，平均最近邻比率<1，则要素空间分布特征被认为是聚集的。如果平均最近邻距离大于假设随机分布的平均值，平均最近邻比率>1，则特征被认为是分散的。相关计算公式如下

$$ANN = \frac{D_O}{D_E} \tag{3-1}$$

$$D_O = \frac{\sum_{i=1}^{n} d_i}{n} \tag{3-2}$$

$$D_E = \frac{0.5}{\sqrt{n/A}} \tag{3-3}$$

$$Z = \frac{D_O - D_E}{SE} \tag{3-4}$$

$$SE = \frac{0.26136}{\sqrt{n^2/A}} \tag{3-5}$$

式中，ANN 为平均最邻近比率；D_O 为观测平均距离（m）；d_i 为每个要素质心与其最近

邻的质心位置之间的距离（m）；D_E 为预期平均距离（m）；A 为面积（m^2）；n 为要素数；Z 为检验参数；SE 为最近邻点平均距离的误差。

要素空间分布聚散情况说明如图 3-2 所示。

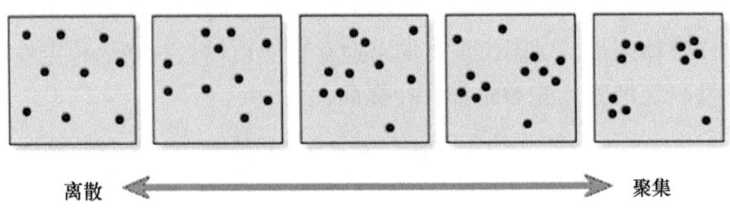

图 3-2　要素空间分布聚散情况说明

由城市遗存自然山体平均最近邻分析结果可知（图 3-3），平均最近邻距离小于假设随机分布的平均值，平均最近邻比率小于 1，Z 得分为 -15.4686，P 小于 0.01，检验结果有效，说明城市遗存自然山体在最近邻距离上表现为明显的空间聚集分布。

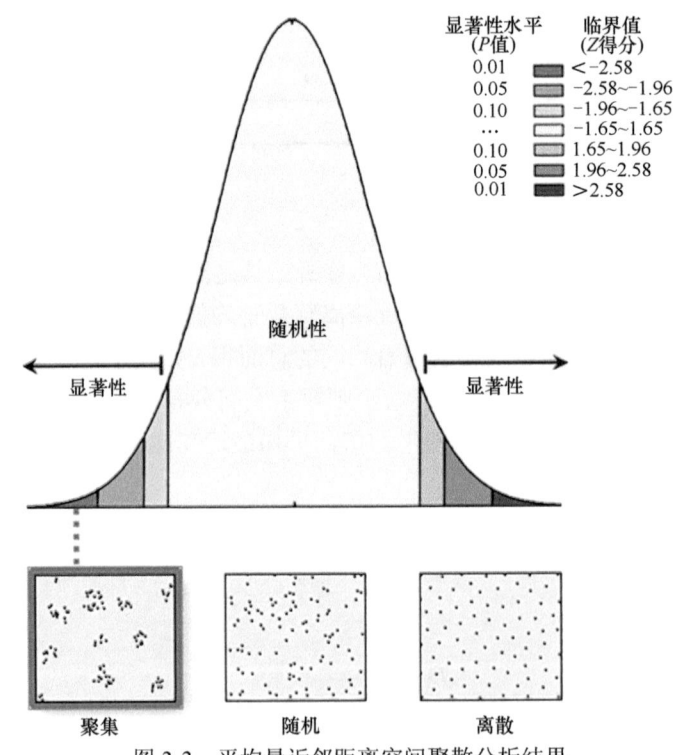

图 3-3　平均最近邻距离空间聚散分析结果
…代表显著性不明显

从数学上讲，多距离空间聚散分析（multi-distance spatial cluster analysis）工具使用 Ripley 的 k 函数的公共变换，其中具有随机点集的预期结果等于输入距离。变换 $L(d)$ 计算公式如下

$$L(d) = \sqrt{\dfrac{A\sum\limits_{i=1}^{N}\sum\limits_{j=1,j\neq i}^{N} k(i,j)}{\pi n(n-1)}} \qquad (3\text{-}6)$$

式中，$L(d)$ 是公共变换；N 是点数；A 是面积；n 是要素数；d 是要素之间的距离；$k(i,j)$ 是权重。如果没有边界校正，当 i 与 j 之间的距离小于或等于 d 时；权重为 1，当 i 与 j 之间的距离大于 d 时，权重为 0。当应用边缘校正时，$k(i,j)$ 的权重会稍有修改。

　　如图 3-4 所示，当观测到的 k 值大于特定距离的预期 k 值时，空间分布比该距离（分析尺度）的随机分布更聚集。当观测到的 k 值小于预期 k 值时，空间分布比该距离的随机分布更分散。当观测到的 k 值大于置信上限值时，该距离的空间聚集分布具有统计学意义。

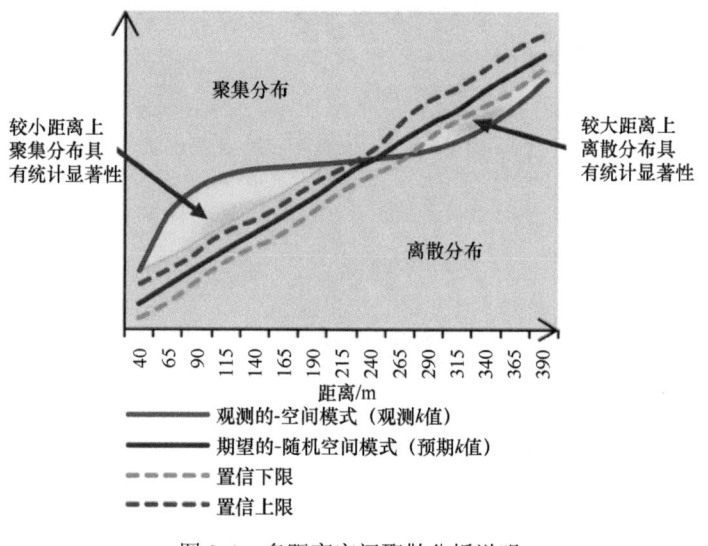

图 3-4　多距离空间聚散分析说明

　　由城市遗存自然山体多距离空间聚散分析结果（图 3-5）可知，由于受山体斑块自身体量的影响，200m 距离内观测到的 k 值小于预期 k 值，200m 距离后观测到的 k 值均

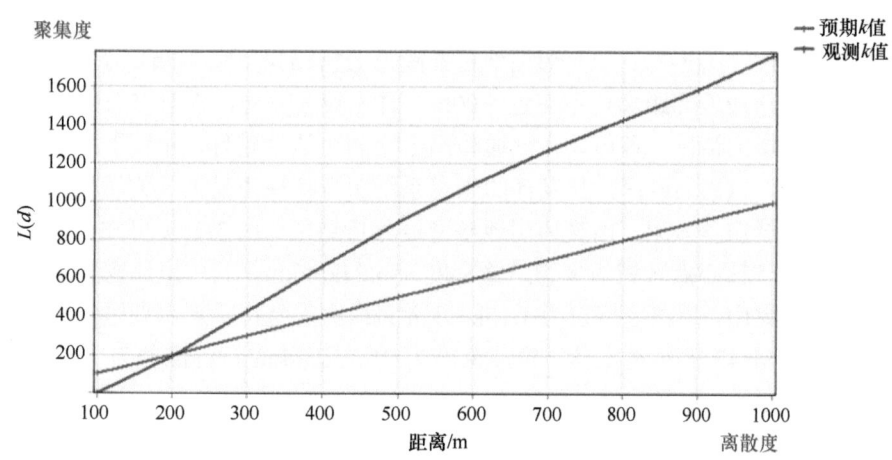

图 3-5　多距离空间聚散分析结果

大于特定距离的预期 k 值，且大于置信上限，说明城市遗存自然山体在多距离上也表现为明显的空间聚集分布。

结合城市遗存自然山体核密度分析结果可知（图 3-6），城市遗存自然山体于高密度区域空间聚集分布特征明显，这些高密度区域主要集中在百花山脉、黔灵山脉和南岳山脉，空间上表现为明显地带状分布，是贵阳市中心城区总体规划"一城三带多组团"及绿地系统、山体公园规划"一廊、三带、群岛"空间布局结构组成中至关重要的"三带"，能够为城市生态网络的构建提供良好的自然绿化廊道。

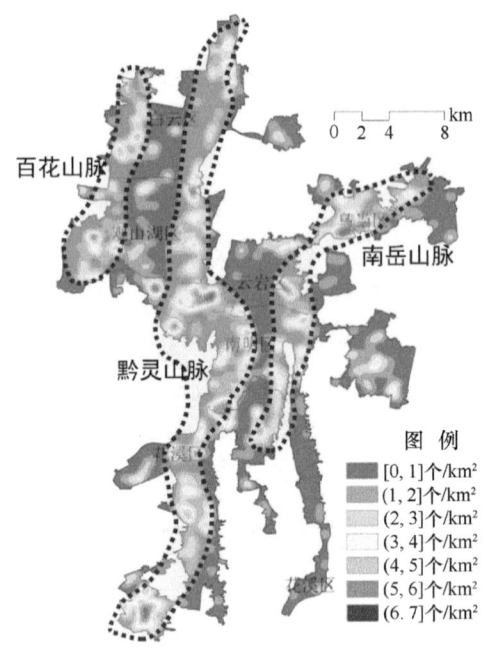

图 3-6　城市遗存自然山体空间分布密度

3.1.4　自然山体空间可达性

本研究主要从道路最近邻距离及区域道路密度（数量）两方面综合分析城市遗存自然山体空间可达性（图 3-7）。由交通用地近邻距离分析结果（图 3-7a）可知，各城市遗存自然山体与道路最近邻距离均不超过 300m，且无较大差异，而且多有山体直接与城市交通道路相接壤的情况，各山体在交通距离上空间可达性较好，相较于那些交通距离较远的城市公园、风景名胜区，其发挥的生态系统服务往往更易被人们感知，具有更直观便捷的生态系统服务效果。由交通用地核密度分析结果（图 3-7b）可知，贵阳市现有城市遗存自然山体核心点区域的平均道路密度为 6.24km/km²，其中道路密度最小的是编号为 YY54 的黔灵山，道路密度仅为 1.15km/km²；最大的是位于观山湖区中天会展城山水园内编号为 GSH42 的小型山体，道路密度为 15.75km/km²，标准差为 2.87km/km²，极差达 14.60km/km²；道路密度多集中在 5.00～7.00km/km²（168 个），说明建成环境中城市遗存自然山体区域道路密度相对较低，极值差异较大，离散程度较小，31.88% 的山体区域道路密度为 5.00～7.00km/km²。同时可以看出各山体周边道路建设数量明显不同，各

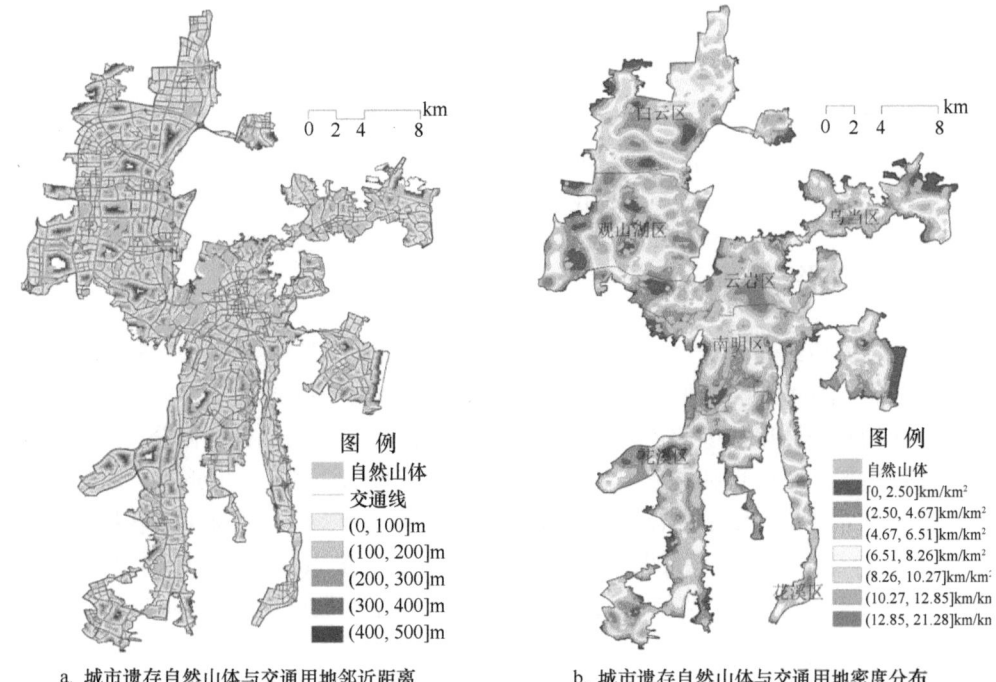

a. 城市遗存自然山体与交通用地邻近距离   b. 城市遗存自然山体与交通用地密度分布

图 3-7 城市遗存自然山体空间可达性特征值

城区边缘的、斑块面积较大的城市遗存自然山体周边交通道路建设数量极为有限，在交通数量上可达性较差，这也正是其对道路建设造成阻碍较大的直接表现。

3.2 黔中城市遗存喀斯特自然山体形态特征与分类

3.2.1 形态特征分析方法

城市遗存自然山体规模形态特征的量化数据主要包括斑块面积、形状指数、相对高度、平均坡度。以城市遗存自然山体编号标记空间分布图为基础，在 ArcGIS 10.2 软件操作平台中，运用 Calculator Geometry 工具分别统计测算各编号标记山体的斑块面积，得到城市遗存自然山体斑块面积值；运用 Fragstats 4.2 分析软件，按照山体标记的编号，分别进行各山体斑块形状指数的统计测算，得到城市遗存自然山体斑块形状指数值；以城市遗存自然山体海拔空间分布图为基础，运用 ArcGIS 10.2 软件操作平台中的 Surface-Contour 工具进行 1m 差等高线绘制，再利用等高线之差，按照山体标记的编号，对各山体相对高度逐个进行统计测算，得到城市遗存自然山体相对高度值；以城市遗存自然山体坡度图为基础，按照各山体不同坡度面积分布，对各编号标记山体的平均坡度逐个进行统计测算，得到城市遗存自然山体平均坡度值。

其中斑块形状指数（Sh）、相对高度（H）、平均坡度（$\overline{SI}$）计算公式分别如下

$$Sh = \frac{0.25P}{\sqrt{A}} \tag{3-7}$$

$$H=D_{\mathrm{H}} - D_{\mathrm{L}} \tag{3-8}$$

$$\overline{\mathrm{SI}}=\frac{\sum S_i A_i}{A} \tag{3-9}$$

式中，P 为斑块周长（m）；A 为斑块面积（m²）；D_{H} 为山体最大等高线；D_{L} 为山体最小等高线；S_i 为山体某一类坡度；A_i 为山体对应此类坡度的面积（m²）。

3.2.2　自然山体形态特征

以往对于城市绿地的研究，大多只关注绿地斑块面积（魏绪英等，2018；杨文越等，2019），但与一般的城市绿地相比，城市遗存自然山体规模特征表现更为复杂，在平面及立面空间均有所体现，因此需要对山体平面、立面特征分别进行量化分析（图3-8）。其中山体规模形态平面特征具体主要表现为山体垂直投影面积、平面形状，通过对应的定量化处理，分别得到城市遗存自然山体斑块面积图（图3-8a）及斑块形状指数图（图3-8b），立面特征则主要表现为山体主峰垂直高度、立面形态，通过对应的定量化处理，分别得到城市遗存自然山体相对高度图（图3-8c）及平均坡度图（图3-8d）。

1. 山体斑块垂直投影面积

由城市遗存自然山体斑块面积测算结果可知（图3-9），贵阳市建成区内现有的527个城市遗存自然山体的平均斑块面积为8.53hm²，其中斑块面积最小的是位于花溪区（青龙路）青龙南巷贵阳矿山机器厂内编号为HX115的矿山，山体斑块面积仅为0.27hm²；最大的是位于云岩区枣山路黔灵山公园内编号为YY54的黔灵山，山体斑块面积达354.28hm²，标准差为19.29hm²，极差达354.01hm²，斑块面积多为1～3hm²（164个），说明城市遗存自然山体斑块面积整体偏小，极值差异很大且离散程度较高，31.12%的山体垂直投影面积只有1～3hm²。而后参照近年来国内外有关城市公园绿地和自然生境景观格局最新的研究内容及其划分标准（魏绪英等，2018；Fernández et al.，2019），结合贵阳市建成区内现有城市遗存自然山体绿地斑块的实际占地面积，将市遗存自然山体斑块按面积大小划分为：小型山体斑块（面积<3hm²）、中型山体斑块（3hm²≤面积<10hm²）、大型山体斑块（10hm²≤面积<50hm²）和超大型山体斑块（面积≥50hm²）4个等级。

根据景观生态学基质-斑块-廊道理论，自然生境斑块面积直接会影响其生态系统稳定性，大型生态斑块可以更好地为人们提供各类不同的生态系统服务（Kibria et al.，2017；傅伯杰等，2011）。城市建成区内那些为数不多的大型残余自然生境斑块的存在，不仅有利于城市遗存自然山体景观格局及城市生态系统稳定性的维持，而且可以为各种动植物的生存繁衍提供良好的栖息地，能让城市生物多样性得到有效保育（Fernández et al.，2019）。由不同面积等级山体斑块分配情况可知（图3-9），贵阳市建成区内现有城市遗存自然山体数量上以中、小型山体斑块为主，斑块数量占比之和达到近4/5（78.94%），中型山体斑块高达220个，数量占比最大（41.75%），超大型山体斑块仅有10个，数量占比最小（1.90%），面积等级较小的山体斑块占绝对的数量优势，说明面积等级较大的自然山体相对难以被城市发展建设直接包围入城，城市建成环境中多是先天生态较为脆

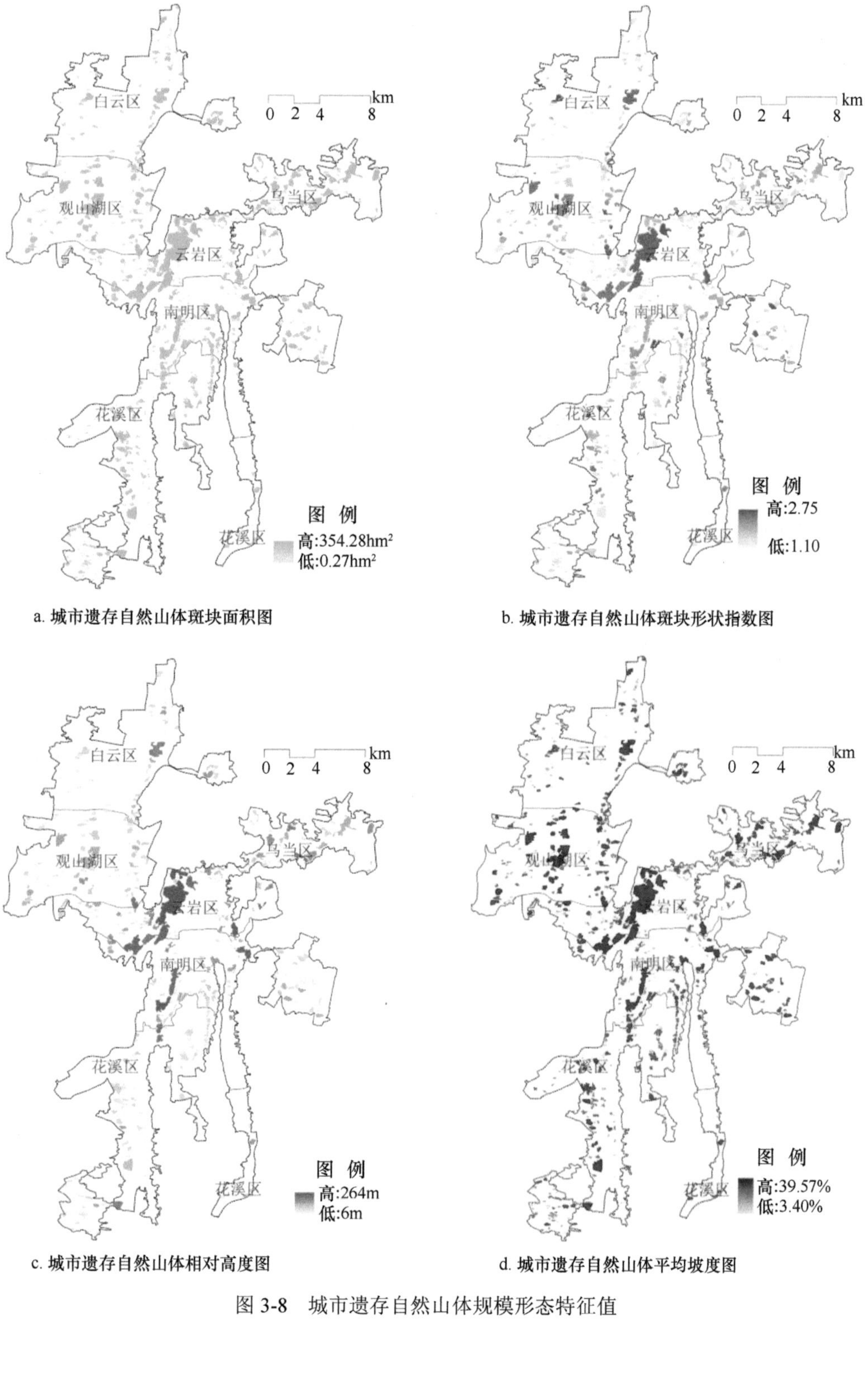

a. 城市遗存自然山体斑块面积图

b. 城市遗存自然山体斑块形状指数图

c. 城市遗存自然山体相对高度图

d. 城市遗存自然山体平均坡度图

图 3-8　城市遗存自然山体规模形态特征值

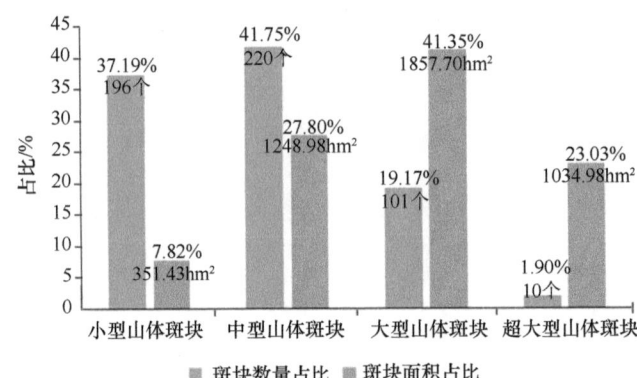

图 3-9 不同面积等级山体斑块分配

由于存在四舍五入，因此各项占比之和可能不为 100%，全书余同

弱的中、小型喀斯特山体，很难适应建成环境中强烈且持续的人为干扰，城市自然生态系统面临巨大挑战；面积上以大型山体斑块为主，斑块面积占比最大（41.35%），远高于中型山体斑块、超大型山体斑块及小型山体斑块占有绝对面积优势，斑块数量占比却不足 1/5（19.17%），斑块数量占比超过 1/3 的小型山体斑块面积占比最小（7.82%），且中型山体斑块、超大型山体斑块数量与面积占比之间也均明显存在较大的差异，说明贵阳市建成区内现有城市遗存自然山体景观优势偏向于面积等级较大的山体斑块，尤以大型山体斑块景观优势最为明显，但斑块数量十分有限，不同面积等级山体斑块面积与数量分配及占比存在极不平衡的问题。此外，由不同面积等级山体斑块空间分布情况可知（图 3-10），贵阳市不同等级城市遗存自然山体空间分布也极为不均。面积等级较小的山体斑块在城市发展建设过程中更易被直接割裂入城，且在频繁的人为活动干扰下变得更

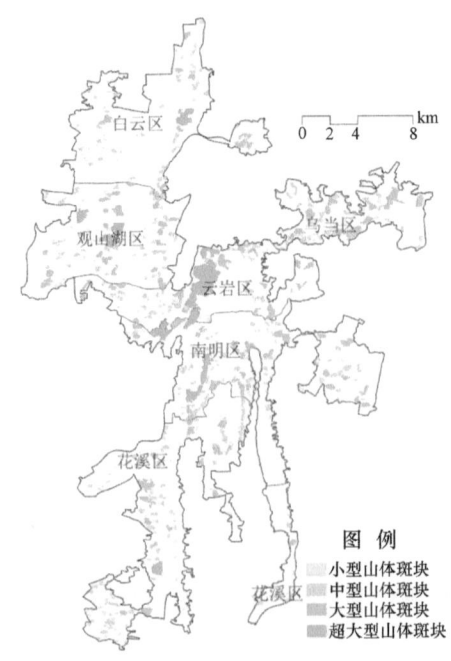

图 3-10 不同面积等级山体斑块空间分布

加破碎化，因此，随着各城区建成区域不断向外扩展，中、小型山体斑块现今多位于各市辖区建成区域的中部，表现为"城区中部点状集中，边缘分散"。面积等级较大的山体斑块阻隔能力及抗干扰能力较强，多是近年来被城市建设以跳跃式发展模式包围入城，因此，超大、大型山体斑块基本均位于各市辖区建成区域的外围，表现为"城区边缘线状集中，中部零星"。各城区中部基本无面积等级较高的山体斑块存在，缺少可直接作为"源-汇"关键节点的自然生境斑块，城市生态网络面临中部无"源-汇"关键节点的困难，生态斑块之间存在连通性薄弱、物种信息交流困难的缺陷（田雅楠等，2019；刘世梁等，2017），有待于通过增加城市人工园林绿化面积（建设绿色廊道或大斑块绿色空间），以进一步强化生态斑块连通性，构建更为稳定完善的城市自然子系统。

2. 城市遗存自然山体斑块形状

斑块形状指数是通过计算区域内某斑块形状与相同面积的正方形之间的偏离程度来测量其形状的复杂程度，当斑块是正方形或近似正方形时，Sh=1，随着斑块形状越来越不规则，斑块形状指数无上限增加。由城市遗存自然山体斑块形状指数测算结果可知（图 3-11），贵阳市现有城市遗存自然山体平均斑块形状指数为 1.47，其中最小的是位于花溪区花燕路贵州师范大学内编号 HX16 的小型山体，斑块形状指数仅为 1.10，最大的是编号为 YY54 的黔灵山，斑块形状指数为 2.75，标准差为 0.30，极差为 1.65，斑块指数多集中在 1.20～1.40（212 个），说明城市遗存自然山体斑块形状指数整体偏低，极值有一定差异，离散程度较小，40.23%的山体斑块形状指数只有 1.20～1.40。而后运用 SPSS 20.0 数理分析软件对测算出的各城市遗存自然山体斑块形状指数进行 k 均值聚类分析。根据聚类分析结果，将其城市遗存自然山体斑块按平面形状复杂程度划分为：平面形状简单型山体（1.00≤斑块形状指数<1.45）、平面形状一般型山体（1.45≤斑块形状指数<1.95）及平面形状复杂型山体（斑块形状指数≥1.95）3 个等级。

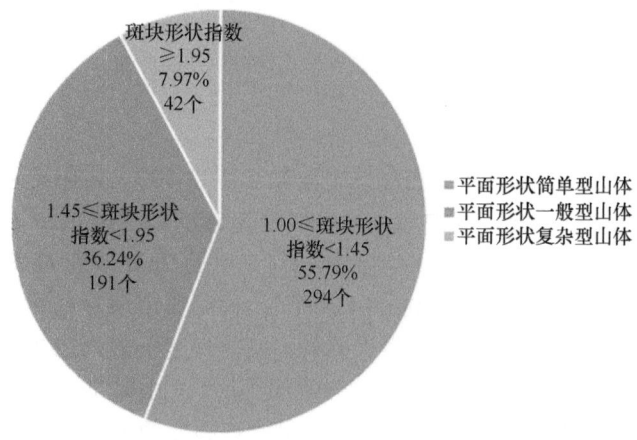

图 3-11　不同形状等级山体斑块数量占比

按照岛屿生态学理论，自然生境斑块形状越复杂意味着其生境异质性及边缘效应越高，物种丰富度也会越高（傅伯杰等，2011）。由不同形状等级山体斑块数量占比情况可知（图 3-12），城市遗存自然山体以平面形状简单型山体最多，数量占比达 55.79%，平面形状一般型山体有 191 个（36.24%），平面形状复杂型山体仅有 42 个（7.97%），形状等级较小的山体斑块占绝对数量优势，说明城市遗存自然山体受人为干扰严重，斑块形状复杂程度普遍较低。结合图 3-10 可以看出，面积较小的山体斑块形状指数普遍较低，面积较大的山体平面形状复杂程度略高，说明生态系统较为脆弱的小面积山体，其斑块形状规则化、简单化问题更为严重，亟待采取加强自然山体保护和进行适当的生态修复（如人工绿地建设）等措施加以改善，以提高其景观形状多样性及物种丰富度，更好地发挥其维持城市生态系统稳定及保护生物多样性的功能。

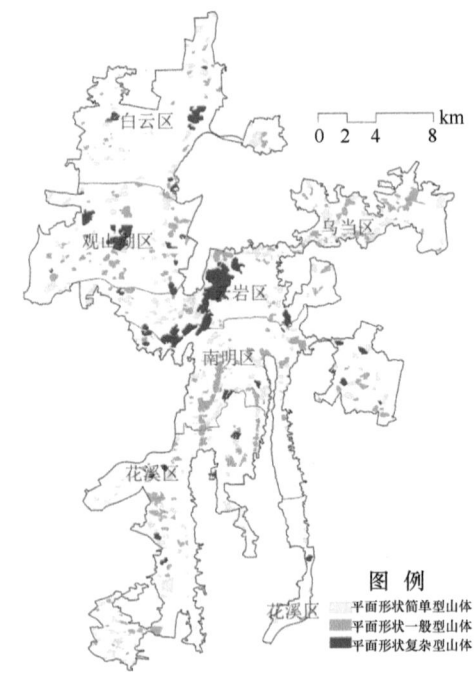

图 3-12　不同形状等级山体斑块空间分布

3. 山体相对高度

由城市遗存自然山体相对高度测算结果可知（图 3-13），贵阳市现有城市遗存自然山体平均相对高度为 31.21m，其中最小的是编号为 HX115 的矿山，山体相对高度仅为 6m，最大的是编号为 YY54 的黔灵山，山体相对高度为 264m，标准差为 27.63m，极差达 258m，相对高度多集中在 16～20m（118 个），说明城市遗存自然山体多是低矮丘陵型山体，相对高度整体较小，极值有很大差异，离散程度一般，22.39% 的山体相对高度只有 16～20m。而后根据研究需要，参照我国《民用建筑设计统一标准》（GB 50352—2019）及国外不同国家相关规定对高层建筑高度的界定标准，将贵阳市建成区内现有城市遗存自然山体按相对高度大小划分为：相对高度≤24m 山体、24m＜相对高度≤50m 山体、50m＜相对高度＜100m 山体及相对高度≥100m 山体 4 个等级。

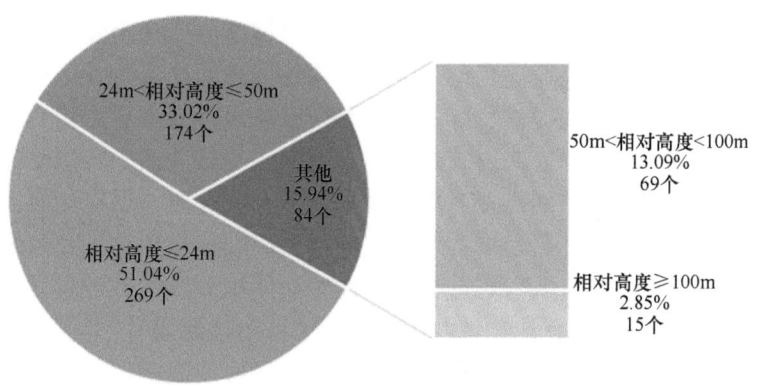

图 3-13　不同相对高度等级山体斑块数量占比

　　在高楼林立的中心城区内，自然山体多被周边高层建筑围绕遮挡，其相对高度是否超过其周边建筑高度，很大程度上决定了其能否具有良好的景观可视性，对于营造地域特色显著的城市景观风貌起到不可忽视的作用（殷铭等，2017；陈梓茹等，2017）。由不同相对高度等级山体斑块数量占比情况可知（图 3-14），城市遗存自然山体以相对高度≤24m 及 24m＜相对高度≤50m 的低矮山体为主，数量占比之和达 84.06%，相对高度≤24m 山体数量占比最大（51.04%），相对高度≥100m 山体仅有 15 个，数量占比最小（2.85%），说明相对高度等级较小的低矮山体在数量上具有明显优势。结合图 3-14 可知，相对高度等级较小型山体的斑块面积等级也相对较小，且多位于建成区中部，等级较高型山体多是位于各城区边缘的、面积较大的山体斑块，说明城市遗存自

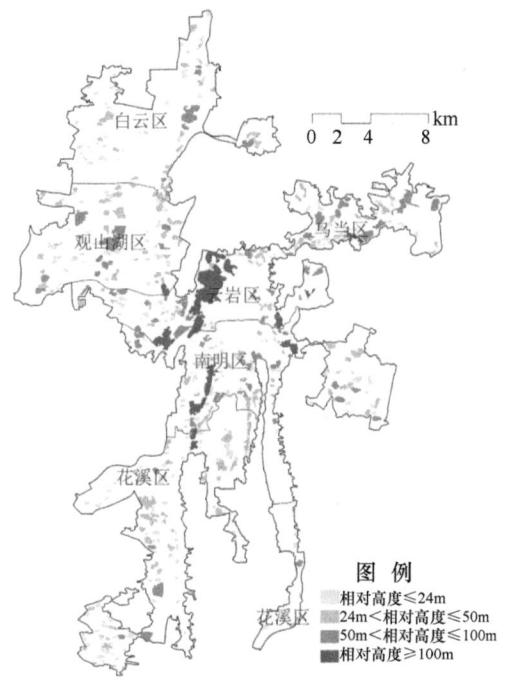

图 3-14　不同相对高度等级山体斑块空间分布

然山体易受周边超高、高层建筑遮挡影响，大多已被部分或完全隔离成孤岛型自然生境斑块，极大阻碍了各生境斑块包括鸟类在内物种信息的交流，且无法很好地向外展示其自然景观风貌，为人们提供良好的景观绿视服务。目前来看，包括《贵阳市城市总体规划（2009—2020 年）》在内的众多城市规划往往只关注于二维平面空间的规划设计，涉及城市三维立面空间需要考虑的规划管理十分有限，城市立面空间经常会面临无序开发利用、被周边高层建筑物遮挡或城市天际线被破坏等各种问题。因此在未来城市发展管理决策中，更要考虑好城市立面空间的规划设计，可以视城市遗存自然山体的相对高度，有依据、有计划地对山体相邻的城市建筑设置不同级别的高度限制，以降低城市建设对自然山体生态过程的干扰及景观绿视的阻挡，争取更大范围地做到"有山易见山，见山更亲山"。如此既可以延续贵阳多山城市特色景观风貌，更好地发挥自然山体的美学景观价值，同时还有助于开启"城-山"深层次对话，协调城市建设与自然环境之间的矛盾关系。

4. 山体平均坡度

根据《城镇山体公园化绿地设计规范》分类标准，山体坡度分为：缓坡地（3%≤平均坡度<10%），中坡地（10%≤平均坡度<25%）、陡坡地（25%≤平均坡度<50%）和急坡地（50%≤平均坡度≤100%）。由城市遗存自然山体平均坡度测算结果可知（图 3-15），贵阳市现有城市遗存自然山体平均坡度平均值为 12.92%，其中坡度最小的是位于白云区科创南路与黎阳大道交叉口编号为 BY45 的中型山体，山体平均坡度仅为 3.40%，最大的是位于南明区四方河路东南侧编号为 NM28 的交椅山，山体平均坡度为 39.47%，标准差为 5.79%，极差达 36.07%，坡度多集中在 8.00%～11.00%（148 个）。说明城市遗存自然山体以中坡地、缓坡地分布居多，平均坡度整体不高，极值差异较大，离散程度较小，28.08%的山体平均坡度为 8.00%～11.00%。而后将城市建成区内各遗存自然山体按平均坡度大小划分为：缓坡型山体（3%≤平均坡度<10%）、中坡型山体（10%≤平均坡度<25%）及陡坡型山体（平均坡度≥25%）3 个等级。

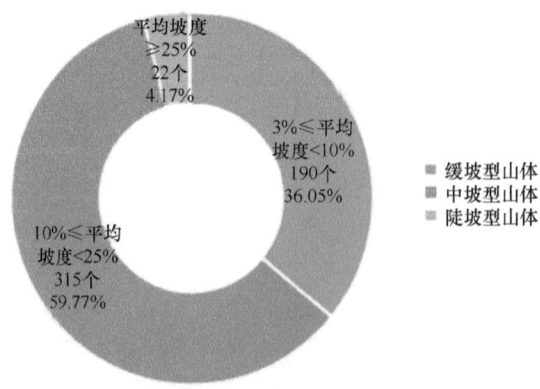

图 3-15　不同平均坡度等级山体斑块数量占比

贵阳市作为喀斯特地貌发育最典型的多山城市之一，很容易发生山体滑坡、泥石流等地质灾害，这些生态安全隐患与山体坡度有着紧密的直接联系，主要表现为自然山体坡度越大，周边区域危险系数就越高，对外开放休闲游憩的可能性越低。由不同平均坡度等级山体斑块数量占比情况可知（图 3-16），城市遗存自然山体以中坡型、缓坡型山体为主，数量占比之和达到 95.82%，中坡型山体斑块数量占比最大（59.77%），陡坡型山体斑块数量占比最小（4.17%），平均坡度等级较小山体的数量优势极明显，说明城市遗存自然山体立面形态多呈现为平缓起伏，基本不会带来太多生态安全及人身安全等问题，用于对外开放休闲游憩的适宜度较好。结合图 3-16 可知，中、缓坡型山体基本是数量多、面积小的山体斑块，可就近为城市居民提供大量休闲游憩、接近自然绿色的空间。陡坡型山体多是位于各城区边缘的高大型自然山体斑块，能够抵挡、减轻风沙及台风等外来自然灾害造成的负面影响，为城市提供天然有效的生态防护屏障。

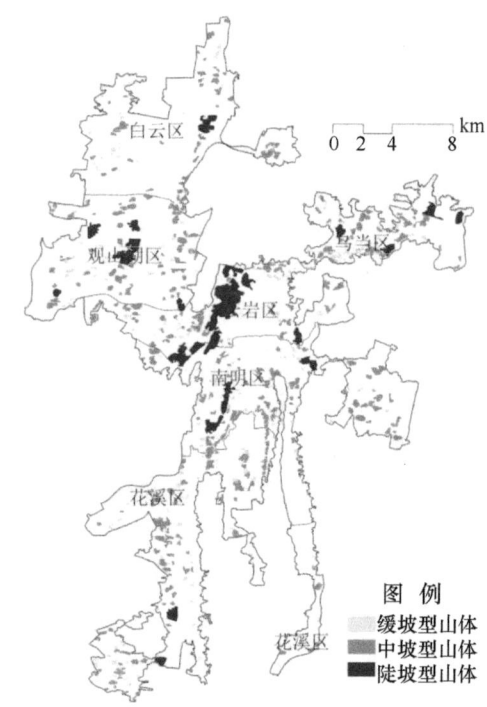

图 3-16　不同平均坡度等级山体斑块空间分布

3.2.3　自然山体分类

运用 SPSS 21.0 分析软件对贵阳市现有的 527 座城市遗存自然山体斑块面积、斑块形状、相对高度、平均坡度、林冠覆盖占比等山体自然属性特征及山体所在区域道路密度、人口密度等社会属性特征进行相关性分析。由城市遗存自然山体特征相关性分析结果可知（表 3-2），山体各类基本特征之间大都呈显著相关，具体表现为：山体斑块面积与其他自然属性特征均呈显著正相关，与道路密度呈显著负相关，与人口密度相关性不明显，其中与相对高度皮尔森（Pearson）相关系数最高（0.692）、平均坡度次之（0.618），说明面积等级较高的城市遗存自然山体相对高度、平均坡度较大，对周边交通用地建设阻碍较大，区域道路密度较小；山体相对高度与道路密度亦呈显著负相关，与包括人口

表 3-2   城市遗存自然山体特征相关性分析

	斑块面积	相对高度	斑块形状	平均坡度	林冠覆盖占比	道路密度	人口密度
斑块面积	1						
相对高度	0.692**	1					
斑块形状	0.352**	0.424**	1				
平均坡度	0.618**	0.732**	0.475**	1			
林冠覆盖占比	0.092*	0.106**	0.017	−0.008	1		
道路密度	−0.199**	−0.172**	−0.112**	−0.215**	−0.007	1	
人口密度	0.008	0.100*	−0.069	−0.101*	0.345**	0.184**	1

**表示在 0.01 水平上显著相关；*表示在 0.05 水平上显著相关

密度在内的其他特征均呈显著正相关，其中与平均坡度 Pearson 相关系数最高（0.732），说明相对高度等级较大的山体平均坡度及缓冲区人口密度较大；山体斑块形状与平均坡度 Pearson 相关系数最高（0.475）、相对高度次之（0.424），说明山体平均坡度、相对高度对斑块形状复杂程度影响较大；山体平均坡度与道路密度、人口密度呈显著负相关，区域道路密度与人口密度呈显著正相关，与山体平均坡度 Pearson 相关系数最高（−0.215），说明区域道路密度较高的山体，其缓冲区人口密度较大，此外各类特征中以平均坡度对区域道路密度影响最明显，平均坡度较大的山体，其区域道路密度都较低；山体林冠覆盖占比与缓冲区人口密度呈显著正相关，且 Pearson 相关系数最高（0.345），与平均坡度呈最高负相关（−0.008），说明相较于山体其他特征，山体林冠覆盖占比与缓冲区人口密度相互之间影响最明显，人们定居在山体周边时，多倾向于选择居住在林冠覆盖占比较高、植被覆盖较好、坡度较小、安全性较好的山体附近。

同时在 SPSS 21.0 分析软件的支持下，先对山体各类特征值进行标准化处理，而后运用 Ward 法按山体基本特征对城市遗存自然山体进行系统聚类分析。

由城市遗存自然山体系统聚类分析结果可知，贵阳市现有城市遗存自然山体主要可分为 6 类，各类山体基本特征见表 3-3，空间分布见图 3-17。

3.3   本章小结

通过上述城市遗存自然山体景观格局、规模形态、植被覆盖、空间分布、缓冲区人口密度等特征分析结果可知，贵阳市城市遗存自然山体斑块数量众多，在城市各类景观中山体斑块类型面积占比较大，景观形状多样性较低，斑块连通性较差，景观破碎化程度较高且较为集中。平均斑块面积较小，以中、小型山体斑块为主，平均斑块形状指数较低，斑块形状普遍较为规则化，平均相对高度较小，多为低矮丘陵型山体，平均坡度偏小，以中坡地、缓坡地较多。植被覆盖基本表现为针阔混交林、灌草丛及裸地三种形式，林地景观优势明显。空间分布表现为明显的聚集分布，呈带状集中分布在百花山脉、黔灵山脉和南岳山脉，与交通用地邻近距离较小，空间距离可达性较好，区域交通用地密度分布较低且有一定差异。缓冲区人口密度分布差异明显。各类基本特征间大多表现为显著相关，面积等级较高的城市遗存自然山体相对高度、平均坡度较大，区域道路密度较小。较高的山体，平均坡度及缓冲区人口密度较大。山体平均坡度、相对高度对其斑块形状复杂程度影响较大。位于道路密度较高区域的山体缓冲区人口密度较大，平均坡度较大的山体区域道路密度较低。山体林冠覆盖占比与缓冲区人口密度相互之间影响最明显。最终确定贵阳市现有城市遗存自然山体按特征表现主要分为 6 类（表 3-3，图 3-17）。

表 3-3　各类城市遗存自然山体数量、特征及缓冲区道路与人口特征

山体主要类别	山体数量/个	山体特征					缓冲区道路与人口特征	
		斑块面积	相对高度	斑块形状	平均坡度	林冠覆盖占比	道路密度	人口密度
I 类	15	大	较高	复杂	较大	较好	较低	一般
II 类	92	较大	一般	一般	一般	一般	较低	较低
III 类	144	一般	较矮	简单	较小	较好	较高	较高
IV 类	103	一般	一般	一般	一般	一般	一般	一般
V 类	84	小	较矮	简单	一般	一般	一般	一般
VI 类	89	小	较矮	简单	较小	较差	一般	较低

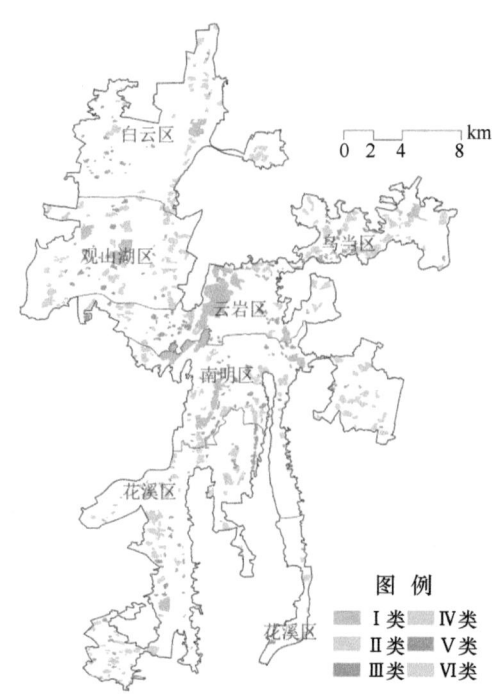

图 3-17　各类城市遗存自然山体空间分布

只有充分了解各山体的自身属性和社会环境等基本特征表现，才能本着尊重现状、因地制宜的原则，针对各类城市遗存自然山体做出保护和利用方式的最佳选择。例如，区域道路密度较高、人口密度较高、面积适中、相对高度较小、坡度较小、植被覆盖较好、数量最多的Ⅲ类山体比较适宜向公众开放，可对其有所选择地进行适度合理的公园化利用；对于面积大、相对高度较大、坡度较大、植被覆盖较好、缓冲区人口密度一般、数量最少的Ⅰ类山体可用作森林公园，以生物保育为主、休闲娱乐为辅；对于面积较大、相对高度一般、坡度一般、植被覆盖一般、区域道路密度与人口密度较低的Ⅱ类山体可视未来城市发展建设需要做出与之相适宜的保护和利用；对于面积不大、植被覆盖未达到高密林等级、缓冲区人口密度也相对有限的Ⅳ类、Ⅴ类、Ⅵ类山体应该进行以保护、修复为主的规划管理，避免其再受到人类活动过多的干扰和破坏，尤其是覆盖较差、缓冲区人口密度较低的Ⅵ类山体最需要尽快得到合理有效的保护及修复，也最便于实施保护及修复策略。这些关于城市遗存自然山体基本特征分析的研究可以让人们清楚了解各类山体现状及特点，有利于提高其研究及保护利用水平，为贵阳市山体公园建设及山体保护利用规划提供理论参考及科学指导。

第 4 章　黔中城市遗存自然山体植被群落特征

植物群落指在某一地段内全部植物在时空分布上的综合，在一定的生境条件下，其具有相对的种类组成与数量比例和特定的结构与外貌，发挥着一定的功能（陈昌笃，1981；宋永昌，2001）。王伯荪（1998）将城市植被定义为城市里覆盖的生活植物，是完全不同于自然植被的特点、性质以及生境的植物群落。城市为植物群落限定了范畴，城市植被是以城市环境为背景，伴随着城市发展而形成的具有人工化典型特征的群落，而城市内遗存山体生境既以自然或近自然植物群落为主，也可能包含一定的人工植物群落。

近年来，关于贵州省喀斯特地区植物群落的研究多集中在石漠化治理（张仕豪等，2019）、生境特征（龙健等，2020）、土壤理化性质（Zhang and Wang，2015；刘彦伶等，2019）、地形环境条件（张建利等，2013；秦随涛等，2018）、植被演替规律（汤茜等，2020）、植被恢复（杨瑞和喻理飞，2015；安明态等，2017）等对植物群落结构、多样性、植物群落功能性状的影响方面（李恒，2019）。近年来，也有部分学者开始探索黔中喀斯特多山城市遗存山体植物多样性及其对城市空间格局与形态特征的响应。例如，李睿（2019）初步探索了黔中多山城市安顺市植物物种多样性空间格局及其影响因素，结果表明城市景观格局持续破碎化，城市植物多样性受到严重威胁，但中度干扰能够增加植物多样性。向杏信等（2021a）研究了喀斯特多山城市安顺市空间形态结构与植物群落物种多样性的相关关系，结果表明，安顺市整体空间形态结构与植物群落物种多样性呈显著负相关关系，在城市空间形态结构指数较高区域，植物群落物种多样性较低，但在局部尺度上这种相关性则较弱。虽然已有学者开始探索喀斯特山地植物多样性及其对城市空间格局与形态特征的响应，但目前喀斯特地区植物群落相关研究仍主要集中在喀斯特森林、自然保护区内，而关于镶嵌在城市基质中的遗存山体特殊生境，其植物群落物种组成、结构与多样性及其影响因素少有报道。本章通过群落调查方法对城市遗存山体植物群落外貌、结构动态、物种组成与多样性等群落特征进行分析，为深入探索城市人工环境中城市内自然残存生境植物群落的城市化响应机理提供数据支撑。

4.1　黔中城市遗存自然山体植被特征

4.1.1　研究方法

本研究对根据高精度遥感影像、外业调查及查看百度三维街景实况等多方面了解到的山体植被覆盖情况进行量化分析。运用 ArcGIS 10.2 软件操作平台中的 "Create Random Points" 工具分别在各城区山体空间范围内创建随机点，根据落点处在各城区定向随机选取低密林山体、中密林山体及高密林山体各 1 座。在山体上选定四个不同方位，分别在山顶、山腰、山脚设置样地，样地大小为 30m×30m，各样地内分别设置 4 个 10m×10m 的乔木样方，每个乔木样方按 5 点法设置 5 个 4m×4m 的灌木样方及 5 个 1m×1m 的草本样方，通过外业调查分别记录各样山在山顶、山腰、山脚处生长的主要植物种类、数量或覆盖占比、平均高度、生长状况等植被覆盖情况。根据贵阳市城市遗存自然山体空间区域遥感影像的呈现情况。结合山体植被外业调查结果及查看百度三维实况街景地图，在 ArcMap 10.2 软件操作平台中对各山体进行目视解译及人工判读，将山体植被覆盖分为林地、草地、裸地三种景观类型，再逐个统计测算各编号标记山体的林地、草地、裸地覆盖面积，得到城市遗存自然山体各类植被覆盖面积值及林冠覆盖占比值（郁闭度），以此获取城市遗存自然山体植被覆盖特征的量化数据。

通过对应定量化处理，分别得到城市遗存自然山体植被覆盖类型图（图 4-1a）及林冠覆盖占比图（图 4-1b）。

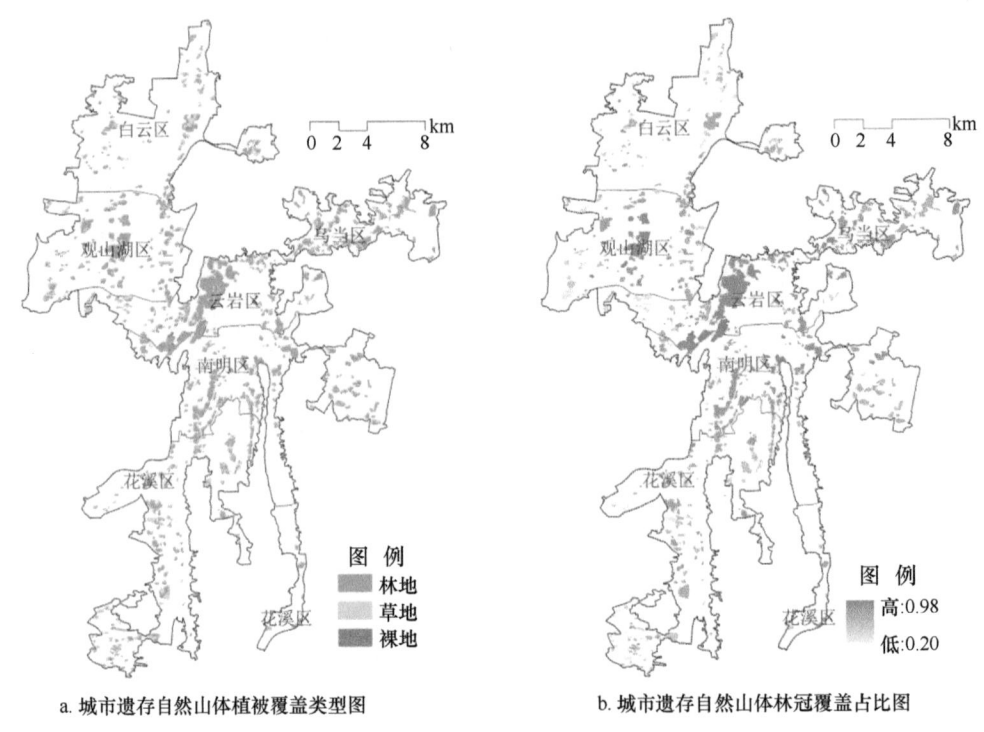

a. 城市遗存自然山体植被覆盖类型图   b. 城市遗存自然山体林冠覆盖占比图

图 4-1　城市遗存自然山体植被覆盖特征值

4.1.2　植被类型

由山体植被外业调查结果可知，贵阳市现有城市遗存自然山体植被覆盖种类表现为：乔木以均高 10～12m 的马尾松（*Pinus massoniana*）、6～8m 的女贞（*Ligustrum lucidum*）、6～8m 的朴树（*Celtis sinensis*）、8～10m 的柏木（*Cupressus funebris*）、4～6m 的构树（*Broussonetia papyrifera*）及 6～8m 的樟（*Cinnamomum camphora*）为主；灌木以均高 1.0～1.2m 的马桑（*Coriaria nepalensis*）、0.8～1.2m 的荚蒾（*Viburnum dilatatum*）、0.5～0.8m 的火棘（*Pyracantha fortuneana*）、0.3～0.5m 的花椒（*Zanthoxylum bungeanum*）、

0.4～0.6m 的野蔷薇（*Rosa multiflora*）、0.2～0.4m 的齿叶冬青（*Ilex crenata*）和平枝栒子（*Cotoneaster horizontalis*）为主；草本以 0.5～0.8m 的芒（*Miscanthus sinensis*）、0.3～0.5m 的小薹草（*Carex parva*）、0.3～0.5m 的蕨（*Pteridium aquilinum* var. *latiusculum*）、0.2m 左右的沿阶草（*Ophiopogon bodinieri*）和荩草（*Arthraxon hispidus*）为主。植被生长情况以花溪区与乌当区较好，南明区、云岩区、观山湖区和白云区次之。但整体来看，各城市遗存自然山体主要植物种类、均高、生长情况无较大差异，山体植被覆盖类型主要可分为林地（针阔混交林）、草地（灌草丛）及裸地三种景观类型。

由城市遗存自然山体植被覆盖类型测算结果可知（图 4-1），城市遗存山体总面积达 4493.09hm²，自然遗存山体表面景观类型为 3500.01hm² 的针阔混交林林地、955.72hm² 的灌草丛草地及 37.36hm² 的裸地，其中山体林地覆盖面积占比达 77.90%，具有明显的景观优势。

4.1.3　植被盖度

郁闭度指林冠覆盖面积与地表面积的比例，联合国粮食及农业组织将郁闭度达 0.70（含 0.70）以上的郁闭林划分为密林，郁闭度达 0.20～0.69 的划分为中度郁闭，郁闭度在 0.20（不含 0.20）以下的划分为疏林。由城市遗存自然山体林冠覆盖占比（郁闭度）测算结果可知，贵阳市现有城市遗存自然山体平均林冠覆盖占比（郁闭度）为 0.74，其中最小的是位于花溪区金石国际建材城西南侧编号为 HX85 的小型山体，林冠覆盖占比（郁闭度）仅为 0.20，最大的是位于南明区新寨路北侧编号为 NM77 的笔架山，林冠覆盖占比（郁闭度）为 0.98，标准差为 0.17，极差为 0.78，众数集中在 0.70～0.90（278个），说明城市遗存自然山体植被覆盖郁闭度较好，林冠覆盖占比整体较高，极值差异较大，离散程度较小，52.75% 的山体林冠覆盖占比达 0.70～0.90。而后根据郁闭度划分标准及城市遗存自然山体植被覆盖实际情况，将各编号山体按照林冠覆盖占比划分为：低密林山体（郁闭度 0.20～0.69）、中密林山体（郁闭度 0.70～0.89）及高密林山体（郁闭度≥0.90）3 个等级。

大量有关生态系统服务功能评价的研究结果表明，单位面积森林生态系统发挥的支持、供给、调节等服务功能远高于草地、裸地等生态系统（谢高地等，2015a），城市遗存自然山体林冠覆盖占比大小与其生态系统服务价值量息息相关。由不同林冠覆盖等级山体斑块数量占比情况可知（图 4-2），城市遗存自然山体以中密林山体斑块数量占比最大（50.09%），高密林山体斑块数量占比最小（18.60%），中密林山体在数量上的优势较明显，说明大多城市遗存自然山体植被覆盖较好，林冠覆盖占比较高。但不容忽视的是，仍有部分山体因受人为干扰严重，生态系统加速退化甚至消失的情况持续出现，表现为植被覆盖较差，林冠覆盖占比较低，急需对其进行科学合理的修复及保护。结合图 4-3可知，林冠覆盖等级较高型山体的斑块面积都较大，高密林山体基本均是超大、大型山体斑块，低密林山体多是位于各城区建成环境中心的面积等级较小的小型山体，主要是由于高强度的城市建设对其生态系统产生严重的干扰和胁迫，因此山体植被覆盖情况发生负向变化。

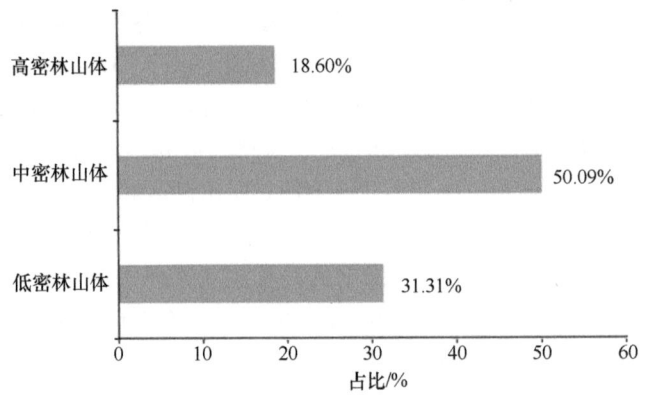

图 4-2　不同林冠覆盖等级山体斑块数量占比

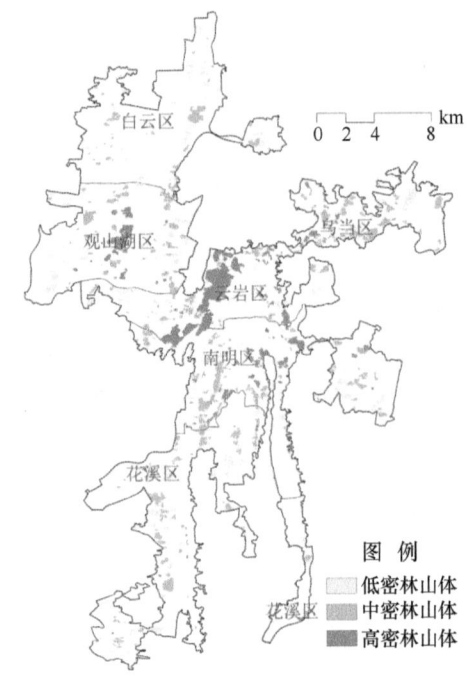

图 4-3　不同林冠覆盖等级山体斑块空间分布

4.2　黔中城市遗存自然山体植物群落特征

4.2.1　研究方法

1. 样地的选择及依据

在第 3 章研究基础上，为探讨城市空间形态结构对山体植物群落的影响，在不同空间形态结构指标（空间句法指标、核密度）上选取样地山体。样地选择根据乔木群落面积最小（30m×30m）原则，为探明山体山顶、山腰、山脚之间植物群落特征的差异性，以及山体各方位之间植物群落特征差异性，每个山体设置样方数量不少于 12 个（即每个方位东南西北各设置三个，包含山顶、山腰、山脚各一个）。为对比山体之间的植物多样性特征，排除其他干扰因素，所选山体面积大小应无明显差异，最终在花溪区和观山湖区选出样地山体各 4 座，其他区各 5 座（图 4-4）。

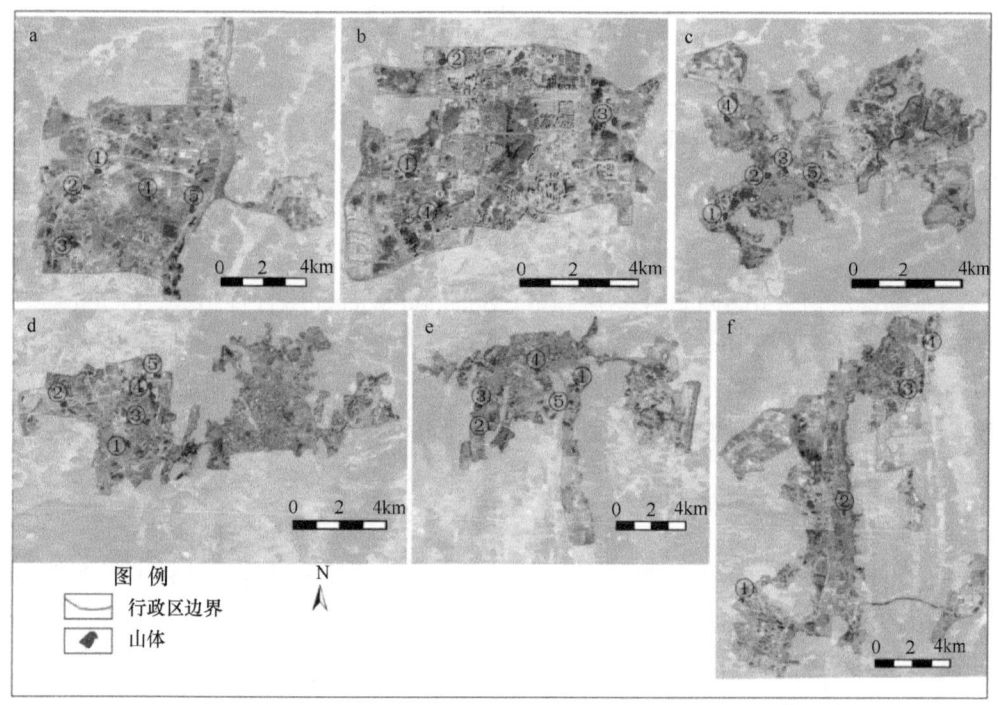

图 4-4　贵阳市所选样本山体分布图
a. 白云区；b. 观山湖区；c. 乌当区；d. 云岩区；e. 南明区；f. 花溪区

2. 群落调查

本研究在前述遥感底图上选定样本山体 28 座，每个山体根据四方向法设置 12 个样点，在样点上设置 30m×30m 的样地，样地内设置 5 个小样方，乔木样方为 10m×10m，灌木样方设置为 3m×3m，草本样方设置为 1m×1m，并记录样点内方位、海拔、干湿程度、人为干扰程度等。

采用常规群落学调查方法（金振洲，2009）获得基础数据。物种重要值=（相对盖度+相对高度+相对频度）×100/3（仁青吉等，2009）。在调查过程中发现人为干扰对物种数量和种类数目影响较大，故选取物种多样性指数：①马格列夫（Margalef）丰富度指数（R），仅考虑群落的物种数量和总个体数，将一定大小的样本中的物种数量定义为多样性指数；②Shannon-Wiener 多样性指数（H'），主要体现区域内种类数目和种类之间个体的分配均匀程度；③皮卢（Pielou）均匀度指数（Jh），反映区域中各物种在数量上的一致程度；④辛普森（Simpson）多样性指数（D），表示样本中两个不同种之间个体相遇的概率（中国科学院生物多样性委员会，1994）。计算公式为

$$R = \frac{S-1}{\ln N} \qquad (4-1)$$

$$H' = -\sum_{i=1}^{S} P_i \lg P_i \tag{4-2}$$

$$Jh = \frac{H'}{\ln S} \tag{4-3}$$

$$D = 1 - \sum_{i=1}^{S} P_i^2 \tag{4-4}$$

式中，N 为总个体数量；S 为总物种数量；lg 为以 10 为底的对数；ln 为以 e 为底的自然对数；$P_i = n_i/N$，n_i 为第 i 个物种的个体数量。

3. 数据处理

将植物群落物种 Margalef 丰富度指数、Shannon-Wiener 多样性指数、Pielou 均匀度指数及 Simpson 多样性指数等数据在 Excel 中进行整理与处理，采用单因素方差分析和最小显著差异法（LSD）比较不同区域、不同方位、不同绿地类型样地山体中植物群落物种多样性的差异，显著性水平设定为 $\alpha = 0.05$，上述处理在 SPSS 21.0 软件中实现。

4.2.2 植物群落组成及数量特征

贵阳市城市遗存自然山体 28 个样山的植物群落组成及数量特征见表 4-1。贵阳市遗存自然山体内群落物种组成及重要值存在明显的差异，28 个样山内共有 25 个不同的乔木群落，其中较多的物种主要有樟、女贞、槐（*Styphnolobium japonicum*）、马尾松、柏木、鼠李（*Rhamnus davurica*）等，说明这些物种在城市遗存自然山体中对生境的适应性良好，也说明人们对这些物种更加偏爱，对其保护与管理的举措更为适当；28 个样山中最高重要值变化在 14.47～83.58，重要值大于 10 的种数为 1～4 种，重要值大于 20 的种数为 0～2 种，重要值大于 30 的一般只存在一种，且有 9 个样山无重要值大于 30 的种；各样山内乔木物种种数在 17～34，个体数量为 129～809，间接说明城市遗存自然山体物种多样性较低，山体乔木数量较少，且不同样山之间物种数量差异较大；不同区域在群落数量特征变化上并无明显规律，个体数与物种数仅在不同山体之间有明显差异，区域之间的比较差异并不明显。

表 4-1　城市遗存自然山体植物群落类型及其个体数、乔木层物种数与重要值数量特征

样山	群落类型	个体数	乔木物种数	最高重要值	重要值>10 的种数	重要值>20 的种数	重要值>30 的种数
白云区 1 号	樟群落	164	20	31.62	3	1	1
白云区 2 号	槐+女贞群落	338	23	31.90	2	2	1
白云区 3 号	红枫+女贞群落	522	34	22.99	2	1	0
白云区 4 号	槐群落	449	23	20.19	4	1	0
白云区 5 号	女贞群落	129	24	24.99	1	1	0
观山湖区 1 号	山樱花+盐肤木群落	130	22	40.16	2	1	1
观山湖区 2 号	马尾松+山樱花群落	790	25	42.64	2	1	1
观山湖区 3 号	马尾松+女贞群落	698	29	35.79	2	1	1

续表

样山	群落类型	个体数	乔木物种数	最高重要值	重要值>10的种数	重要值>20的种数	重要值>30的种数
观山湖区 4 号	马尾松+柏木群落	411	30	27.63	2	2	0
花溪区 1 号	香椿群落	155	22	30.38	1	1	1
花溪区 2 号	女贞+朴树+梧桐群落	370	34	28.62	3	1	0
花溪区 3 号	马尾松群落	613	25	74.77	1	1	1
花溪区 4 号	马尾松群落	809	27	46.57	2	1	1
南明区 1 号	鼠李群落	757	17	39.17	4	1	1
南明区 2 号	鼠李+女贞+栎群落	324	18	41.15	3	2	1
南明区 3 号	女贞+樟+梧桐群落	644	21	34.61	4	1	1
南明区 4 号	女贞群落	798	24	41.98	2	1	1
南明区 5 号	鼠李+桃+女贞群落	627	20	27.31	3	2	0
乌当区 1 号	马尾松+木莲群落	668	27	45.33	2	2	1
乌当区 2 号	朴树+鼠李群落	696	27	25.34	2	2	0
乌当区 3 号	马尾松群落	775	27	64.95	2	1	1
乌当区 4 号	山樱花+构树+化香树群落	318	27	33.22	3	1	1
乌当区 5 号	栎群落	293	21	22.89	4	1	0
云岩区 1 号	山樱花群落	251	23	61.28	1	1	1
云岩区 2 号	构树+亮叶桦群落	237	22	14.47	2	0	0
云岩区 3 号	圆柏+女贞群落	449	23	30.70	2	2	1
云岩区 4 号	马尾松群落	661	20	83.58	1	1	1
云岩区 5 号	马尾松+女贞群落	568	22	60.41	2	1	1

注：红枫，*Acer palmatum* 'Atropurpureum'；圆柏，*Juniperus chinensis*；山樱花，*Cerasus serrulata*；盐肤木，*Rhus chinensis*；香椿，*Toona sinensis*；梧桐，*Firmiana simplex*；栎，*Quercus × leana*；桃，*Amygdalus persica*；木莲，*Manglietia fordiana*；化香树，*Platycarya strobilacea*；亮叶桦，*Betula luminifera*

4.2.3　植物群落类型

在实地调查过程中发现贵阳市遗存自然山体群落物种组成结构主要有乔木+灌木、乔木+灌木+草本、乔木+草本、灌木+草本、草本等几种组成形式，因此本研究在不同行政区域内选取两个不同群落类型进行分析，其中包含了调查样山的所有群落物种组成结构类型，以简要阐明城市遗存自然山体植物群落物种组成结构特征，具体如下。

1. 樟群落

该群落为城市遗存自然山体中较为常见的一种群落类型，样山内植物群落物种组成结构主要为草本，受人为干扰较为严重，群落中乔木层物种数较少（表 4-2），以常绿乔木樟、荷花玉兰、女贞占优势，高度相对较为低矮，一般在 4m 左右。乔木层还有构树、亮叶桦、杜仲（*Eucommia ulmoides*）等，但个体数较少，且生长状况较差。灌木层以荚蒾、火棘、平枝栒子居多，高度一般为 1m 左右，盖度也较低。草本层种类较多，主要有芒、荩草、艾（*Artemisia argyi*）、小蓬草（*Erigeron canadensis*）等。

表 4-2 白云区 1 号样山乔木层数量特征

植物种名	株数	相对频度	相对盖度	相对高度	重要值	重要值排序
樟（Cinnamomum camphora）	34	20.73	40.80	33.33	31.62	1
荷花玉兰（Magnolia grandiflora）	23	14.02	19.13	14.67	15.94	2
女贞（Ligustrum lucidum）	34	20.73	11.29	14.93	15.65	3
山樱花（Cerasus serrulata）	17	10.37	4.74	6.67	7.26	4
构树（Broussonetia papyrifera）	7	4.27	3.28	4.80	4.12	5
杜仲（Eucommia ulmoides）	6	3.66	2.55	4.27	3.49	6
亮叶桦（Betula luminifera）	10	6.10	0.73	2.13	2.99	7
槐（Styphnolobium japonicum）	5	3.05	3.28	3.47	3.26	8
响叶杨（Populus adenopoda）	4	2.44	1.82	1.87	2.04	9
栾树（Koelreuteria paniculata）	2	1.22	3.28	1.60	2.03	10
玉兰（Yulania denudata）	2	1.22	2.00	2.40	1.87	11
冬青（Ilex chinensis）	4	2.44	1.46	1.33	1.74	12
朴树（Celtis sinensis）	3	1.83	0.73	2.13	1.56	13
紫玉兰（Yulania liliiflora）	2	1.22	1.46	1.07	1.25	14
八角枫（Alangium chinense）	2	1.22	1.46	0.80	1.16	15
盐肤木（Rhus chinensis）	2	1.22	1.46	0.80	1.16	15
杜英（Elaeocarpus decipiens）	3	1.83	0.36	0.80	1.00	17
枇杷（Eriobotrya japonica）	1	0.61	0.91	1.33	0.95	18
桃（Amygdalus persica）	2	1.22	0.36	0.53	0.71	19
杉木（Cunninghamia lanceolata）	1	0.61	0.36	1.07	0.68	20

2. 槐+女贞群落

该群落为城市遗存自然山体中常见的乔木+灌木+草本群落类型，群落层次丰富，高大乔木、小乔木、灌木、草本均有出现，生境内物种较为丰富。上层乔木以槐、朴树占优势（表 4-3），且一般存在于山腰和山顶，物种相对盖度较大。第二层乔木为以女贞、构树为主的小乔木类型，上层乔木枝干散开较大，光照足够渗透进下层，因此第二层乔木生长较好，物种株数相对较多。其他乔木重要值较大的还有冻绿（Rhamnus utilis）、鼠李等。灌木层以荚蒾、花椒、马桑、火棘居多，在开敞区域，灌木层生长状况更为良好，生长高度可达 2～3m。草本层种类相对较少，林下荫蔽处主要为沿阶草、小薹草、贯众（Cyrtomium fortunei）等，在开敞区域以剑叶凤尾蕨（Pteris ensiformis）、芒等为主，更下层有地果（Ficus tikoua）等。藤本植物主要为菝葜（Smilax china）、臭鸡矢藤（Paederia cruddasiana）等。

3. 马尾松+山樱花群落

该群落受人工种植影响较为严重，种类组成复杂多样，乔木层主要以马尾松、山樱花形成相对明显的优势种（表 4-4），其他较多的乔木有槐、榉树（Zelkova serrata），树体通常较高，盖度也较大。底下一层小乔木以盐肤木、楤木（Aralia elata）为主。灌木层以山茶（Camellia japonica）、八角金盘（Fatsia japonica）、海桐（Pittosporum tobira）

表 4-3 白云区 2 号样山乔木层数量特征

植物种名	株数	相对频度	相对盖度	相对高度	重要值	重要值排序
槐（*Styphnolobium japonicum*）	83	24.56	35.86	35.29	31.90	1
女贞（*Ligustrum lucidum*）	112	33.14	21.84	22.47	25.82	2
朴树（*Celtis sinensis*）	36	10.65	12.18	6.18	9.67	3
响叶杨（*Populus adenopoda*）	5	1.48	6.90	7.84	5.41	4
构树（*Broussonetia papyrifera*）	10	2.96	4.83	4.52	4.10	5
毛竹（*Phyllostachys edulis*）	24	7.10	0.11	1.21	2.81	6
冻绿（*Rhamnus utilis*）	4	1.18	4.14	2.41	2.58	7
桃（*Amygdalus persica*）	16	4.73	0.92	1.73	2.46	8
鼠李（*Rhamnus davurica*）	7	2.07	0.69	2.11	1.62	9
樟（*Cinnamomum camphora*）	4	1.18	1.61	1.66	1.48	10
亮叶桦（*Betula luminifera*）	4	1.18	1.15	1.96	1.43	11
榆树（*Ulmus pumila*）	1	0.30	2.07	1.81	1.39	12
山樱花（*Cerasus serrulata*）	4	1.18	1.26	1.51	1.32	13
棕榈（*Trachycarpus fortunei*）	7	2.07	0.46	1.06	1.20	14
贵州刚竹（*Phyllostachys guizhouensis*）	7	2.07	0.11	0.60	0.93	15
马尾松（*Pinus massoniana*）	1	0.30	0.92	0.90	0.71	16
喜树（*Camptotheca acuminata*）	2	0.59	0.92	0.60	0.70	17
润楠（*Machilus nanmu*）	1	0.30	0.69	0.75	0.58	18
栗（*Castanea mollissima*）	2	0.59	0.46	0.68	0.58	18
栾树（*Koelreuteria paniculata*）	2	0.59	0.23	0.75	0.53	20
盐肤木（*Rhus chinensis*）	3	0.89	0.23	0.45	0.52	21
柏木（*Cupressus funebris*）	2	0.59	0.11	0.45	0.39	22

表 4-4 观山湖区 2 号样山乔木层数量特征

植物种名	株数	相对频度	相对盖度	相对高度	重要值	重要值排序
马尾松（*Pinus massoniana*）	269	34.05	54.96	38.91	42.64	1
山樱花（*Cerasus serrulata*）	137	17.34	15.19	11.63	14.72	2
槐（*Styphnolobium japonicum*）	79	10.00	6.12	10.27	8.80	3
榉树（*Zelkova serrata*）	62	7.85	7.05	8.97	7.96	4
盐肤木（*Rhus chinensis*）	53	6.71	2.27	3.16	4.05	5
白花泡桐（*Paulownia fortunei*）	15	1.90	1.51	4.38	2.59	6
化香树（*Platycarya strobilacea*）	22	2.78	1.41	3.52	2.57	7
楤木（*Aralia elata*）	28	3.54	1.07	1.79	2.14	8
亮叶桦（*Betula luminifera*）	11	1.39	1.17	2.73	1.76	9
枥（*Quercus × leana*）	19	2.41	1.65	0.86	1.64	10
楝（*Melia azedarach*）	17	2.15	1.58	0.79	1.51	11
木樨（*Osmanthus fragrans*）	15	1.90	1.39	1.22	1.50	12
栾树（*Koelreuteria paniculata*）	12	1.52	1.11	1.08	1.24	13
朴树（*Celtis sinensis*）	11	1.39	0.42	1.22	1.01	14
梓（*Catalpa ovata*）	7	0.89	0.97	1.15	1.00	15

续表

植物种名	株数	相对频度	相对盖度	相对高度	重要值	重要值排序
杉木（*Cunninghamia lanceolata*）	8	1.01	0.19	1.58	0.93	16
柏木（*Cupressus funebris*）	5	0.63	0.21	1.36	0.74	17
栗（*Castanea mollissima*）	6	0.76	0.37	1.01	0.71	18
柳杉（*Cryptomeria japonica* var. *sinensis*）	4	0.51	0.37	1.08	0.65	19
响叶杨（*Populus adenopoda*）	3	0.38	0.28	1.08	0.58	20
构树（*Broussonetia papyrifera*）	2	0.25	0.30	0.72	0.42	21
榆树（*Ulmus pumila*）	2	0.25	0.19	0.57	0.34	22
黄连木（*Pistacia chinensis*）	1	0.13	0.09	0.36	0.19	23
桑（*Morus alba*）	1	0.13	0.09	0.29	0.17	24
樟（*Cinnamomum camphora*）	1	0.13	0.05	0.29	0.15	25

居多，这些灌木在林下荫蔽处生长仍良好。草本层种类较多，相互之间并无明显的种间数量差异，有牛膝（*Achyranthes bidentata*）、透茎冷水花（*Pilea pumila*）、酢浆草（*Oxalis corniculata*）、求米草（*Oplismenus undulatifolius*）等。

4. 马尾松+女贞群落

该群落为城市遗存自然山体中较为典型的马尾松+女贞群落类型，一般表现出乔木+灌木的结构形式，乔木种类相对较多，群落中马尾松林较为高大稀松，是上层乔木层的明显优势种，高度一般在 5～13m，单个树种盖度较大（表 4-5）。第二层乔木层是以女贞、栎为主的常绿小乔木层，其他还有鼠李、朴树、樟等乔木。灌木层物种种类和数量相对较少，以荚蒾、齿叶冬青、野蔷薇居多。草本层种类也相对较少，且大多生长于林下荫蔽处，主要有沿阶草、苔草、剑叶凤尾蕨等。藤本植物主要为菝葜、铁线莲（*Clematis florida*）、忍冬（*Lonicera japonica*）、臭鸡矢藤等。

表 4-5　观山湖区 3 号样山乔木层数量特征

植物种名	株数	相对频度	相对盖度	相对高度	重要值	重要值排序
马尾松（*Pinus massoniana*）	220	31.79	42.95	32.63	35.79	1
女贞（*Ligustrum lucidum*）	101	14.60	11.05	11.29	12.31	2
栎（*Quercus* × *leana*）	58	8.38	5.66	10.33	8.13	3
异叶梁王茶（*Metapanax davidii*）	71	10.26	8.42	5.65	8.11	4
鼠李（*Rhamnus davurica*）	42	6.07	6.54	3.92	5.51	5
朴树（*Celtis sinensis*）	32	4.62	4.66	5.55	4.94	6
榛（*Corylus heterophylla*）	35	5.06	3.85	3.83	4.24	7
樟（*Cinnamomum camphora*）	21	3.03	3.29	4.78	3.70	8
山樱花（*Cerasus serrulata*）	20	2.89	3.03	3.54	3.16	9
栾树（*Koelreuteria paniculata*）	11	1.59	1.03	2.97	1.86	10
槐（*Styphnolobium japonicum*）	10	1.45	1.07	3.06	1.86	10
响叶杨（*Populus adenopoda*）	9	1.30	0.90	1.44	1.21	12
润楠（*Machilus nanmu*）	10	1.45	0.77	1.24	1.15	13

续表

植物种名	株数	相对频度	相对盖度	相对高度	重要值	重要值排序
楝（*Melia azedarach*）	5	0.72	1.92	0.67	1.11	14
亮叶桦（*Betula luminifera*）	7	1.01	0.56	1.34	0.97	15
冬青（*Ilex chinensis*）	6	0.87	1.03	0.57	0.82	16
盐肤木（*Rhus chinensis*）	5	0.72	0.73	0.96	0.80	17
木姜子（*Litsea pungens*）	6	0.87	0.26	0.77	0.63	18
榆树（*Ulmus pumila*）	4	0.58	0.43	0.86	0.62	19
黄栌（*Cotinus coggygria*）	3	0.43	0.30	0.77	0.50	20
山槐（*Albizia kalkora*）	3	0.43	0.51	0.29	0.41	21
绿黄葛树（*Ficus virens*）	2	0.29	0.34	0.57	0.40	22
毛竹（*Phyllostachys edulis*）	3	0.43	0.13	0.48	0.35	23
构树（*Broussonetia papyrifera*）	1	0.14	0.17	0.57	0.30	24
山胡椒（*Lindera glauca*）	1	0.14	0.17	0.48	0.26	25
梓（*Catalpa ovata*）	2	0.29	0.09	0.38	0.25	26
山矾（*Symplocos sumuntia*）	1	0.14	0.04	0.48	0.22	27
石楠（*Photinia serratifolia*）	2	0.29	0.09	0.29	0.22	27
棕榈（*Trachycarpus fortunei*）	1	0.14	0.04	0.29	0.16	29

5. 马尾松群落

该群落为城市遗存自然山体中较为典型的马尾松群落类型，乔木层以马尾松为主，其在数量、盖度、高度上均为明显的优势种，相对盖度与相对高度均在 80 以上（表 4-6）。在物种数量上较多的乔木还有杉木、槐、栎等。底下灌木层种类较少，以山茶为主，荚蒾相对次之。草本层种类较多，但数量较少，主要有芒、小蓬草、艾、鬼针草（*Bidens pilosa*）等。

表 4-6　花溪区 3 号样山乔木层数量特征

植物种名	株数	相对频度	相对盖度	相对高度	重要值	重要值排序
马尾松（*Pinus massoniana*）	374	61.01	80.05	83.23	74.77	1
杉木（*Cunninghamia lanceolata*）	54	8.81	5.00	6.78	6.86	2
槐（*Styphnolobium japonicum*）	53	8.65	3.51	3.35	5.17	3
栎（*Quercus × leana*）	50	8.16	2.37	1.67	4.07	4
山槐（*Albizia kalkora*）	12	1.96	0.92	0.93	1.27	5
桃（*Amygdalus persica*）	7	1.14	1.21	0.36	0.90	6
川梨（*Pyrus pashia*）	6	0.98	1.18	0.48	0.88	7
女贞（*Ligustrum lucidum*）	6	0.98	1.21	0.43	0.87	8
圆柏（*Juniperus chinensis*）	11	1.79	0.16	0.24	0.73	9
山樱花（*Cerasus serrulata*）	3	0.49	1.06	0.29	0.61	10
盐肤木（*Rhus chinensis*）	8	1.31	0.23	0.25	0.60	11
枫香树（*Liquidambar formosana*）	3	0.49	0.78	0.22	0.49	12
柿（*Diospyros kaki*）	5	0.82	0.23	0.22	0.42	13

植物种名	株数	相对频度	相对盖度	相对高度	重要值	重要值排序
白花泡桐（Paulownia fortunei）	2	0.33	0.47	0.26	0.35	14
构树（Broussonetia papyrifera）	3	0.49	0.34	0.16	0.33	15
亮叶桦（Betula luminifera）	4	0.65	0.10	0.14	0.30	16
樟（Cinnamomum camphora）	2	0.33	0.23	0.29	0.28	17
枇杷（Eriobotrya japonica）	2	0.33	0.23	0.18	0.25	18
柑橘（Citrus reticulata）	2	0.33	0.06	0.11	0.16	19
杨梅（Myrica rubra）	1	0.16	0.17	0.07	0.14	20
朴树（Celtis sinensis）	1	0.16	0.11	0.11	0.13	21
楤木（Aralia elata）	1	0.16	0.11	0.07	0.12	22
鼠李（Rhamnus davurica）	1	0.16	0.11	0.07	0.12	22
李（Prunus salicina）	1	0.16	0.11	0.05	0.11	24
冬青（Ilex chinensis）	1	0.16	0.03	0.04	0.08	25

6. 马尾松+樟群落

该群落主要以高大常绿乔木马尾松、樟为明显优势种，马尾松在数量上存在明显的优势，樟相对盖度也接近 30（表 4-7），说明这两个物种在区域内生长状况良好。其他在物种数量上较多的乔木有亮叶桦、盐肤木等。底下灌木层种类较少，以山茶为主，铁仔（Myrsine africana）相对次之。草本层种类与数量较多，大多存于山脚处，主要有小蓬草、牛筋草（Eleusine indica）、千里光（Senecio scandens）等。

表 4-7　花溪区 4 号样山乔木层数量特征

植物种名	株数	相对频度	相对盖度	相对高度	重要值	重要值排序
马尾松（Pinus massoniana）	330	40.79	46.99	51.92	46.57	1
樟（Cinnamomum camphora）	71	8.78	29.53	8.30	15.53	2
亮叶桦（Betula luminifera）	85	10.51	5.80	8.18	8.16	3
盐肤木（Rhus chinensis）	72	8.90	4.98	4.03	5.97	4
响叶杨（Populus adenopoda）	28	3.46	2.64	4.83	3.65	5
杉木（Cunninghamia lanceolata）	41	5.07	1.64	1.85	2.85	6
构树（Broussonetia papyrifera）	37	4.57	1.39	2.42	2.79	7
山槐（Albizia kalkora）	28	3.46	1.08	2.66	2.40	8
榉树（Zelkova serrata）	29	3.58	1.06	1.69	2.11	9
榆树（Ulmus pumila）	11	1.36	0.52	2.82	1.57	10
杨梅（Myrica rubra）	12	1.48	1.44	0.97	1.30	11
女贞（Ligustrum lucidum）	8	0.99	0.73	1.57	1.10	12
栎（Quercus × leana）	11	1.36	0.43	0.77	0.85	13
枫香树（Liquidambar formosana）	5	0.62	0.43	1.45	0.83	14
紫薇（Lagerstroemia indica）	15	1.85	0.26	0.28	0.80	15
银杏（Ginkgo biloba）	4	0.49	0.07	1.37	0.64	16
山樱花（Cerasus serrulata）	4	0.49	0.36	0.89	0.58	17

续表

植物种名	株数	相对频度	相对盖度	相对高度	重要值	重要值排序
毛白杨（Populus tomentosa）	2	0.25	0.07	0.97	0.43	18
刺楸（Kalopanax septemlobus）	1	0.12	0.07	0.97	0.39	19
槐（Styphnolobium japonicum）	2	0.25	0.11	0.48	0.28	20
润楠（Machilus nanmu）	5	0.62	0.04	0.12	0.26	21
木樨（Osmanthus fragrans）	2	0.25	0.07	0.32	0.21	22
白花泡桐（Paulownia fortunei）	1	0.12	0.15	0.32	0.20	23
紫叶李（Prunus cerasifera f. atropurpurea）	1	0.12	0.04	0.32	0.16	24
楤木（Aralia elata）	2	0.25	0.03	0.15	0.14	25
朴树（Celtis sinensis）	1	0.12	0.03	0.24	0.13	26
香椿（Toona sinensis）	1	0.12	0.02	0.12	0.09	27

7. 鼠李群落

该群落为城市遗存自然山体中较为典型的以灌木+草本为主的群落类型，乔木种类相对较少，在物种数量上，以鼠李、冬青为明显优势种（表 4-8），群落中乔木种类大多为小乔木，如女贞、柞等。灌木层物种种类和数量相对较多，以荚蒾、齿叶冬青、火棘居多。草本层种类也相对较多，在山体各处均生长着较多草本植物，以沿阶草、芒为主。藤本植物主要为菝葜、土茯苓（Smilax glabra）等。

表 4-8　南明区 1 号样山乔木层数量特征

植物种名	株数	相对频度	相对盖度	相对高度	重要值	重要值排序
鼠李（Rhamnus davurica）	316	41.74	38.56	37.21	39.17	1
冬青（Ilex chinensis）	147	19.42	15.90	15.10	16.80	2
朴树（Celtis sinensis）	78	10.30	16.94	13.51	13.59	3
女贞（Ligustrum lucidum）	106	14.00	10.88	13.63	12.84	4
榆树（Ulmus pumila）	29	3.83	5.19	7.08	5.37	5
槐（Styphnolobium japonicum）	21	2.77	4.85	4.03	3.88	6
响叶杨（Populus adenopoda）	10	1.32	2.13	2.05	1.83	7
山槐（Albizia kalkora）	9	1.19	1.36	2.52	1.69	8
柞（Quercus × leana）	13	1.72	1.39	1.14	1.42	9
化香树（Platycarya strobilacea）	13	1.72	0.77	0.98	1.15	10
构树（Broussonetia papyrifera）	6	0.79	0.84	1.03	0.88	11
楝（Melia azedarach）	3	0.40	0.42	0.56	0.46	12
枇杷（Eriobotrya japonica）	2	0.26	0.28	0.47	0.34	13
马尾松（Pinus massoniana）	1	0.13	0.14	0.35	0.21	14
盐肤木（Rhus chinensis）	1	0.13	0.31	0.12	0.19	15
杉木（Cunninghamia lanceolata）	1	0.13	0.03	0.19	0.12	16
香椿（Toona sinensis）	1	0.13	0.02	0.05	0.07	17

8. 女贞群落

该群落所处样山农用地较多，受人为种植及其他活动影响，样山内植被结构一般表现为乔木+草本，山体乔木植被均较为低矮，乔木层主要以女贞为明显优势种，朴树次之（表4-9），乔木层中其他植物相对受影响较大，重要值较低，人为种植植物有桃、木樨、柿、石榴（*Punica granatum*）等。灌木层物种种类和数量相对较少，以荚蒾、火棘居多。草本层种类相对较多，且大多分布于山脚与农用地旁，以小蓬草、马唐（*Digitaria sanguinalis*）、葎草（*Humulus scandens*）为主。

表4-9 南明区4号样山乔木层数量特征

植物种名	株数	相对频度	相对盖度	相对高度	重要值	重要值排序
女贞（*Ligustrum lucidum*）	339	42.48	43.14	40.33	41.98	1
朴树（*Celtis sinensis*）	98	12.28	13.39	10.32	12.00	2
圆柏（*Juniperus chinensis*）	70	8.77	6.44	10.12	8.44	3
槐（*Styphnolobium japonicum*）	63	7.89	8.80	7.73	8.14	4
鼠李（*Rhamnus davurica*）	61	7.64	9.35	5.48	7.49	5
毛竹（*Phyllostachys edulis*）	40	5.01	0.54	10.64	5.40	6
榆树（*Ulmus pumila*）	21	2.63	4.70	3.67	3.67	7
梧桐（*Firmiana simplex*）	28	3.51	3.29	4.08	3.62	8
山樱花（*Cerasus serrulata*）	29	3.63	2.78	2.54	2.98	9
构树（*Broussonetia papyrifera*）	13	1.63	2.53	1.29	1.82	10
响叶杨（*Populus adenopoda*）	3	0.38	0.73	0.64	0.58	11
楸（*Catalpa bungei*）	4	0.50	0.57	0.44	0.50	12
枇杷（*Eriobotrya japonica*）	5	0.63	0.52	0.35	0.50	12
樟（*Cinnamomum camphora*）	3	0.38	0.60	0.43	0.47	14
山槐（*Albizia kalkora*）	3	0.38	0.38	0.55	0.44	15
盐肤木（*Rhus chinensis*）	3	0.38	0.65	0.16	0.40	16
柑橘（*Citrus reticulata*）	2	0.25	0.33	0.37	0.32	17
桃（*Amygdalus persica*）	3	0.38	0.33	0.16	0.29	18
桑（*Morus alba*）	3	0.38	0.08	0.16	0.21	19
木樨（*Osmanthus fragrans*）	2	0.25	0.15	0.14	0.18	20
栾树（*Koelreuteria paniculata*）	1	0.13	0.24	0.14	0.17	21
柿（*Diospyros kaki*）	1	0.13	0.24	0.05	0.14	22
木槿（*Hibiscus syriacus*）	2	0.25	0.05	0.11	0.14	22
石榴（*Punica granatum*）	1	0.13	0.16	0.11	0.13	24

9. 朴树+鼠李群落

该群落所处区域为居住小区附近，生境内高大乔木存在较少，其中乔木层以朴树、鼠李为明显优势种，但重要值也仅在25左右（表4-10），这说明生境内各物种之间竞争较大，物种丰富度较高，其中乔木物种较多的还有女贞、鹅耳枥（*Carpinus turczaninowii*）、青冈（*Cyclobalanopsis glauca*）等。灌木层物种种类相对较少，但数量较多，以荚蒾、齿叶冬青为主。草本层种类相对较多，受人为活动影响，以沿阶草、淫羊藿（*Epimedium brevicornu*）、鸢尾（*Iris tectorum*）为主。

表 4-10　乌当区 2 号样山乔木层数量特征

植物种名	株数	相对频度	相对盖度	相对高度	重要值	重要值排序
朴树（*Celtis sinensis*）	159	22.84	24.75	28.42	25.34	1
鼠李（*Rhamnus davurica*）	193	27.73	18.07	20.48	22.09	2
鹅耳枥（*Carpinus turczaninowii*）	33	4.74	13.35	8.12	8.74	3
女贞（*Ligustrum lucidum*）	71	10.20	4.57	7.07	7.28	4
柿（*Diospyros kaki*）	38	5.46	7.66	7.02	6.71	5
栎（*Quercus × leana*）	34	4.89	7.53	5.42	5.95	6
青冈（*Cyclobalanopsis glauca*）	35	5.03	3.39	3.83	4.08	7
化香树（*Platycarya strobilacea*）	22	3.16	3.39	3.74	3.43	8
樟（*Cinnamomum camphora*）	17	2.44	2.96	2.27	2.56	9
响叶杨（*Populus adenopoda*）	16	2.30	2.17	2.45	2.31	10
冬青（*Ilex chinensis*）	17	2.44	1.58	1.55	1.86	11
紫荆（*Cercis chinensis*）	6	0.86	3.04	1.55	1.82	12
栾树（*Koelreuteria paniculata*）	9	1.29	1.30	1.33	1.31	13
槐（*Styphnolobium japonicum*）	6	0.86	0.87	1.13	0.95	14
榆树（*Ulmus pumila*）	5	0.72	0.89	1.13	0.91	15
刺楸（*Kalopanax septemlobus*）	9	1.29	0.54	0.90	0.91	15
栗（*Castanea mollissima*）	5	0.72	0.74	0.74	0.73	17
异叶梁王茶（*Metapanax davidii*）	3	0.43	0.31	0.68	0.47	18
山樱花（*Cerasus serrulata*）	1	0.14	0.92	0.34	0.47	18
马尾松（*Pinus massoniana*）	1	0.14	0.92	0.27	0.44	20
枇杷（*Eriobotrya japonica*）	5	0.72	0.13	0.23	0.36	21
构树（*Broussonetia papyrifera*）	2	0.29	0.20	0.36	0.28	22
异叶榕（*Ficus heteromorpha*）	3	0.43	0.19	0.20	0.27	23
梧桐（*Firmiana simplex*）	2	0.29	0.20	0.32	0.27	23
梓（*Catalpa ovata*）	1	0.14	0.23	0.23	0.20	25
香椿（*Toona sinensis*）	2	0.29	0.05	0.16	0.17	26
油桐（*Vernicia fordii*）	1	0.14	0.05	0.09	0.09	27

10. 栎群落

该群落在城市遗存自然山体中为常见的乔木与灌木在垂直高度上较为复杂多变的群落，在结构上一般表现为灌木+草本结构，乔木层在整体上并无较为明显的优势种（表 4-11），重要值较高的为栎、化香树、女贞等，受坡度、岩石裸露影响，乔木层分布较为无序，且物种数量相对较少。群落中灌木层生长情况较好，在垂直高度上有些甚至高于群落中小乔木，主要物种为荚蒾、木蓝（*Indigofera tinctoria*）、火棘、铁仔、马桑等。草本层物种种类数量较多，有芒、唐松草（*Thalictrum aquilegifolium* var. *sibiricum*）、车前（*Plantago asiatica*）等。

表 4-11　乌当区 5 号样山乔木层数量特征

植物种名	株数	相对频度	相对盖度	相对高度	重要值	重要值排序
栎（Quercus × leana）	80	27.30	16.81	24.54	22.89	1
化香树（Platycarya strobilacea）	38	12.97	14.33	14.28	13.86	2
女贞（Ligustrum lucidum）	41	13.99	8.41	11.07	11.16	3
马尾松（Pinus massoniana）	26	8.87	11.84	12.14	10.95	4
朴树（Celtis sinensis）	19	6.48	10.96	7.68	8.37	5
鼠李（Rhamnus davurica）	17	5.80	6.87	5.09	5.92	6
桃（Amygdalus persica）	11	3.75	6.43	2.90	4.36	7
山樱花（Cerasus serrulata）	8	2.73	5.99	3.03	3.92	8
构树（Broussonetia papyrifera）	10	3.41	3.65	4.11	3.72	9
冬青（Ilex chinensis）	13	4.44	1.90	3.75	3.36	10
樟（Cinnamomum camphora）	7	2.39	2.92	2.50	2.60	11
盐肤木（Rhus chinensis）	5	1.71	2.92	1.61	2.08	12
响叶杨（Populus adenopoda）	4	1.37	2.19	1.43	1.66	13
槐（Styphnolobium japonicum）	4	1.37	1.02	1.70	1.36	14
枇杷（Eriobotrya japonica）	2	0.68	1.17	1.07	0.97	15
香椿（Toona sinensis）	2	0.68	0.73	0.89	0.77	16
胡桃（Juglans regia）	2	0.68	0.51	0.98	0.73	17
李（Prunus salicina）	1	0.34	0.58	0.36	0.43	18
鹅耳枥（Carpinus turczaninowii）	1	0.34	0.44	0.36	0.38	19
楤木（Aralia elata）	1	0.34	0.15	0.36	0.28	20
棕榈（Trachycarpus fortunei）	1	0.34	0.15	0.18	0.22	21

11. 山樱花群落

该群落为城市遗存自然山体生境遭破坏后人工种植恢复的典型群落类型，群落正处于恢复阶段，但仍有部分区域为人工种植土地，受人工种植影响，群落乔木层主要以山樱花为明显优势种，其重要值达 61.28，其他乔木物种重要值相对较小，物种数也较少，主要有楸、女贞、李等（表 4-12）。群落中灌木层物种种类与数量较少，主要物种为火棘。群落中草本层物种种类数量较多，有川续断（Dipsacus asper）、细柄草（Capillipedium parviflorum）、马唐、狗尾草（Setaria viridis）等。

表 4-12　云岩区 1 号样山乔木层数量特征

植物种名	株数	相对频度	相对盖度	相对高度	重要值	重要值排序
山樱花（Cerasus serrulata）	156	62.15	61.87	59.81	61.28	1
楸（Catalpa bungei）	12	4.78	10.71	7.33	7.61	2
女贞（Ligustrum lucidum）	15	5.98	6.46	6.23	6.22	3
李（Prunus salicina）	12	4.78	1.82	3.55	3.38	4
桃（Amygdalus persica）	11	4.38	2.02	3.47	3.29	5
响叶杨（Populus adenopoda）	4	1.59	3.64	2.52	2.58	6
圆柏（Juniperus chinensis）	6	2.39	1.52	3.31	2.41	7

续表

植物种名	株数	相对频度	相对盖度	相对高度	重要值	重要值排序
梓（*Catalpa ovata*）	4	1.59	2.63	1.81	2.01	8
桑（*Morus alba*）	3	1.20	1.21	1.42	1.28	9
棕榈（*Trachycarpus fortunei*）	5	1.99	0.51	1.26	1.25	10
香椿（*Toona sinensis*）	2	0.80	1.92	0.87	1.19	11
鹅掌楸（*Liriodendron chinense*）	3	1.20	0.30	1.89	1.13	12
朴树（*Celtis sinensis*）	2	0.80	1.31	1.10	1.07	13
楝（*Melia azedarach*）	2	0.80	0.81	1.02	0.88	14
杉木（*Cunninghamia lanceolata*）	3	1.20	0.30	0.95	0.81	15
栎（*Quercus × leana*）	2	0.80	0.81	0.79	0.80	16
山槐（*Albizia kalkora*）	1	0.40	0.91	0.47	0.59	17
石榴（*Punica granatum*）	2	0.80	0.35	0.55	0.57	18
盐肤木（*Rhus chinensis*）	2	0.80	0.20	0.47	0.49	19
樟（*Cinnamomum camphora*）	1	0.40	0.40	0.47	0.43	20
白花泡桐（*Paulownia fortunei*）	1	0.40	0.10	0.32	0.27	21
构树（*Broussonetia papyrifera*）	1	0.40	0.10	0.24	0.25	22
梧桐（*Firmiana simplex*）	1	0.40	0.10	0.16	0.22	23

12. 圆柏+女贞群落

该群落同样为城市遗存自然山体生境遭破坏后人工种植恢复的典型群落类型，大部分区域为废弃农用地，群落处于自我恢复与外界干扰双重阶段，受种植影响，乔木层主要以圆柏、女贞为明显优势种（表 4-13），其他种植较多的还有山樱花、李等。群落中灌木层物种种类与数量较少，主要物种为木蓝、马桑。群落中草本层物种种类数量较多，有旱茅（*Schizachyrium delavayi*）、阿拉伯黄背草（*Themeda triandra*）、野棉花（*Anemone vitifolia*）等。

表 4-13　云岩区 3 号样山乔木层数量特征

植物种名	株数	相对频度	相对盖度	相对高度	重要值	重要值排序
圆柏（*Juniperus chinensis*）	126	28.06	24.42	39.60	30.70	1
女贞（*Ligustrum lucidum*）	134	29.84	26.29	24.79	26.97	2
山樱花（*Cerasus serrulata*）	48	10.69	11.50	6.72	9.64	3
李（*Prunus salicina*）	34	7.57	10.68	4.43	7.56	4
鼠李（*Rhamnus davurica*）	33	7.35	7.39	5.43	6.72	5
楸（*Catalpa bungei*）	10	2.23	5.37	4.31	3.97	6
白花泡桐（*Paulownia fortunei*）	14	3.12	4.04	3.20	3.45	7
构树（*Broussonetia papyrifera*）	11	2.45	2.15	2.81	2.47	8
槐（*Styphnolobium japonicum*）	5	1.11	1.58	1.27	1.32	9
亮叶桦（*Betula luminifera*）	4	0.89	1.14	1.23	1.09	10
川梨（*Pyrus pashia*）	7	1.56	0.44	0.81	0.94	11
山槐（*Albizia kalkora*）	3	0.67	0.63	0.77	0.69	12

续表

植物种名	株数	相对频度	相对盖度	相对高度	重要值	重要值排序
马尾松（*Pinus massoniana*）	2	0.45	0.82	0.62	0.63	13
胡桃（*Juglans regia*）	3	0.67	0.38	0.81	0.62	14
榆树（*Ulmus pumila*）	2	0.45	0.63	0.77	0.62	14
朴树（*Celtis sinensis*）	2	0.45	0.57	0.69	0.57	16
化香树（*Platycarya strobilacea*）	3	0.67	0.57	0.46	0.57	16
桃（*Amygdalus persica*）	3	0.67	0.19	0.35	0.40	18
栎（*Quercus × leana*）	1	0.22	0.57	0.19	0.33	19
楝（*Melia azedarach*）	1	0.22	0.25	0.31	0.26	20
鹅掌楸（*Liriodendron chinense*）	1	0.22	0.25	0.27	0.25	21
栾树（*Koelreuteria paniculata*）	1	0.22	0.06	0.08	0.12	22
香椿（*Toona sinensis*）	1	0.22	0.06	0.08	0.12	22

4.2.4 植物群落物种多样性特征

由植物多样性测定可知：代表贵阳市中心城区内遗存自然山体植物群落物种多样性的 4 种指数均偏低（表 4-14）。贵阳市为典型的喀斯特多山城市，区域内山体多为喀斯特山体，快速的城市发展建设过程中，较多山体被开挖或半开挖，区域内植被生态系统可能受此影响，植物群落物种多样性指数较低。贵阳市遗存自然山体植物种数共计 761 种，各行政区植物种数分别为白云区 348 种、观山湖区 322 种、花溪区 324 种、南明区 345 种、乌当区 336 种、云岩区 350 种，总体而言各行政区遗存自然山体植物丰富度差异不大，但各行政区物种组成差异较大，说明在不同遗存自然山体中，山体自身条件与外界环境的不同，使得城市遗存山体间的物种差异明显。贵阳市山体植被多样性指数差异较大，某些样点所在山体生境被隔离开，易造成生态孤岛，或其生境本身为喀斯特岩石裸露较严重区域，多样性指数相对较低，有些则因所在区域或周边区域用地性质发生改变，人为活动在此区域较为频繁，对区域内生态环境影响较大，故多样性指数比其他未受干扰的样点低，差异明显。

表 4-14　贵阳市遗存自然山体植物群落物种多样性指数

	R	*H*′	*D*	Jh
均值	8.333±0.058	1.001±0.005	0.833±0.002	0.338±0.001
极小值	1.701	0.234	0.229	0.107
极大值	16.052	1.409	0.954	0.418

1. 不同区域遗存自然山体生境植物物种多样性特征

由不同区域中遗存自然山体植物群落物种多样性分析结果（表 4-15）可知：贵阳市不同区域之间遗存自然山体植物群落物种多样性指数存在显著性差异，整体上观山湖区、云岩区多样性指数高于其他区域，其次为乌当区、白云区、南明区，其中物种多样

表 4-15　不同区域遗存自然山体植物群落物种多样性指数

区域	R	H'	D	Jh
白云区	8.074±0.139ab	0.966±0.011ab	0.815±0.006a	0.327±0.002a
观山湖区	9.011±0.159c	1.060±0.011c	0.858±0.005b	0.350±0.002c
花溪区	7.383±0.152a	0.926±0.014a	0.798±0.008a	0.320±0.004a
南明区	7.889±0.129a	0.976±0.010ab	0.827±0.005a	0.337±0.002b
乌当区	8.281±0.127b	0.990±0.010b	0.830±0.006a	0.338±0.003b
云岩区	9.280±0.123c	1.081±0.009c	0.866±0.004b	0.355±0.002c

注：同列无相同字母表示具有显著差异（$P<0.05$）

性指数最低的为花溪区。观山湖区作为贵阳市新重点建设开发经济区，在生态环境上采取了极大的保护措施，作为新的政治经济中心，合理的开发并未对遗存自然山体中的植被造成破坏。同样，云岩区作为老的主城区，尽管山体处于建筑密度较高的被包围状态，但鲜有人为开挖或开垦种植等对其产生影响，有些被开挖的山体因年代久远，山体自身植被进行演替恢复，仍处于一个植被多样性指数良好的状态。南明区、白云区、乌当区三个区域整体上多样性指数无显著性差异，且在整个贵阳市区域内处于中等水平，南明区与乌当区为老主城区，有别于云岩区的是，在南明区和乌当区内存在小型工厂，调查的样山周边存在污水处理厂以及水泥加工厂等，这可能是导致其生物多样性指数低于云岩区的一个重要原因；白云区同样为工业集中地，山体生境受工业以及周边环境影响，植物多样性指数偏低，并且在均匀度指数上尤为明显，这说明工业活动对物种的影响有一定选择性，有些物种受影响较大导致物种数量相对较少。近年来，花溪区开发强度日益增大，较多山体处于开发范围内，受此影响，山体中物种数量、均匀度指数等均较低，另外花溪区较多山体被建设用地包围，与其他自然生境联系较弱，这也是其物种多样性指数较低的重要原因之一。

2. 遗存自然山体生境中不同方位植物物种多样性特征

（1）白云区遗存自然山体生境中不同方位植物物种多样性特征

采用单因素方差分析和最小显著差异法比较白云区不同方位植物多样性特征，结果见表 4-16：整体上，白云区大多数样山在不同方位上存在显著性差异（仅 BY1 号样山差异性不显著），较为明显的为 Pielou 均匀度指数。BY2 号样山为居住小区内部的附属绿地，可能是由于受小区内部人为活动以及建筑分布、密度、高度等影响，北向 Pielou 均匀度指数较东向低，而其他指数无显著性差异，这也说明在上述影响过程中，某些植被较容易产生差异性，因此样山内植被分布不均衡，Pielou 均匀度指数较其他大部分样山低。BY3 号和 BY4 号样山为公园中的山体，两者植物多样性指数整体上为南、北向高于东、西向，在公园的开发建设过程中，虽然人为的种植、活动等对山体生境中的植被有一定的影响，但影响的是整体生境中的植物，而不是单一的植被种类，造成此差异的原因可能为山体自身的地形地貌以及不同方位的光照、温度等，导致植被生长状况、数量等差异。BY5 号样山位于边缘地带的村庄附近，南向的各多样性指数均显著低于其他方位，在研究调查过程中，山体南部为村庄，山体南部较多被开垦为农用地，人为的种植、喷洒农药等活动可能会对山体中的植被造成影响，从而导致南面的植物多样性指数低于其他方位。

表4-16 白云区遗存自然山体不同方位植物群落物种多样性指数

样山编号	方位	R	H'	D	Jh
BY1	北	7.967±0.543a	0.933±0.028a	0.817±0.010a	0.317±0.005a
	东	8.281±0.234a	0.977±0.023a	0.822±0.014a	0.320±0.007a
	南	8.069±0.481a	0.980±0.039a	0.828±0.016a	0.325±0.009a
	西	7.870±0.561a	0.965±0.032a	0.826±0.013a	0.324±0.007a
BY2	北	9.087±0.327a	0.995±0.039a	0.814±0.022a	0.318±0.012a
	东	9.220±0.546a	1.058±0.041a	0.852±0.020a	0.350±0.010b
	南	9.081±0.586a	1.023±0.045a	0.829±0.020a	0.331±0.011ab
	西	10.035±0.669a	1.083±0.049a	0.853±0.024a	0.341±0.010ab
BY3	北	7.977±0.522b	0.947±0.045b	0.810±0.026b	0.328±0.013b
	东	4.996±0.698a	0.690±0.054a	0.694±0.028a	0.289±0.008a
	南	6.949±0.572b	0.864±0.059b	0.755±0.040ab	0.311±0.014ab
	西	7.053±0.719b	0.866±0.057b	0.773±0.029ab	0.312±0.013ab
BY4	北	7.606±0.541ab	0.924±0.061a	0.788±0.040a	0.318±0.018a
	东	7.147±0.354ab	0.956±0.049a	0.820±0.029ab	0.337±0.013ab
	南	8.398±0.622b	1.054±0.037a	0.871±0.012b	0.356±0.005b
	西	6.667±0.406a	0.931±0.097a	0.837±0.015ab	0.345±0.007ab
BY5	北	9.883±0.400c	1.044±0.041b	0.839±0.018b	0.329±0.011b
	东	8.095±0.505b	1.029±0.049b	0.846±0.023b	0.345±0.012b
	南	6.096±0.304a	0.824±0.031a	0.753±0.021a	0.298±0.008a
	西	9.827±0.680c	1.111±0.040b	0.868±0.019b	0.349±0.010b

注：各样山同列无相同字母表示具有显著差异（$P < 0.05$）

（2）观山湖区遗存自然山体生境中不同方位植物物种多样性特征

对观山湖区山体生境不同方位植物物种多样性进行单因素方差分析可知（表4-17）：观山湖区各样山中整体植物物种多样性指数较高，山体生态环境良好，对比不同方位的植物多样性指数可知，仅 GSH1 号、GSH2 号样山在不同方位中植物多样性指数存在显著性差异，GSH3 号、GSH4 号样山植物多样性指数差异不明显。GSH1 号样山在形状上近似斗篷，当地人取名为斗篷山，因其独特的景观造型，尽管周边用地被开发建设为居住小区，斗篷山仍被保留下来，受周边用地类型改变的影响，山体植物多样性指数偏低，在样山调查过程中发现，西、南方位均存在大面积岩石裸露，而东、北方位土壤覆盖厚度明显较大，这可能是西、南方位植物多样性指数较低的一个重要原因。GSH2 号样山各植物多样性指数较高，山体本身处于一公园旁，相对受外界人为活动影响较弱，且公园中的山体与样山相连，在一定程度上促进了山体之间的生态交流，保证了其生境的完整性，使其抗外界干扰能力大大增强，山体西方位可能受光照分布不均等原因的影响，在植物物种多度、均匀度上略低于其他方位。GSH3 号、GSH4 号样山在不同方位中植物多样性指数差异不显著，两座山各方位的外部环境近乎一致，且山体形状较为规整，类似半圆球形，由此推断外部环境、光照、温度等对山体不同方位的影响差异不大，因此两座山在不同方位中的植物多样性指数差异不显著。

表 4-17 观山湖区遗存自然山体不同方位植物群落物种多样性指数

样山编号	方位	R	H'	D	Jh
GSH1	北	7.823±0.643ab	0.998±0.048ab	0.840±0.020a	0.342±0.011a
	东	9.442±0.737b	1.082±0.045b	0.859±0.023a	0.345±0.009a
	南	7.104±0.444a	0.912±0.077a	0.772±0.054a	0.315±0.022a
	西	5.904±0.405a	0.835±0.029a	0.760±0.037a	0.308±0.017a
GSH2	北	10.136±0.401a	1.122±0.021ab	0.887±0.007ab	0.367±0.004b
	东	11.504±0.609a	1.213±0.030b	0.909±0.009b	0.376±0.006b
	南	11.623±0.567a	1.171±0.028ab	0.886±0.012ab	0.354±0.006ab
	西	10.895±0.840a	1.090±0.065a	0.849±0.027a	0.339±0.017a
GSH3	北	7.938±0.419a	1.003±0.036a	0.839±0.020a	0.344±0.010a
	东	8.505±0.537a	1.009±0.029a	0.842±0.014a	0.345±0.009a
	南	8.239±0.513a	1.026±0.038a	0.851±0.016a	0.346±0.008a
	西	7.837±0.387a	1.025±0.030a	0.863±0.013a	0.362±0.007a
GSH4	北	8.731±0.405a	1.053±0.037a	0.862±0.016a	0.348±0.009a
	东	9.275±0.567a	1.111±0.031a	0.888±0.009a	0.365±0.004a
	南	9.232±0.529a	1.082±0.028a	0.867±0.013a	0.351±0.007a
	西	9.215±0.260a	1.104±0.018a	0.888±0.007a	0.360±0.006a

注：各样山同列无相同字母表示具有显著差异（$P<0.05$）

（3）花溪区遗存自然山体生境中不同方位植物物种多样性特征

对花溪区山体生境不同方位植物物种多样性进行单因素方差分析可知（表 4-18）：整体上花溪区山体生境中植物物种多样性指数较低，样山均存在强烈人为干扰痕迹，生态系统受到一定程度的影响，城市中的山体生态环境较为脆弱。HX1 号样山周边为正在建设区域，山体总体植物多样性指数偏低，在东方位上植物多样性指数最低，尤其在 Margalef 丰富度指数上较其他方位明显偏低，这说明周边的建设强度可能在山体的东方位上是最大的，人为活动在东方位上最为强烈，由此导致山体东方位植被遭受破坏严重，物种数量较低。HX2 号样山位于某高校附近，各方位在 Margalef 丰富度指数上存在显著性差异，主要为北方位高而东方位最低，调查发现山体入口位于山体东方位，且在其他方位中均有围墙阻隔，尽管围墙阻隔可能会削弱山体与外界的生态交流而导致其植物多样性指数偏低，但经实地调研及研究发现人为活动频繁对其影响更为直接、强烈。HX3 号样山紧邻居住小区，整体可进入性强，山体中有人为经常活动痕迹，可能受此影响山体植物多样性指数偏低，且在北方位上最低而东方位最高，山体北部为建成的公路，山体也被开挖一小部分，在建设中为防止山体滑坡，对边坡进行硬质化处理，这可能对原有山体生态造成极大的破坏，山体北方位植被受影响更为直接，生态系统恢复能力较弱，山体植物多样性指数偏低。HX4 号样山位于居住小区内，山体周围均有围墙阻隔，山体可进入性较弱，山体中各方位植物多样性指数无显著性差异。

（4）南明区遗存自然山体生境中不同方位植物物种多样性特征

通过对南明区遗存自然山体生境中不同方位植物物种多样性分析可知（表 4-19）：

表 4-18　花溪区遗存自然山体不同方位植物群落物种多样性指数

样山编号	方位	R	H'	D	Jh
HX1	北	6.663±0.396b	0.888±0.038b	0.790±0.023b	0.309±0.010b
	东	4.329±0.142a	0.604±0.032a	0.604±0.030a	0.239±0.010a
	南	6.361±0.634ab	0.753±0.066a	0.668±0.050ab	0.261±0.017a
	西	6.428±0.360b	0.834±0.035ab	0.753±0.026ab	0.292±0.011b
HX2	北	10.289±0.557b	1.105±0.038a	0.869±0.017a	0.347±0.009ab
	东	7.171±0.502a	1.004±0.036a	0.864±0.012a	0.366±0.005b
	南	8.394±0.379ab	1.012±0.033a	0.848±0.015a	0.343±0.009a
	西	8.960±0.609b	1.055±0.053a	0.854±0.027a	0.350±0.013ab
HX3	北	5.403±0.379a	0.768±0.041a	0.734±0.024a	0.301±0.010a
	东	6.923±0.387ab	0.935±0.042b	0.817±0.019b	0.332±0.011b
	南	6.550±0.255b	0.865±0.037ab	0.781±0.024ab	0.308±0.011a
	西	6.392±0.657b	0.887±0.045b	0.800±0.019b	0.330±0.006b
HX4	北	7.885±0.521a	0.971±0.037a	0.828±0.019a	0.328±0.008a
	东	7.800±0.803a	0.977±0.064a	0.822±0.034a	0.331±0.016a
	南	7.957±0.658a	0.997±0.056a	0.831±0.031a	0.331±0.012a
	西	7.572±0.545a	0.979±0.037a	0.847±0.014a	0.338±0.009a

注：各样山同列无相同字母表示具有显著差异（$P<0.05$）

表 4-19　南明区遗存自然山体不同方位植物群落物种多样性指数

样山编号	方位	R	H'	D	Jh
NM1	北	7.896±0.432b	0.980±0.034ab	0.838±0.018a	0.342±0.009a
	东	5.992±0.527a	0.860±0.054a	0.792±0.028a	0.346±0.012a
	南	8.284±0.483b	0.970±0.055ab	0.808±0.042a	0.328±0.017a
	西	8.352±0.870b	1.034±0.064b	0.848±0.031a	0.360±0.013a
NM2	北	7.844±0.556b	0.990±0.043a	0.839±0.021a	0.349±0.008a
	东	6.418±0.279a	0.863±0.032a	0.780±0.021a	0.315±0.011a
	南	7.124±0.729ab	0.936±0.058a	0.815±0.028a	0.334±0.011a
	西	7.217±0.454ab	0.897±0.052a	0.782±0.034a	0.317±0.015a
NM3	北	8.583±0.591ab	0.898±0.085a	0.753±0.055a	0.291±0.024a
	东	7.961±0.447a	0.980±0.045ab	0.823±0.027ab	0.335±0.013b
	南	8.470±0.289ab	1.026±0.025b	0.852±0.013b	0.341±0.009b
	西	9.651±0.589b	1.090±0.038b	0.870±0.013b	0.345±0.008b
NM4	北	7.616±0.537a	1.023±0.030a	0.866±0.011a	0.361±0.007a
	东	8.864±0.379ab	1.049±0.026a	0.857±0.012a	0.346±0.006a
	南	8.025±0.679ab	1.003±0.051a	0.840±0.024a	0.344±0.010a
	西	9.451±0.493b	1.081±0.026a	0.868±0.009a	0.345±0.005a
NM5	北	8.452±0.380ab	1.066±0.028b	0.870±0.015b	0.359±0.007b
	东	8.904±0.512b	1.039±0.041b	0.837±0.023ab	0.341±0.010ab
	南	7.319±0.678a	0.912±0.034a	0.813±0.015a	0.333±0.009a
	西	8.148±0.532ab	1.001±0.040ab	0.840±0.020ab	0.345±0.011ab

注：各样山同列无相同字母表示具有显著差异（$P<0.05$）

南明区各样山不同方位植物多样性指数存在显著性差异，尤其在 Margalef 丰富度指数和 Shannon-Wiener 多样性指数上差异更为明显。NM1 号样山位于立交桥附近，鲜有游人进入山体，可能由于过往车辆排放的尾气、灰尘，以及山体内部环境等，山体植物多样性指数偏低，且在靠近公路旁的东方位上 Margalef 丰富度指数最低，说明上述因素对物种数量的影响更为直接，其直接导致样山内物种数量下降，植物多样性指数偏低。同样 NM2 号样山在东方位上植物多样性指数偏低，而北方位植物多样性指数最高，二者之间差异显著，此差异仅表现在 Margalef 丰富度指数上，可能受山体地形、岩石裸露分布不均等因素影响，植物在数量上的分布也会不均衡，东方位岩石裸露率较高，因此其物种数量相对较少。NM3 号样山为公园内部山体，山体中植被大多为人工种植，植物种类存在明显的人为干扰性，物种多样性指数表现为东方位低而西方位高。NM4 号样山为居住小区内部山体，植物多样性指数差异仅表现在 Margalef 丰富度指数上，且北方位低而西方位最高，山体北方位为小区进入山体的开放口，且部分区域被开垦为农田，由此导致北方位植被数量下降。NM5 号样山位于城市边缘附近，山体植物多样性指数主要受山体内部因素影响，包括地形、坡度、岩石裸露等，其中东方位植物多样性指数较高，南方位最低，调查显示，南方位岩石裸露率较高，这可能是导致其植物多样性指数偏低的一个重要原因。

（5）乌当区遗存自然山体生境中不同方位植物物种多样性特征

采用单因素方差分析和最小显著差异法比较乌当区不同方位植物多样性特征，结果如表 4-20 所示：乌当区各样山植物群落物种多样性指数较低，且在不同方位中有显著性差异，尤其表现在物种数量和多度上，差异性更为显著。WD1 号样山中北方位植物多样性指数远高于其他三个方位，其中北方位为围墙阻隔的陡坡地形，东、南、西三个方位均为缓坡地段，有少许区域为人为开垦耕地，三方位均受此影响，因此植物多样性指数低于北方位。WD2 号样山中东方位和北方位植物多样性指数较其他两个方位高，究其原因可能为山体东方位连接农田，北方位为围墙阻隔的居住小区，而西方位与南方位为缓坡地段，可进入性较强，且外部为建设用地，植被相对易遭受影响，故两方位植物多样性指数偏低。WD3 号样山位于居住小区内部，南方位紧邻小区人工绿化用地，其他三个方位为已建或在建用地，南方位生态系统相对较稳定，与外界进行生物交流更为便捷，这可能是其植物多样性指数高于其他方位的一个重要原因。WD4 号样山西面紧邻村庄，其他方位为农用地或空闲用地，但西方位植物多样性指数低于其他方位，可能原因为西方位存在严重人为干扰痕迹，人为开垦导致其植物多样性指数降低。WD5 号样山整体上植物多样性指数较高，尽管其位于居住小区内部，但因其较陡的地势等，可进入性较差，故植被鲜少受人为干扰，山体北方位紧邻小区公园，这可能是山体北方位植物多样性指数较高的一个重要原因，山体与外部公园进行能量、物质交流，有利于其生态系统的稳定，因此其植物多样性指数较高。

（6）云岩区遗存自然山体生境中不同方位植物物种多样性特征

采用单因素方差分析和最小显著差异法比较云岩区不同方位植物多样性特征，结果

表4-20　乌当区遗存自然山体不同方位植物群落物种多样性指数

样山编号	方位	R	H'	D	Jh
WD1	北	9.744±0.668b	1.093±0.033b	0.877±0.010b	0.355±0.006a
	东	7.345±0.420a	0.939±0.035a	0.831±0.016a	0.338±0.009a
	南	7.647±0.408a	0.976±0.026a	0.844±0.012ab	0.345±0.007a
	西	7.383±0.296a	0.977±0.027a	0.847±0.014ab	0.351±0.007a
WD2	北	8.141±0.514ab	0.985±0.038b	0.821±0.017b	0.334±0.007ab
	东	8.940±0.440b	1.030±0.041b	0.842±0.019b	0.342±0.010b
	南	8.106±0.382ab	0.951±0.041ab	0.807±0.023ab	0.327±0.012ab
	西	7.193±0.402a	0.850±0.036a	0.753±0.024a	0.309±0.012a
WD3	北	7.520±0.411a	1.002±0.030a	0.859±0.013b	0.354±0.007a
	东	6.868±0.294a	0.933±0.034a	0.821±0.018a	0.338±0.009a
	南	10.269±0.485b	1.112±0.029b	0.876±0.012b	0.354±0.006a
	西	6.896±0.252a	0.972±0.021a	0.846±0.010ab	0.352±0.006a
WD4	北	7.430±0.280ab	0.970±0.026b	0.824±0.016b	0.340±0.008b
	东	9.255±0.731b	1.042±0.064b	0.841±0.030b	0.343±0.016b
	南	8.450±0.413ab	0.961±0.053b	0.803±0.035b	0.323±0.015b
	西	6.279±0.995a	0.749±0.123a	0.640±0.089a	0.265±0.033a
WD5	北	11.010±0.976b	1.202±0.050c	0.906±0.011b	0.376±0.007b
	东	9.714±0.433ab	1.080±0.031b	0.866±0.013ab	0.348±0.008ab
	南	9.859±0.467ab	1.029±0.038ab	0.840±0.022ab	0.328±0.012ab
	西	8.314±0.391a	0.951±0.039a	0.809±0.020a	0.320±0.011a

注：各样山同列无相同字母表示具有显著差异（$P<0.05$）

如表 4-21 所示：云岩区各样山植物多样性指数较高，山体各方位中植物多样性指数差异性不大，可能外部条件对样山的影响是从整体出发的，山体各方位的差异性来源于山体内部环境。YY1 号样山四周均为建筑，仅 Shannon-Wiener 多样性指数在北方位中略高于南方位，造成此差异的原因可能是山体中岩石裸露分布不均，因此植被的多度、分布状况等受到一定的影响。YY2 号样山四周均为高楼，山体上存在一定面积的废弃耕地，山体形状较为规整，在各方位中植物多样性指数无显著性差异。YY3 号样山仅在西方位中存在人工开垦种植区域，受此影响，西方位植物多样性指数偏低，但其他方位并未因此受到干扰，植物多样性指数仍较高。YY4 号样山为公园内部山体，山体中植被较多为人工种植，故植被分布受人为影响严重，主要表现在植物数量上，西、南方位高于东、北方位。YY5 号样山处于工业园附近，其东方位为在建用地，北、西、南三个方位均为工业园，从植物多样性指数可以看出，东方位植物多样性指数低于其他三个方位，这说明人工在建行为对植被的影响可能高于工业工厂对其影响程度。

3. 遗存自然山体生境中不同坡位植物物种多样性特征

（1）白云区遗存自然山体生境中不同坡位植物物种多样性特征

运用单因素方差分析和最小显著差异法比较白云区山体不同坡位植物多样性特征，

表 4-21　云岩区遗存自然山体不同方位植物群落物种多样性指数

样山编号	方位	R	H'	D	Jh
YY1	北	8.950±0.446a	1.108±0.037b	0.878±0.012a	0.365±0.008a
	东	8.113±0.512a	1.062±0.034ab	0.872±0.012a	0.363±0.007a
	南	7.623±0.714a	0.969±0.052a	0.836±0.021a	0.350±0.009a
	西	9.093±0.676a	1.048±0.061ab	0.846±0.032a	0.347±0.015a
YY2	北	9.265±0.689a	1.081±0.052a	0.864±0.025a	0.351±0.012a
	东	8.360±0.356a	1.030±0.025a	0.852±0.011a	0.346±0.006a
	南	8.533±0.410a	1.030±0.034a	0.855±0.014a	0.346±0.008a
	西	9.608±0.682a	1.085±0.051a	0.858±0.020a	0.344±0.010a
YY3	北	9.482±0.358b	1.126±0.021b	0.894±0.006b	0.369±0.005b
	东	9.746±0.460b	1.120±0.028b	0.886±0.010b	0.358±0.006ab
	南	9.149±0.515b	1.050±0.029b	0.858±0.012b	0.345±0.007ab
	西	7.731±0.487a	0.932±0.045a	0.791±0.026a	0.325±0.011a
YY4	北	10.108±0.287a	1.124±0.026a	0.878±0.014a	0.355±0.007a
	东	10.163±0.390a	1.161±0.024a	0.897±0.009a	0.368±0.006a
	南	11.229±0.523ab	1.159±0.032a	0.878±0.007a	0.353±0.007a
	西	11.781±0.354b	1.203±0.032a	0.894±0.014a	0.363±0.008a
YY5	北	9.202±0.514b	1.089±0.033a	0.879±0.014b	0.365±0.008b
	东	7.828±0.448a	0.957±0.034a	0.819±0.019a	0.331±0.009a
	南	9.392±0.355b	1.099±0.026a	0.877±0.012b	0.364±0.006b
	西	9.882±0.461b	1.148±0.037a	0.891±0.017b	0.372±0.009b

注：各样山同列无相同字母表示具有显著差异（$P<0.05$）

结果如表 4-22 所示：白云区 BY1、BY3、BY5 号样山在不同坡位梯度下植物多样性指数存在显著性差异。坡位对山体植被的影响一般在于温度和湿度，通过这种改变影响植物群落结构。BY4 号样山所处位置相对较低，山体起伏度较小，样山之间无法进行坡位间的对比，故无相应的数据比对。BY2 号样山处于居住小区内部，小区内人为活动对其影响程度可能远大于坡位等内部条件的影响，山体内不同坡位之间除 Simpson 多样性指数外，其余植物多样性指数均无显著性差异。BY1 号、BY5 号样山为区域地内遗存自然山体，其植物多样性指数在不同坡位中有显著性差异，主要表现为山腰最高，山脚次之，山顶最低，山腰一般为乔灌草混交林，植被种类及数量较多，可能在喀斯特山体地貌中，山腰处植物所受光照、温度等更适宜于较多植被生长，而山顶光照强度相对较大，多为乔木或小乔木，草本植被相对较少，山脚光照则相对较弱，林下荫蔽草本植被较多，物种多样性指数略高于山顶。BY3 号样山为山体公园，山体中植被受人工干扰严重，表现出一定的无序性，主要为山脚植物多样性指数低于山腰和山顶，整体的植物多样性指数也偏低。

（2）观山湖区遗存自然山体生境中不同坡位植物物种多样性特征

对观山湖区山体生境不同坡位植物物种多样性进行单因素方差分析可知（表 4-23）：观山湖区各山体不同坡位植物多样性指数表现出一定的差异性，且在不同多样性指数上

表 4-22 白云区遗存自然山体不同坡位植物群落物种多样性指数

样山编号	方位	R	H'	D	Jh
BY1	山脚	7.621±0.305b	0.965±0.025b	0.826±0.013a	0.327±0.007b
	山腰	9.258±0.404c	1.035±0.020b	0.843±0.008b	0.331±0.005b
	山顶	7.024±0.304a	0.885±0.022a	0.798±0.011a	0.305±0.006a
BY2	山脚	9.865±0.466a	1.079±0.040a	0.852±0.020b	0.344±0.010a
	山腰	8.972±0.462a	1.004±0.034a	0.822±0.018a	0.327±0.009a
	山顶	9.229±0.486a	1.038±0.039a	0.839±0.019b	0.335±0.009a
BY3	山脚	5.763±0.589a	0.728±0.054a	0.697±0.033a	0.286±0.013a
	山腰	6.899±0.524a	0.899±0.043ab	0.795±0.021b	0.327±0.010a
	山顶	7.680±0.571b	0.911±0.045b	0.787±0.026b	0.318±0.009ab
BY5	山脚	9.044±0.613b	1.026±0.042a	0.832±0.018ab	0.333±0.009ab
	山腰	9.838±0.465b	1.056±0.041a	0.856±0.018b	0.343±0.009b
	山顶	7.372±0.454a	0.911±0.039a	0.787±0.022a	0.312±0.010a

注：各样山同列无相同字母表示具有显著差异（$P<0.05$）

表 4-23 观山湖区遗存自然山体不同坡位植物群落物种多样性指数

样山编号	方位	R	H'	D	Jh
GSH1	山脚	8.326±0.561ab	1.045±0.033b	0.867±0.011b	0.348±0.005b
	山腰	9.315±0.927b	1.105±0.049b	0.876±0.019b	0.359±0.010b
	山顶	6.825±0.492a	0.853±0.053a	0.735±0.037a	0.299±0.015a
GSH2	山脚	10.328±0.426a	1.099±0.032a	0.866±0.015a	0.350±0.009a
	山腰	11.263±0.641a	1.195±0.034b	0.907±0.008b	0.369±0.005b
	山顶	11.498±0.489a	1.172±0.023ab	0.890±0.009ab	0.363±0.006a
GSH3	山脚	8.475±0.493a	1.050±0.031a	0.866±0.012a	0.361±0.006a
	山腰	8.024±0.370a	1.007±0.028a	0.845±0.013a	0.347±0.007ab
	山顶	7.895±0.326a	0.991±0.026a	0.835±0.015a	0.340±0.008b
GSH4	山脚	9.126±0.408b	1.104±0.021a	0.887±0.006a	0.363±0.004a
	山腰	8.824±0.369a	1.082±0.030a	0.874±0.013a	0.358±0.006a
	山顶	9.390±0.402b	1.074±0.025a	0.865±0.011a	0.347±0.006a

注：各样山同列无相同字母表示具有显著差异（$P<0.05$）

差异并不完全一致，山体所处位置、地形地貌等对植被的影响表现出差异性，故不同山体中不同坡位之间的差异表现并不完全一致。GSH1 号样山山顶植物多样性指数远低于山脚和山腰，因其特殊的地势地貌，山顶呈圆锥形，且岩石裸露率较高，山顶植被覆盖较少，植物多样性指数较低。GSH2 号样山处于公园内部，山体整体植物多样性指数较高，不同坡位中仅 Shannon-Wiener 多样性指数和 Simpson 多样性指数表现出一定的差异性，具体为山腰高于山脚，山顶介于两者之间且与之无显著性差异。GSH3 号样山仅在Pielou 均匀度指数上存在显著性差异，表现为山脚高于山腰和山顶，山脚一般为缓坡地段，而山腰与山顶由于山体形状、光照等，物种分布相对不均，在 Pielou 均匀度指数上较山脚低。GSH4 号样山形状较为规整，且山体坡度较缓，整体起伏度不大，故山体在不同坡位上植物多样性指数无显著性差异。

（3）花溪区遗存自然山体生境中不同坡位植物物种多样性特征

对花溪区山体生境不同坡位植物物种多样性进行单因素方差分析可知（表 4-24）：花溪区大多样山不同坡位中植物多样性指数无显著性差异，仅 HX1 号和 HX3 号样山在 Margalef 丰富度指数上有显著性差异，花溪区样山四周均存在强烈人为干扰痕迹，建筑的高度密集可能对山体中植被光照强度、光照时间造成影响，因此山体自身坡位高度对植被的影响被弱化，在不同坡位上并未表现出显著性差异。HX1 号、HX3 号样山在 Margalef 丰富度指数上均表现为山脚高于山腰和山顶，原因可能为山脚草本较多，受外部条件影响较弱，在数量上仍较高。

表 4-24　花溪区遗存自然山体不同坡位植物群落物种多样性指数

样山编号	方位	R	H'	D	Jh
HX1	山脚	6.817±0.538b	0.825±0.067a	0.714±0.050a	0.283±0.019a
	山腰	6.209±0.419ab	0.779±0.043a	0.714±0.029a	0.275±0.011a
	山顶	5.424±0.307a	0.761±0.031a	0.713±0.025a	0.280±0.010a
HX2	山脚	9.049±0.342a	1.081±0.023a	0.874±0.009a	0.357±0.006a
	山腰	8.336±0.480a	1.012±0.035a	0.847±0.017a	0.347±0.009a
	山顶	8.938±0.864a	1.034±0.053a	0.851±0.022a	0.346±0.013a
HX3	山脚	7.219±0.470b	0.907±0.049a	0.794±0.025a	0.315±0.011a
	山腰	5.557±0.384a	0.804±0.037a	0.755±0.020a	0.315±0.009a
	山顶	6.175±0.209ab	0.880±0.019a	0.801±0.011a	0.324±0.005a
HX4	山脚	7.028±0.448a	0.903±0.044a	0.792±0.028a	0.323±0.012a
	山腰	6.961±0.347a	0.887±0.032a	0.784±0.018a	0.317±0.008a
	山顶	7.442±0.522a	0.988±0.045a	0.845±0.021a	0.350±0.011a

注：各样山同列无相同字母表示具有显著差异（$P < 0.05$）

（4）南明区遗存自然山体生境中不同坡位植物物种多样性特征

通过对南明区遗存自然山体生境中不同坡位植物物种多样性分析可知（表 4-25）：南明区仅 NM1 号、NM3 号样山在不同坡位中表现出显著性差异，植被的生长分布受多重因素影响，坡位对其影响仅为其中一个方面，因此 NM2 号、NM4 号、NM5 号样山可能受外界影响更大而在不同坡位中差异性较小。NM1 号样山植物多样性指数在山脚表现最高，山腰、山顶较低，山体地处立交桥附近，其高度接近于山体山腰处，山体鲜少有人为进入，人为活动的干扰仅限过往的车辆所排放的尾气、扬起的灰尘等，受直接影响的为山腰和山顶，这验证了植物多样性指数在山脚高于山腰和山顶这一现象。NM3 号样山为山体公园，山体中植被受人为与自身内部条件多重影响，因受人为影响更为直接、程度更大，在坡位尺度上植物多样性指数差异更多为人为干扰带来的结果，其表现为在 Margalef 丰富度指数上无显著性差异，其他指数均为山脚与山腰无显著性差异而高于山顶。

表 4-25　南明区遗存自然山体不同坡位植物群落物种多样性指数

样山编号	方位	R	H'	D	Jh
NM1	山脚	8.824±0.463b	1.081±0.026b	0.877±0.009b	0.366±0.006b
	山腰	6.497±0.479a	0.886±0.042a	0.804±0.021a	0.343±0.007ab
	山顶	7.458±0.531ab	0.904±0.053a	0.779±0.038a	0.320±0.016a
NM2	山脚	7.577±0.376a	0.977±0.034a	0.835±0.018a	0.333±0.009a
	山腰	8.259±0.547a	1.012±0.033a	0.847±0.015a	0.337±0.006a
	山顶	7.463±0.816a	0.931±0.077a	0.795±0.044a	0.316±0.017a
NM3	山脚	8.417±0.486a	1.055±0.024b	0.872±0.008b	0.355±0.006b
	山腰	9.290±0.342a	1.065±0.035b	0.858±0.017b	0.342±0.010b
	山顶	8.250±0.459a	0.914±0.048a	0.774±0.030a	0.303±0.013a
NM4	山脚	8.164±0.536a	1.026±0.037a	0.853±0.015a	0.350±0.006a
	山腰	8.781±0.388a	1.053±0.017a	0.864±0.008a	0.348±0.006a
	山顶	9.191±0.415a	1.065±0.025a	0.861±0.010a	0.345±0.006a
NM5	山脚	8.419±0.445a	1.042±0.028a	0.861±0.012a	0.357±0.006a
	山腰	8.233±0.377a	0.999±0.033a	0.828±0.018a	0.338±0.009a
	山顶	7.916±0.597a	0.970±0.037a	0.830±0.017a	0.339±0.008a

注：各样山同列无相同字母表示具有显著差异（P＜0.05）

（5）乌当区遗存自然山体生境中不同坡位植物物种多样性特征

采用单因素方差分析和最小显著差异法比较乌当区不同坡位植物多样性特征，结果如表 4-26 所示：乌当区各样山在不同坡位下植物多样性指数表现出显著性差异的有WD1 号、WD3 号、WD4 号样山，且大多体现在 Pielou 均匀度指数上。WD1 号样山在

表 4-26　乌当区遗存自然山体不同坡位植物群落物种多样性指数

样山编号	方位	R	H'	D	Jh
WD1	山脚	7.736±0.400a	0.980±0.027a	0.843±0.012a	0.345±0.006ab
	山腰	8.240±0.512a	0.986±0.035a	0.841±0.014a	0.339±0.008a
	山顶	8.153±0.465a	1.026±0.024a	0.866±0.008a	0.357±0.004b
WD2	山脚	8.301±0.483a	1.002±0.044a	0.832±0.021a	0.342±0.009a
	山腰	8.048±0.405a	0.928±0.034a	0.788±0.021a	0.320±0.010a
	山顶	7.934±0.289a	0.932±0.029a	0.797±0.016a	0.323±0.009a
WD3	山脚	8.234±0.456a	1.054±0.033a	0.873±0.010a	0.362±0.006b
	山腰	7.925±0.502a	0.998±0.024a	0.849±0.009a	0.349±0.005ab
	山顶	7.713±0.423a	0.986±0.028a	0.841±0.014a	0.343±0.006a
WD4	山脚	8.720±0.379b	1.051±0.032b	0.854±0.016b	0.350±0.008b
	山腰	7.229±0.606a	0.853±0.069a	0.725±0.049a	0.298±0.019a
	山顶	7.457±0.511ab	0.880±0.060ab	0.763±0.047ab	0.307±0.018ab
WD5	山脚	10.208±0.512a	1.067±0.043a	0.845±0.019a	0.337±0.010a
	山腰	9.305±0.462a	1.064±0.031a	0.864±0.012a	0.348±0.008a
	山顶	8.793±0.543a	1.009±0.042a	0.835±0.019a	0.333±0.011a

注：各样山同列无相同字母表示具有显著差异（P＜0.05）

Pielou 均匀度指数上表现为山顶高于山腰，山脚则介于两者之间且与之无显著性差异，其他植物多样性指数在各坡位中均无显著性差异，造成此差异的原因可能为山顶处乔木居多，在分布上较为均匀，而山腰多为乔灌草混交，某些区域易受地形地貌影响，物种分布相对不均，从而 Pielou 均匀度指数偏低。同样 WD3 号样山仅 Pielou 均匀度指数表现出显著性差异，具体为山脚高于山顶，二者与山腰均无显著性差异，原因可能为山顶处岩石裸露分布较多，植被相对易被隔开，导致整体 Pielou 均匀度指数下降。WD4 号样山在不同坡位中植物多样性指数均表现为山脚高于山腰，而与山顶无显著性差异，此山体存在较多人为开垦耕地或废弃耕地，且较多存在于山腰处，人为影响导致山腰处植物多样性指数偏低。WD2 号与 WD5 号样山在不同坡位上植物多样性指数均无显著性差异，两座样山均处于高楼林立的居住小区内，建筑的遮蔽、人为的干扰可能缓解了坡位对其造成的影响，故植物多样性指数在不同坡位中无显著性差异。

（6）云岩区遗存自然山体生境中不同坡位植物物种多样性特征

采用单因素方差分析和最小显著差异法比较云岩区不同坡位植物多样性特征，结果如表 4-27 所示：云岩区各样山植物多样性指数较高，山体被城市包围已久，山体内部生态环境在缺乏外部条件刺激下已相对稳定，同样受建筑包围、人为阻隔等影响，大多山体在不同坡位中植物多样性指数无显著性，仅 YY4 号样山因其为山体公园，在不同坡位下表现出显著性差异。YY4 号样山在不同坡位中差异表现为山腰高于山顶，而山脚则与之无显著性差异，可能在建设山体公园中倾向于在山顶修建观景平台、游憩场地等，导致山顶植物多样性指数偏低。

表 4-27　云岩区遗存自然山体不同坡位植物群落物种多样性指数

样山编号	方位	R	H'	D	Jh
YY1	山脚	7.725±0.573a	1.012±0.051a	0.851±0.021a	0.359±0.009a
	山腰	8.656±0.425a	1.060±0.027a	0.870±0.010a	0.357±0.006a
	山顶	8.611±0.557a	1.059±0.045a	0.854±0.019a	0.355±0.010a
YY2	山脚	8.674±0.519a	1.038±0.036a	0.851±0.014a	0.348±0.008a
	山腰	8.724±0.373a	1.044±0.032a	0.851±0.016a	0.343±0.008a
	山顶	9.691±0.567b	1.104±0.040a	0.880±0.012a	0.353±0.008a
YY3	山脚	9.296±0.455a	1.047±0.030a	0.851±0.015a	0.345±0.008a
	山腰	8.851±0.381a	1.060±0.035a	0.859±0.018a	0.352±0.007a
	山顶	8.997±0.448a	1.070±0.032a	0.867±0.013a	0.351±0.006a
YY4	山脚	11.043±0.324a	1.170±0.026ab	0.885±0.013ab	0.359±0.007ab
	山腰	10.979±0.361a	1.200±0.023b	0.906±0.007b	0.370±0.005b
	山顶	10.439±0.428a	1.116±0.024a	0.869±0.010a	0.350±0.006a
YY5	山脚	8.882±0.410a	1.060±0.029a	0.861±0.013a	0.353±0.006a
	山腰	9.296±0.410a	1.094±0.031a	0.878±0.013a	0.361±0.007a
	山顶	9.051±0.441a	1.066±0.037a	0.860±0.018a	0.360±0.010a

注：各样山同列无相同字母表示具有显著差异（$P<0.05$）

4. 不同绿地类型遗存自然山体生境中植物物种多样性特征

通过分析不同绿地类型遗存自然山体生境中的植物物种多样性，所得结果如表 4-28 所示：不同绿地类型山体植物多样性指数有显著性差异，主要表现为公园绿地高于区域绿地和附属绿地。在 Margalef 丰富度指数、Shannon-Wiener 多样性指数上，公园绿地高于区域绿地和附属绿地，公园绿地中的山体植被多为人工种植，这说明在山体公园建设中，相关工作者对植被所带来的生态环境效益更加注重，对物种的数量、搭配等投入更多，这也是公园绿地山体植物数量、种类分配均高于其他绿地类型的一个原因。而在 Simpson 多样性指数上，三者之间并无显著性差异，这说明不管是人工种植还是自然演替生长，区域内各物种生长状况无显著性差异，各物种之间生存环境趋于一致。在 Pielou 均匀度指数上，区域绿地高于附属绿地，公园绿地介于二者之间，与二者无显著性差异，区域绿地一般少人为干扰，而附属绿地中的山体一般受人为活动影响强烈。由此可以看出，人为活动对植被的影响在不同种类的植被上表现出不一致性，某些植被可能受人为活动影响在数量上呈现急剧下降，有些植被则抗干扰能力较强而所受影响甚微，这导致物种数量分布不均而 Pielou 均匀度指数较低。

表 4-28　不同绿地类型山体植物群落物种多样性指数

绿地类型	R	H'	D	Jh
区域绿地	8.243±0.083a	1.002±0.007a	0.835±0.004a	0.340±0.002b
附属绿地	8.146±0.090a	0.986±0.007a	0.829±0.004a	0.335±0.002a
公园绿地	9.026±0.163b	1.031±0.013b	0.839±0.007a	0.340±0.003ab

注：同列无相同字母表示具有显著差异（$P<0.05$）

4.3　本章小结

城市生物多样性是城市立足的基本条件，也是人类在城市生活中的生存基础（Guetté，2017），城市绿地在很大程度上为人工构建的植物群落，受人为活动干扰较大（刘高慧等，2019），而喀斯特多山城市中遗存自然山体大多位于不同类型的绿地范围内，较多山体受影响较小，在城市生物多样性保护中起着极其重要的作用。在城市生态网络构建时，遗存自然山体中的林地不仅是生态网络的重要组成部分，其空间分布也会对生态网络节点覆盖、整体连通性、稳定性产生较大影响（张晓琳等，2020；于强等，2018；Yu et al.，2018）。本研究显示，在城市边界的遗存自然山体中，植物群落物种多样性指数较高，这印证了前人研究的城市化过程对城市植物多样性的影响：植物多样性随城市化强度加强而增加（Walker et al.，2009）；植物多样性沿城市中心向外围逐渐增加（Knapp，2008）。因此在城市化过程中，如何保持遗存自然山体植物群落生物多样性稳定，使其最大限度地发挥生态效益，在城市生物多样性保护与建设中显得尤为重要。

城市绿地系统是以土壤为主要基质，以植被为主体，以自然和人为因素修饰为基本特征，在各种生物因子、非生物因子及人类活动协同作用下所形成的有序性系统（Lloyd and Taylor，1994；Chen et al.，2013，2006），其规划目的在于处理好城市资源与环境的关系，以推动城市的可持续发展（黄磊昌等，2014）。本研究结果显示：在不同区域内遗存自然山体植物多样性存在显著性差异，在重点建设的观山湖区域内，其植物多样性指数较高，同样作为主城区的云岩区植物多样性指数也较高，这表明在自然和人为协同作用下，遗存自然山体植物多样性呈现积极响应状态。城市绿地系统规划通过对不同绿地类型进行规划整合、合理布局等，已营造健康的生态环境，而城市中遗存自然山体处于不同绿地类型中，在规划过程中如何合理对山体进行保护开发显得极为重要。观山湖区与白云区遗存自然山体在城市中的保护和开发利用较好，可作为其他行政区城市遗存山体保护和开发利用的参考。

贵阳市遗存自然山体样山内群落物种组成及重要值存在明显的差异，28 个样山内共有 25 个不同的乔木群落，其中涵盖较多的物种主要有樟、女贞、槐、马尾松、柏木、鼠李等。喀斯特山体生态优势度普遍较低，缺乏明显的优势种，城市遗存自然山体物种多样性较低，山体乔木数量较少，且不同样山之间物种数量差异较大；不同区域在群落数量特征变化上并无明显规律，个体数与物种数仅在不同山体之间有明显差异，区域之间的比较差异并不明显。代表贵阳市中心城区内遗存自然山体植物群落物种多样性的四种指数均偏低。贵阳市正处于快速城市化发展建设阶段，较多山体被开挖或半开挖，区域内植被生态系统可能受此影响，植物群落物种多样性指数较低；贵阳市山体植被多样性指数差异较大，某些样点所在山体生境被隔离开，易造成生态孤岛，或其生境本身为喀斯特岩石裸露较严重区域，多样性指数相对较低。贵阳市不同区域之间遗存自然山体植物群落物种多样性指数存在显著性差异，整体上观山湖区、云岩区多样性指数高于其他区域，其次为乌当区、白云区、南明区，其中物种多样性指数最低的为花溪区。在山体不同方位中，大多数山体不同方位之间存在显著性差异，城市内部遗存自然山体生境较为脆弱，植物群落物种多样性易受外部条件影响而发生改变，因此不同山体各方位外部条件不同，植物群落物种多样性存在显著性差异。在山体不同坡位中，多个山体在不同坡位上植物群落物种多样性存在显著性差异，坡位对山体植被的影响一般是在温度和湿度方面，通过环境因素的改变从而影响植物群落结构，但在不同坡位中外部条件影响不一，各山体在坡位差异上表现并不一致，这是由其自身内部条件与外部环境共同影响的结果。不同绿地类型山体植物多样性指数有显著性差异，主要表现为公园绿地高于区域绿地和附属绿地；在 Margalef 丰富度指数、Shannon-Wiener 多样性指数上，公园绿地高于区域绿地和附属绿地；而在 Simpson 多样性指数上，三者之间无显著性差异，这说明不管是人工种植还是自然演替生长，区域内各物种生长状况无显著性差异，各物种之间生存环境趋于一致；在 Pielou 均匀度指数上，区域绿地高于附属绿地，公园绿地介于二者之间，与二者无显著性差异。

第 5 章　黔中城市遗存自然山体生态系统服务绩效

　　生态系统服务（ecosystem service）是指人类从自然生态系统中直接或间接获得的各种福利及惠益，包括自然生态系统的生境、物种、属性、生物学状态和生态过程中所形成的物质产品及其维持良好生态环境的各种服务（Burkhard et al., 2010）。作为生态系统的重要属性之一，它伴随着生态系统发展的全过程，因此，只要有生态系统存在，就会存在生物与非生物环境之间的物质流动和能量交换，它就能发挥出各种不同形式的生态功能，并直接或间接地为人类持续地提供多种生态系统服务（王燕等，2013）。早在20 世纪 40 年代，以英国著名生态学家坦斯利（Tansley）明确提出的生态系统（ecosystem）定义为基础，Willianm（1948）第一个提出"自然资本"（natural capital）的概念并研究论述了自然生态系统对维持社会经济发展的意义。同一时期 Osborn（1946）指出水、土壤及动植物等自然资源是人类赖以生存的基础和人类文明发展的条件（Barbier, 2000）。1949 年奥尔多·利奥波德（Aldo Leopold）开始深入思考生态系统的服务功能，并通过实践推理得出生态系统服务功能具有不可替代性，人类本身不可能实现对生态系统服务功能的替代（谢高地等，2001a）。这些生态系统概念及服务功能的提出和发展，通过定性化的描述让人们对生态系统的结构和服务功能有了进一步认识与了解，为人们展开生态系统服务功能的相关研究提供了重要的前期基础。有关生态系统服务功能的定量化研究起始于 20 世纪 70 年代初，关键环境问题研究小组（Study of Critical Environmental Problems，SCEP）在其 1970 年发表的《人类对全球环境的影响》中首次提出生态系统能为人类提供"服务"的说法，并列举了自然生态系统对人类提供的害虫控制、气候调节及物质循环等多种"环境服务"（environmental service）功能。随后 Holdren 和 Ehrlich（1974）与 Ehrlich 等（1977）又据此加以拓展，先后提出"全球环境服务功能"及"全球生态系统公共服务功能"的理念，将生态系统对土壤肥力和基因库的维持功能也纳入到环境服务功能范畴中。后来 Westman（1977）在自然生态系统服务的基础上逐渐演化提出"自然的服务"（nature's service），将生态系统服务的社会效益也综合考虑在内。最终由 Ehrlich 和 Ehrlich（1981）依据 Westman（1977）得出的结论，通过梳理统一相关概念并加以完善，将其正式称为"生态系统服务"。这一科学术语自提出后逐渐得到国内外广大学者的普遍认可。

　　由于生态系统服务内容丰富、广泛且提供的服务功能表现形式多样，不同专业背景的专家学者对于服务形成过程有着不同的认识和侧重点，存在一定的差异性，所以目前对于生态系统服务的定义和功能分类还没有形成统一、公认的标准。近几十年来，生态系统服务研究取得了长足的进步与发展，国内外针对不同生态系统的服务功能分类及价值评价均展开了大量的相关研究。其中国外比较具有影响力和代表性的生态系统服务功能研究主要分为以下 5 种观点。最先引起广泛关注的是 Costanza 等（1997）13 位生态

学家在 *Nature* 期刊上发表的 *The Value of The World's Ecosystem Services and Natural Capital*（《全球生态系统服务和自然资本的价值》）一文，他们认为生态系统服务是指人类直接或间接从生态系统中获得的利益，将全球生态系统服务归纳划分为大气调节、干扰调节、气候调节等 17 项指标，并通过建立不同陆地生态系统单位面积生态系统服务价值当量因子表，对全球生态系统服务价值进行了估算。Daily 等（2000）指出生态系统服务是生态系统结构和过程所维持的人类赖以生存的自然环境条件与效用，并将其类型归纳为缓解旱灾与涝灾、增强土壤肥力、废物分解、文化支持等 15 类。基于生态系统服务与人类福祉之间的关联性，2005 年千年生态系统评估归纳总结前人相关研究成果，首次提出将生态系统服务分为支持服务、供给服务、调节服务以及文化服务 4 种服务类型，同时将 4 大类细分为 25 项子类（Board，2005）。Wallace（2007）按照不同的人类价值属性将生态系统服务功能分为 4 大类别，主要包括食物、水、树木以及文化价值。de Groot 等（2009）将生态系统服务划分为调控功能、生境功能、生产功能和信息功能 4 大类别，同时细化为 23 项指标。目前千年生态系统评估的分类方式是最具影响力的生态系统服务分类体系，它引起了生态学界乃至经济学界、社会学界的高度重视，在相关学科领域得到了广泛的运用（毛齐正等，2015）。

　　我国关于生态系统服务功能的研究直到 20 世纪末才正式开始，以欧阳志云、王如松、赵同谦、赵景柱、谢高地等为代表的专家学者先后开展了大量研究，至今也已取得了较为丰硕的成果。欧阳志云等（1999a）在对中国陆地生态系统服务功能及其生态经济价值的初步研究中，将生态系统服务分为产品与环境两大类别，其下面又细化分为有机质的生产与生态系统产品、生物多样性的产生与维持、调节气候等 8 小类（肖寒等，2000；欧阳志云等，1999b）。赵同谦等（2004）依据千年生态系统评估提出的生态系统服务功能分类方法，系统地构建出森林生态系统服务价值评价指标体系，把森林生态系统的服务功能划分为 4 大类 13 项指标。范小杉等（2007）以促进区域健康可持续发展为前提，以利于实施生态补偿政策为目的，将生态系统服务功能分为内涵型和外延型两种。张彪等（2010）基于人类各类需求的特征，将生态系统服务分为物质产品、生态安全维护功能和景观文化承载功能 3 大类别。谢高地等（2008，2015b）以 Costanza 等（1997）提出的评价模型为基础，根据中国民众和决策者对生态系统服务的理解状况，采用千年生态系统评估的分类方法，先将生态系统服务重新归纳划分为供给服务、调节服务、支持服务和文化服务 4 大类型，同时细分为食物生产、原料生产、气体调节、气候调节、废物处理（净化环境）、水文调节、土壤保持、生物多样性及美学景观等 9 小项，而后加入水资源供给及维持养分循环，变为 11 小类，并开发了中国不同陆地生态系统单位面积生态系统服务价值当量因子表。由于此表的简明性和可靠性，其在我国已被广泛应用于生态系统服务功能评价的相关研究（匡奕敉等，2020；郑德凤等，2020；税伟等，2019）。此外随着研究的不断深入与发展，生态系统服务功能评价研究主题由早期的大尺度全球、区域整体自然生态系统，逐渐细化为中小尺度地区以森林为主的单一自然生态系统。王兵、辛琨、谢高地等学者分别评价了森林、湿地、草地等不同生态系统的服务功能（王兵等，2011；辛琨和肖笃宁，2002；谢高地等，2001b），引领生态系统服务功能研究朝着中小尺度发展。

综上所述，国内外已开展了大量关于生态系统服务的研究，分别从不同角度、不同尺度解析了生态系统服务功能分类及价值，已形成了一定的理论基础和研究方法体系，但目前中小尺度研究对象多集中于森林生态系统，关于其他类型生态系统服务的研究还有待加强，因此研究重点正朝着细化深入探索不同类型生态系统的方向发展。根据这一趋势，本研究选择黔中多山城市——贵阳市为研究区，以快速城市化背景下衍生的城市遗存自然山体为研究对象，结合国内外关于生态系统服务的研究成果，针对自身具有独特性的岩溶地区城市遗存自然山体，对其生态系统服务功能及综合绩效评价开展具体化研究，以补充完善城市绿地生态系统服务研究领域中关于城市遗存自然山体的研究内容。

5.1 城市遗存自然山体生态系统服务功能评价指标体系

5.1.1 评价指标筛选

1. 评价指标筛选基本原则

生态系统服务功能综合绩效的评价必须以建立评价指标体系为前提，而评价指标的筛选既是建立评价指标体系的首要任务，也是其中一个至关重要的环节，构建的评价指标体系是否科学合理会直接影响到生态系统服务功能及其绩效评价结果的准确性（骆畅，2018）。在实际的生态系统服务功能评价中，选取评价指标不宜过多或过少，评价指标过多，可能会存在干扰性、重复性等问题，评价指标过少有可能会缺乏足够的代表性及产生片面性（李凤霞，2018）。因此，如表5-1所示，在进行其指标筛选时应力求遵循科学性、系统性、独立性、简明性、可接受性、可行性及实效性的基本原则，以期实现评价指标体系更加科学化、合理化及规范化的研究目标，构建出一个条理清晰、层次分明、结构完整、客观全面的城市遗存自然山体生态系统服务功能评价指标体系。

表 5-1　生态系统服务功能评价体系指标选取基本原则

原则	描述
科学性原则	评价指标选择要能够充分反映评价对象本质特征与内涵，各指标应当已有明确的意义、坚实的理论基础、科学的统计方法
系统性原则	生态系统服务功能评价涉及内容繁多且具有多层次性、多目标性，指标选取应从多个角度出发，力求系统化、全面化，各指标间应相互补充完善，充分体现城市遗存自然山体生态系统的整体性和协调性
独立性原则	应选取具有代表性的、能够独自表明某一方面生态系统服务功能的评价指标，需要分别独立测算，避免各评价指标相互间存在明显交叉、包含和重复等关联
简明性原则	评价指标选定数量不宜过多，应以表现主要生态系统服务功能为目的尽可能控制在适度范围内，选择针对性、表现性较强的指标，突出重点、简明扼要
可接受性原则	应根据评价对象的特点和实际情况，选择被大多数人认可接受或认同理解的评价指标
可行性原则	评价指标选取要综合考虑获取其计算所需数据及计算的难易程度，为保证数据的可靠性、可操作性，应尽可能地选择易行、易懂、易算的指标
实效性原则	生态系统服务功能评价指标应选取确实发挥服务效益的功能指标

资料来源：金燕，2016；福斯特·恩杜比斯等，2015

2. 评价指标筛选方法

遵照上述评价指标筛选基本原则，本研究综合运用 Meta 分析法、指标属性分组法、频度分析法、专家咨询法及公众咨询法等 5 种方法进行评价指标筛选。通过吸收相关领域已有研究成果中的评价指标及统计出现频次进行初步筛选，再结合专家及公众咨询进行最终筛选，确保选取理论依据充足、评价方法成熟、针对性较强、使用频率较高、目前被大多专家及公众认可的优良指标，以便于科学、公正、准确地开展城市遗存自然山体生态系统服务功能及绩效评价研究。

Meta 分析法：通过查阅选取的样本文献并加以归纳总结，对生态系统服务功能评价指标进行海选，构建城市遗存自然山体生态系统服务功能评价备选指标集。

指标属性分组法：依据生态学、系统学、经济学及社会学等生态系统服务功能相关学科理论研究，梳理评价指标间属性的相互关联，结合查阅的样本文献和《森林生态系统服务功能评估规范》（LY/T 1721—2008）等相关规范。

频度分析法：分别统计各评价指标在选取的样本文献中出现的总次数，据此确认所选样本文献中的指标使用频度，而后选取使用频度较高的评价指标。

专家咨询法及公众咨询法：就海选得到的评价备选指标对城市遗存自然山体生态系统服务功能评价的适用性和完善性，向当地相关领域的专家和具有一定专业背景的公众进行咨询，选取专家及公众认可度较高的评价指标。向专家及公众咨询时提供在 Meta 分析法基础上进行属性分组后的评价备选指标集，以便专家和公众进行综合思考与调整，提高评价指标选取的效率和精度。

3. 评价指标筛选过程

为充分了解最新的生态系统服务功能评价相关研究中对各评价指标的选择意向和重视程度，本研究在中国知网数据库中分别以城市生态空间、绿色空间、公园绿地、城市森林、自然保护地+生态系统服务功能、生态系统服务评价等为关键词，以主题和摘要为检索项，以 2000 年 1 月到 2020 年 1 月为检索时间范围，检索关于生态系统服务功能评价研究方面的主要文献。而后在上千条文献检索结果中，根据与本章研究对象及研究内容的相近程度，挑选出近 20 年来国内与城市遗存自然山体生态系统服务功能研究相似度、相关度及质量较高的 500 篇样本文献。由图 5-1 及图 5-2 可知，挑选出的样本文献在 2000～2020 年整体呈增长趋势，主要分布在中国科协全国性一级学会的生态学、环境科学、资源科学、风景园林学、林学等方面的权威期刊及国内风景专业排名较靠前的大学学报（自然科学版），以《生态学报》（数量占比最高）、《应用生态学报》、《生态科学》、《干旱区资源与环境》、《资源科学》、《中国园林》、《林业科学》和《中南林业科技大学学报》等高质量期刊入选数量较多。

首先运用 Meta 分析法归纳总结这 500 篇生态系统服务功能评价研究样本文献中应用的评价指标，对生态系统服务功能评价指标进行海选，构建城市遗存自然山体评价备选指标集。再参照目前最为广泛应用的评价指标分类方式，运用指标属性分组法根据指

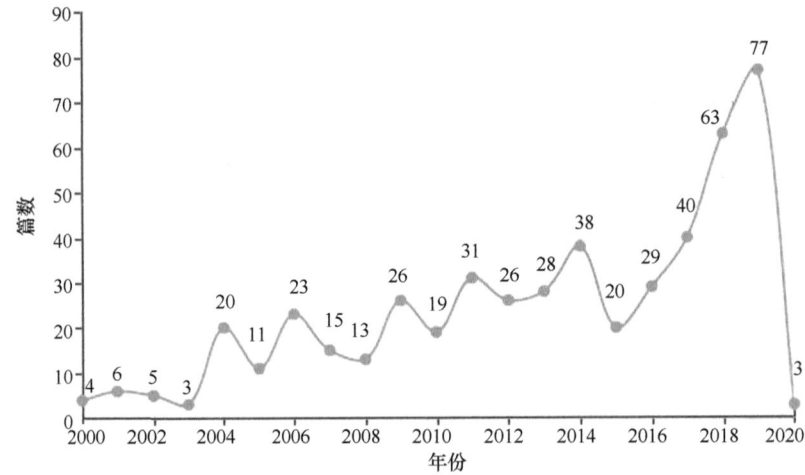

图 5-1　生态系统服务功能评价样本文献 2000～2020 年分布（500 篇）

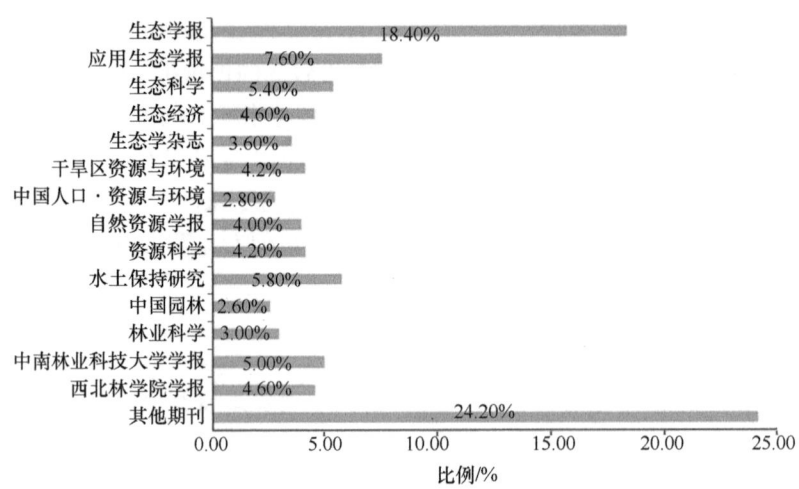

图 5-2　生态系统服务功能评价样本文献期刊来源（500 篇）

标属性关联对评价备选指标进行类别分组，划分为支持服务、供给服务、调节服务及文化服务四大生态系统服务功能类别。同时统计 500 篇样本文献中各评价指标出现的总次数，选取使用频度较高的评价指标，完成评价指标的初步筛选，得出城市遗存自然山体生态系统服务功能评价指标初步筛选结果，如表 5-2 所示。

评价指标初步筛选强调的是各指标对于城市遗存自然山体生态系统服务功能评价的相关性、适用性和完整性，最终筛选以指标的地域性、针对性、重要性、可接受性、实效性为主要选取原则。采用专家咨询法及公众咨询法进行最终的指标筛选。由于生态系统服务功能评价指标筛选专业性较强，为保证指标选取的准确性，选取贵阳市当地具有一定专业背景的研究生进行公众咨询。

在初步筛选指标的基础上，向贵阳市当地 20 位相关领域的专家及 60 位具有一定专业背景的公众进行咨询，当地专家及公众通过原理分析、相似类比、经验判断结合实际情况进行实效服务指标筛选，完成评价指标的最终筛选。其中专家团队由 7 位风景园林学、6

表 5-2　生态系统服务功能评价指标初步筛选

生态系统服务功能类别	评价指标	备注	指标使用频次（共 500 篇文献）
支持服务	提供栖息地	生物多样性保护	441
	土壤保持	保育土壤（固土、保肥）	439
	维持养分循环	氮、磷、钾、有机质等营养物质循环	291
供给服务	提供原材料	木材、药材等林产品	247
	提供食物	果、蔬等林副产品	143
	提供水资源	增加可利用水资源	89
调节服务	固碳释氧	吸收二氧化碳、释放氧气	500
	气候调节	降温、增湿	437
	环境净化	吸收污染气体（硫氧化物、氮氧化物、氟化物）、滞尘、降噪、杀菌、提供负氧离子	467
	水文调节	涵养水源（净化水质、调节径流）	418
文化服务	美学价值	美景观赏、休憩娱乐、身心健康、人文科教等	364

位生态学、4 位城市林业及 3 位城乡规划学等专业的副教授、教授组成，公众团队由本地以上相关专业的在读研究生组成，以保证咨询对象对本研究有一定的了解和认可。

　　最终指标确定以当地大多数人认可为标准，即指标最终筛选以人数的 1/2 为界限，当不少于 1/2 的专家或公众认为该项服务功能指标应该列入评价指标体系时，便对该指标执行筛选保留；反之，未能得到当地大多数人认可则剔除。

　　由表 5-3 可知。最终筛选确定城市遗存自然山体生态系统服务功能主要分为 3 类 8 项指标，城市遗存自然山体不具有明显的提供原材料、食物、水资源等供给服务功能。

表 5-3　生态系统服务功能评价指标最终确定

服务类别	评价指标
支持服务	提供栖息地
	土壤保持
	维持养分循环
调节服务	固碳释氧
	气候调节
	环境净化
	水文调节
文化服务	美学价值

5.1.2　评价指标权重分配

　　根据上述最终筛选确定的评价指标，本研究构建出分为三层结构的城市遗存自然山体生态系统服务功能评价指标体系，分别是目标层（A）、3 项类别层（C）和 8 项指标层（P），而后进行理论、专家、公众三个不同视角下各项评价指标的权重计算（表 5-4）。

1. 基于 Meta 分析法的权重分配 W_1

　　针对上述统计得出的各评价指标，以 Meta 分析法在 500 篇样本文献中的使用频次

表 5-4　城市遗存自然山体生态系统服务功能评价指标体系

目标层（A）	类别层（C）	指标层（P）	理论权重（W_1）	专家权重（W_2）	公众权重（W_3）	综合权重（W）
城市遗存自然山体生态系统服务功能综合评价（A）	支持服务（C1）	提供栖息地（P1）	0.1314	0.1802	0.1471	0.1605
		土壤保持（P2）	0.1308	0.0929	0.1266	0.1106
		维持养分循环（P3）	0.0867	0.0855	0.0943	0.0884
	调节服务（C2）	固碳释氧（P4）	0.1489	0.1405	0.1571	0.1472
		气候调节（P5）	0.1302	0.1336	0.1253	0.1304
		环境净化（P6）	0.1391	0.1220	0.1171	0.1240
		水文调节（P7）	0.1245	0.1110	0.1148	0.1148
	文化服务（C3）	美学价值（P8）	0.1084	0.1343	0.1177	0.1241

为基础，根据该指标在所有筛选确定指标中的相对频度来评判该指标的重要度。根据测算得出的各评价指标的相对频度确定权重值的大小。

评价指标频度=（选用该评价指标的样本文献数/总样本文献数）×100%。

评价指标相对频度=（该评价指标频度/所有评价指标的频度总和）×100%。

计算公式分别如下

$$F_i = \frac{Q_i}{S} \times 100\% \qquad (5\text{-}1)$$

$$R_i = \frac{F_i}{\sum_{i=1}^{n} F_i} \times 100\% \qquad (5\text{-}2)$$

式中，R_i 为评价指标体系中单个指标的相对频度；F_i 为评价指标体系中单个指标的频度；Q_i 为选用该指标的样本文献数；S 为选取的总样本文献数（500 篇）；n 为选择的评价指标数。

由表 5-4 可知，理论视角下城市遗存自然山体生态系统服务功能评价指标体系中各指标权重值排序为：固碳释氧（P4）＞环境净化（P6）＞提供栖息地（P1）＞土壤保持（P2）＞气候调节（P5）＞水文调节（P7）＞美学价值（P8）＞维持养分循环（P3）。理论视角下重要度排在前三位的生态系统服务功能是固碳释氧（0.1489）、环境净化（0.1391）和提供栖息地（0.1314），排在后三位的是水文调节（0.1245）、美学价值（0.1084）和维持养分循环（0.0867）。说明当前生态系统服务功能评价研究中对固碳释氧、环境净化及提供栖息地等评价指标的选择意向和重视程度较高，尤以 500 篇样本文献全部选用的固碳释氧指标最高，是人们认知中最基本的生态系统服务功能，对美学价值和维持养分循环的选择意向与重视程度相对较低。

2. 基于专家征询的权重分配

层次分析法是目前确定评价指标权重最常用的方法之一，它强调人的思维判断在决策过程中的作用，既可以将定量与定性分析有机结合，也可以表现出评价体系的综合性、整体性和层次性（李凤霞，2018）。

本研究选用层次分析法测算专家视角下各项评价指标的权重值，计算步骤如下。

1）构造判断矩阵：根据上述构建的目标层（A）、类别层（C）、指标层（P）评价模型，以目标层（A）表示目标，指标层（P）表示评价因素；P_i 和 P_j 分别是第 i 个和第 j 个评价因素，$P_i \in P$（i=1, 2, $\cdots$, n），P_{ij} 表示 P_i 对 P_j 的相对重要性数值（又称为"标度"）（j=1, 2, $\cdots$, n），P_{ij} 的取值见表 5-5。

表 5-5　相对重要性的标度

标度	含义
1	表示因素 P_i 与 P_j 比较，具有同等重要性
3	表示因素 P_i 与 P_j 比较，P_i 比 P_j 稍微重要
5	表示因素 P_i 与 P_j 比较，P_i 比 P_j 明显重要
7	表示因素 P_i 与 P_j 比较，P_i 比 P_j 强烈重要
9	表示因素 P_i 与 P_j 比较，P_i 比 P_j 极端重要
2、4、6、8	分别表示标度 1~3、3~5、5~7、7~9 的中间值
倒数	若 P_i 与 P_j 重要性之比为 P_{ij}，则 P_j 与 P_i 重要性之比为 $1/P_{ij}$

为尽量减少个人主观性倾向对评判过程产生的影响，确保各指标权重值的客观性，本研究征集与上述进行指标筛选咨询时相同的 20 位专家对各评价指标的重要度打分，并运用统计学原理分别构建各专家对评价目标间的 **A-P** 判断矩阵。

$$A\text{-}P = \begin{pmatrix} P_{11} & \cdots & P_{1n} \\ \vdots & & \vdots \\ P_{n1} & \cdots & P_{nn} \end{pmatrix} \quad 满足： \begin{cases} 0 \leqslant P_{ij} \leqslant 1, i \neq j \\ P_{ij} \times P_{ji} \leqslant 1, i \neq j \end{cases} \tag{5-3}$$

2）权重计算：将每个评价指标子系统中的下层元素影响上层目标元素的程度大小进行层次因素单排序，计算 **A-P** 判断矩阵的最大特征值 λ_{max} 所对应的特征向量 **W**，并将其归一化作为各评价因素的权重值。**A-P** 判断矩阵的最大特征值 λ_{max} 计算公式如下

$$\lambda_{max} = \frac{1}{n}\sum_{i=1}^{n}\frac{(AW)_i}{W_i} \tag{5-4}$$

式中，n 为影响因素的总数；W_i 为第 i 个因素的权重。

3）进行一致性检验，计算一致性指标。

一致性指标（CI）计算公式为

$$CI = \frac{\lambda_{max} - n}{n-1} \tag{5-5}$$

一致性比例（CR）计算公式为

$$CR = \frac{CI}{RI} \tag{5-6}$$

式中，平均随机一致性指标（RI）可查表 5-6 获得。

当 CR＜0.10 时，认为判断矩阵具有可以接受的一致性；CR≥0.10，则判断矩阵一致性偏差太大，应当对重要度对比评分做适当修正，直到判断矩阵有可以接受的一致性为止。

4）默认各位专家给出的评价重要程度一致，通过算数平均 20 位专家的指标权重，测算得出 **A-P** 判断矩阵群的平均权重向量，即专家视角下各项评价指标的权重值。

由专家的 **A-P** 判断矩阵一致性检验结果可知（表 5-7），一致性比例 CR 均小于 0.10，表明判断矩阵具有可以接受的一致性。

表 5-6　平均随机一致性指标

n	1	2	3	4	5	6	7	8	9	10
RI	0	0	0.52	0.89	1.12	1.26	1.36	1.41	1.46	1.49

表 5-7　专家判断矩阵一致性检验结果

专家	A-P 判断矩阵检验指标				专家	A-P 判断矩阵检验指标			
	λ_{max}	CI	RI	CR		λ_{max}	CI	RI	CR
1	8.0156	0.0022	1.41	0.0016	11	8.0918	0.0131	1.41	0.0093
2	8.0130	0.0019	1.41	0.0013	12	8.0130	0.0019	1.41	0.0013
3	8.0233	0.0033	1.41	0.0024	13	8.0463	0.0066	1.41	0.0047
4	8.0770	0.0110	1.41	0.0078	14	8.0130	0.0019	1.41	0.0013
5	8.0527	0.0075	1.41	0.0053	15	8.0767	0.0110	1.41	0.0078
6	8.0130	0.0019	1.41	0.0013	16	8.0207	0.0030	1.41	0.0021
7	8.0233	0.0033	1.41	0.0024	17	8.0156	0.0022	1.41	0.0016
8	8.0130	0.0019	1.41	0.0013	18	8.0130	0.0019	1.41	0.0013
9	8.1067	0.0152	1.41	0.0108	19	8.0920	0.0131	1.41	0.0093
10	8.0413	0.0059	1.41	0.0042	20	8.0156	0.0022	1.41	0.0016

由表 5-4 可知，专家视角下城市遗存自然山体生态系统服务功能评价指标体系中各指标权重值排序为：提供栖息地（P1）>固碳释氧（P4）>美学价值（P8）>气候调节（P5）>环境净化（P6）>水文调节（P7）>土壤保持（P2）>维持养分循环（P3）。专家视角下重要度排在前三位的生态系统服务功能是提供栖息地（0.1802）、固碳释氧（0.1405）和美学价值（0.1343），排在后三位的是水文调节（0.1110）、土壤保持（0.0929）和维持养分循环（0.0855）。相较于理论评价体系中各指标权重值，当地专家评判有明显不同的倾向，认为城市遗存自然山体发挥的生态系统服务功能中，以提供栖息地最为重要，固碳释氧稍次之，美学价值重要度相对较高，土壤保持重要度相对较低。

3. 公众参与的权重分配

同样是运用层次分析法，根据征集所得与上述进行指标筛选咨询时相同的 60 位公众对各评价指标的重要度打分，测算公众视角下各项评价指标的权重值。计算步骤基本与上述相同，此处不做赘述。

由公众的 **A-P** 判断矩阵一致性检验结果可知（表 5-8），一致性比例 CR 均小于 0.10，表明判断矩阵具有可以接受的一致性。

由表 5-4 可知，公众视角下城市遗存自然山体生态系统服务功能评价指标体系中各指标权重值排序为：固碳释氧（P4）>提供栖息地（P1）>土壤保持（P2）>气候调节（P5）>美学价值（P8）>环境净化（P6）>水文调节（P7）>维持养分循环（P3）。公众视角下重要度排在前三位的生态系统服务功能是固碳释氧（0.1571）、提供栖息地（0.1471）和土壤保持（0.1266），排在后三位的是环境净化（0.1171）、水文调节（0.1148）和维持养分循环（0.0943）。三大不同视角下城市遗存自然山体发挥的生态系统服务功能中，固碳释氧、提供栖息地权重值均高居前三，重要度评判一致较高；水文调节、维持

表 5-8　公众判断矩阵一致性检验结果

公众	A-P 判断矩阵检验指标				公众	A-P 判断矩阵检验指标			
	λ_{max}	CI	RI	CR		λ_{max}	CI	RI	CR
1	8.0918	0.0131	1.41	0.0093	31	8.0830	0.0119	1.41	0.0084
2	8.0156	0.0022	1.41	0.0016	32	8.0916	0.0131	1.41	0.0093
3	8.1002	0.0143	1.41	0.0102	33	8.0553	0.0079	1.41	0.0056
4	8.0463	0.0066	1.41	0.0047	34	8.1379	0.0197	1.41	0.0110
5	8.0078	0.0011	1.41	0.0008	35	8.1216	0.0174	1.41	0.0123
6	8.0541	0.0077	1.41	0.0055	36	8.1258	0.0180	1.41	0.0127
7	8.0233	0.0033	1.41	0.0024	37	8.0311	0.0044	1.41	0.0031
8	8.0922	0.0132	1.41	0.0093	38	8.1068	0.0152	1.41	0.0108
9	8.0463	0.0066	1.41	0.0047	39	8.0767	0.0110	1.41	0.0078
10	8.1822	0.0260	1.41	0.0185	40	8.0464	0.0066	1.41	0.0047
11	8.1645	0.0235	1.41	0.0167	41	8.1415	0.0202	1.41	0.0143
12	8.5406	0.0772	1.41	0.0548	42	8.1211	0.0173	1.41	0.0123
13	8.0502	0.0072	1.41	0.0051	43	8.0464	0.0066	1.41	0.0047
14	8.0769	0.0110	1.41	0.0078	44	8.0259	0.0037	1.41	0.0026
15	8.0156	0.0022	1.41	0.0016	45	8.0769	0.0109	1.41	0.0078
16	8.0461	0.0066	1.41	0.0047	46	8.0914	0.0131	1.41	0.0093
17	8.0201	0.0030	1.41	0.0021	47	8.1227	0.0175	1.41	0.0124
18	8.1312	0.0187	1.41	0.0133	48	8.1253	0.0179	1.41	0.0127
19	8.1361	0.0194	1.41	0.0138	49	8.1384	0.0180	1.41	0.0140
20	8.0918	0.0131	1.41	0.0093	50	8.0793	0.0113	1.41	0.0080
21	8.1511	0.0216	1.41	0.0153	51	8.1008	0.0144	1.41	0.0102
22	8.1215	0.0174	1.41	0.0123	52	8.0886	0.0127	1.41	0.0090
23	8.0462	0.0066	1.41	0.0047	53	8.1363	0.0195	1.41	0.0138
24	8.0769	0.0110	1.41	0.0078	54	8.0874	0.0125	1.41	0.0089
25	8.0988	0.0141	1.41	0.0100	55	8.1218	0.0174	1.41	0.0123
26	8.0767	0.0110	1.41	0.0078	56	8.0130	0.0019	1.41	0.0013
27	8.0916	0.0131	1.41	0.0093	57	8.0156	0.0022	1.41	0.0016
28	8.0463	0.0066	1.41	0.0047	58	8.0622	0.0089	1.41	0.0063
29	8.1213	0.0173	1.41	0.0123	59	8.0553	0.0079	1.41	0.0056
30	8.0920	0.0131	1.41	0.0093	60	8.1067	0.0152	1.41	0.0108

养分循环权重值均排在后三，重要度评判一致较低；美学价值、环境净化、土壤保持、气候调节权重值差异较大，重要度的评判偏差较明显，尚未形成较为统一的认知。

5.1.3　综合评价指标体系构建

为提高综合评价指标体系的客观性、适用性和权威性，按照专家推荐的 5∶3∶2 这一研究常用比例，以当地专家视角下各项评价指标权重分配为主，融合公众、理论视角下各项评价指标权重分配，测算出城市遗存自然山体生态系统服务功能评价指标体系的

综合权重分配。计算公式如下

$$W = 20\%W_1 + 50\%W_2 + 30\%W_3 \qquad (5\text{-}7)$$

式中，W 是综合评价体系权重；W_1 是理论视角评价权重；W_2 是专家视角评价权重；W_3 是公众视角评价权重。

由表 5-4 可知，理论、专家、公众三大视角相融合的综合视角下，城市遗存自然山体生态系统服务功能评价指标体系中各指标的权重值排序为：提供栖息地（P1）＞固碳释氧（P4）＞气候调节（P5）＞美学价值（P8）＞环境净化（P6）＞水文调节（P7）＞土壤保持（P2）＞维持养分循环（P3）。综合角度下重要度排在前三位的生态系统服务功能是提供栖息地（0.1605）、固碳释氧（0.1472）和气候调节（0.1304），排在后三位的是水文调节（0.1148）、土壤保持（0.1106）和维持养分循环（0.0884）。由此最终确定城市遗存自然山体各项生态系统服务功能中，除重要度评判一致较高的提供栖息地、固碳释氧和重要度评判一致较低的水文调节、维持养分循环之外，以气候调节和美学价值重要度较高，环境净化和土壤保持重要度较低。

5.2 城市遗存自然山体生态系统服务功能绩效评价

5.2.1 绩效评价方法

单纯从语言学的角度来看，绩效主要表达成绩和效益的意思，常用于经济管理活动方面，用于表达个人或组织为实现预定目标而开展的社会经济管理活动的结果和成效。在管理学领域，绩效评价是指运用科学的评价方法、量化指标和评价标准对预定目标完成情况进行考核及评价（福斯特•恩杜比斯等，2015）。在风景园林与景观规划学科中，绩效评价常被用于对评价对象生态系统服务产生的直接或间接价值加以度量并量化，评价核心是通过量化地评估各类生态系统服务功能带来的综合效益，直观清晰地表达出评价对象的实际价值（刁星和程文，2015）。

关于生态系统服务功能的绩效评价有着许多方法，在评价各种生态系统服务功能绩效时同样可以采用不同的方法，从而使得综合绩效评价结果变得更加准确（杨光梅等，2006）。为保证城市遗存自然山体生态系统服务功能综合绩效评价结果的准确性、可靠性，本研究参照关于生态系统服务价值评价方法优缺点比较分析的研究结果（袁周炎妍和万荣荣，2019），结合研究能够获得的基础数据，综合考虑各类生态系统服务功能特点及各种服务功能评价方法在本研究中的可行性、适用性后，分别做出评价方法的最佳选择。最终确定采用直观易用，特别在小尺度区域开展生态系统服务绩效评价研究具有更高可靠性和实践性的当量因子法，对城市遗存自然山体支持服务功能及调节服务功能进行价值评价，采用对非物质、无形性服务效益评价具有明显优势的条件价值法，对以个人主观感受为基础的文化服务功能进行绩效评价。

1. 当量因子法

当量因子法的运用是在构建当量因子表的前提条件下，以区分不同种类生态系统服务功能为基础，再结合不同类型生态系统的分布面积及其各种服务功能的价值当量进行生态系统服务功能绩效评价（黄龙生等，2019）。贵阳市现有城市遗存自然山体是由林地、草地、裸地共同组成的自然生态系统。本研究根据上述对各城市遗存自然山体植被覆盖类型调查及面积的测算结果，选用当量因子法分别对城市遗存自然山体支持服务功能及调节服务功能进行价值评估，以权威专家谢高地等（2015b）最新修订完善的中国单位面积生态系统服务价值当量表为基础，结合针阔混交林（林地）、灌草丛（草地）及裸地三类生态系统的分布面积，实现对各城市遗存自然山体提供栖息地、土壤保持、维持养分循环等支持服务功能及固碳释氧、气候调节、环境净化、水文调节等调节服务功能价值的准确客观评估。

2. 条件价值法

条件价值法是指利用问卷调查方式直接得到受访者在假设性经济行为中的支付意愿来估算绩效。本研究通过设计好的居民感知及支付意愿调查问卷，展开贵阳市居民对各城市遗存自然山体各类文化服务功能感知情况及支付意愿的实地调查。为保证问卷调查的可行性以及结果的准确性、可靠性，根据上述城市人口密度分布情况，分别对各城区人口最高密度区域进行调查样本不少于 50 份的户外实地问卷调查（总样本不少于 300 份）。

本次调查收取来自不同家庭的受访者完成的有效调查问卷共计 329 份，由于调查期间各区参与调查人数不同，获取的有效调查问卷数量略有差异，其中白云区 62 份，花溪区 58 份，南明区 53 份，云岩区、观山湖区、乌当区各有 52 份。由居民支付意愿调查结果可知（图 5-3），各城区居民对城市遗存自然山体文化服务感知情况不同，支付意愿也表现出一定的差异。由于周边山体公园化利用较好，居民感知良好，观山湖区和南明区支付意愿相对较高，反之由于周边山体阻碍性、危险性较高，居民感知较差，云岩区及乌当区居民支付意愿相对较低。经测算，来自不同家庭的 329 位接受问卷调查者中 233 位居民对持续享有各城市遗存自然山体文化服务有支付愿意，每季个人愿意支付金额最高达 200 元（观山湖区居民），愿意支付总金额达 11 965 元，城市居民对享受到其文化服务的各城市遗存自然山体整体支付意愿较高（70.82%），人均愿意支付金额达

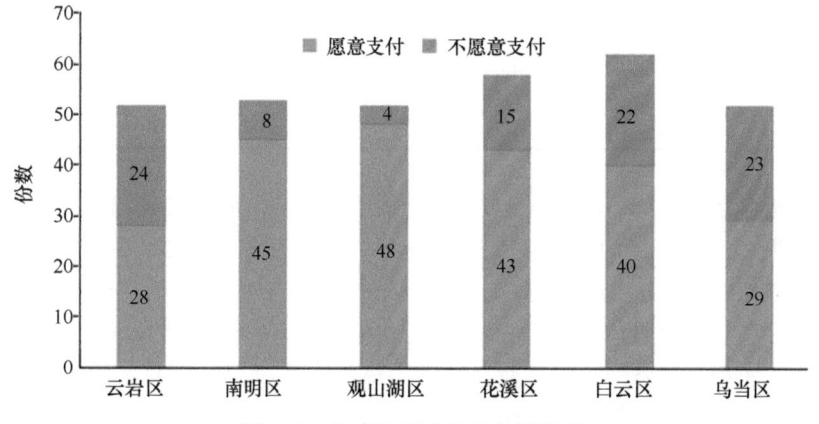

图 5-3　各城区居民支付意愿调查

145.48 元/a（每季度 36.37 元）。而后以上述人口密度分布情况为基础测算出各山体服务覆盖面积内居住人数，根据服务覆盖居民人数及人均支付金额，实现对各城市遗存自然山体美景观赏、休憩娱乐、身心健康、人文科教等文化服务功能绩效（美学价值）的准确客观评价。

5.2.2　功能绩效

1. 支持服务功能绩效

由上述构建的城市遗存自然山体生态系统服务功能评价指标体系可知（表 5-4），其支持服务功能主要包括提供栖息地、土壤保持和维持养分循环。根据各山体针阔混交林（林地）、灌草丛（草地）及裸地三类生态系统的分布面积，结合目前最具权威性的、普遍适用的中国单位面积生态系统服务价值当量（表 5-9）（谢高地等，2015b），分别测算出各城市遗存自然山体提供栖息地、土壤保持和维持养分循环服务功能价值。计算公式如下

$$M_{P_i} = A_F F_{P_i} + A_G G_{P_i} + A_W W_{P_i} \tag{5-8}$$

式中，M_{P_i} 为各城市遗存自然山体某一类服务功能价值；A_F 为山体针阔混交林面积；A_G 为山体灌草丛面积；A_W 为山体裸地面积；F_{P_i} 为针阔混交林对应的这类服务功能价值当量；G_{P_i} 为灌草丛对应的这类服务功能价值当量；W_{P_i} 为裸地对应的这类服务功能价值当量（表 5-9）。

表 5-9　中国单位面积生态系统服务价值当量　　　　（单位：万元/a）

生态系统分类		支持服务			调节服务				文化服务
一级分类	二级分类	提供栖息地	土壤保持	维持养分循环	固碳释氧	气候调节	环境净化	水文调节	美学价值
森林	针叶林	1.88	2.06	0.16	1.7	5.07	1.49	3.34	0.82
	针阔混交林	2.60	2.86	0.22	2.35	7.03	1.99	3.51	1.14
	阔叶林	2.41	2.65	0.20	2.17	6.50	1.93	4.74	1.06
	灌木	1.57	1.72	0.13	1.41	4.23	1.28	3.35	0.69
草地	草原	0.56	0.62	0.05	0.51	1.34	0.44	0.98	0.25
	灌草丛	2.18	2.40	0.18	1.97	5.21	1.72	3.82	0.96
	草甸	1.27	1.39	0.11	1.14	3.02	1.00	2.21	0.56
荒漠	荒漠	0.12	0.13	0.01	0.11	0.10	0.31	0.21	0.05
	裸地	0.02	0.02	0.00	0.02	0.00	0.10	0.03	0.01

由城市遗存自然山体各项生态系统服务价值测算结果可知（表 5-10），贵阳市建成区内 527 座城市遗存自然山体每年支持服务功能的价值量共计 24 430.78 万元，其中提供栖息地服务功能价值达 11 184.24 万元、土壤保持服务功能价值达 12 304.51 万元、维持养分循环服务功能价值达 942.03 万元。已知城市遗存自然山体总面积为 4493.09hm²，计算得出单位面积（每公顷）城市遗存自然山体生态系统提供栖息地服务功能价值当量为 2.49 万元/a、土壤保持服务功能价值当量为 2.74 万元/a、维持养分循环服务功能价值

当量为 0.21 万元/a。

2. 调节服务功能绩效

由上述构建的城市遗存自然山体生态系统服务功能评价指标体系可知（表 5-4），其调节服务功能主要包括固碳释氧、气候调节、环境净化及水文调节。参照上述对城市遗存自然山体支持服务中各类服务功能价值的测算方式，依据针阔混交林、灌草丛和裸地生态系统固碳释氧、气候调节、环境净化及水文调节服务功能不同的价值当量（表 5-9），分别进行各城市遗存自然山体各项调节服务功能价值的测算。

由城市遗存自然山体各项生态系统服务价值测算结果可知（表 5-10），贵阳市建成区内现有城市遗存自然山体每年调节服务功能的价值量共计 64 242.51 万元，其中固碳释氧服务功能价值达 10 108.54 万元、气候调节服务功能价值达 29 584.37 万元、环境净化服务功能价值达 8612.59 万元、水文调节服务功能价值达 15 937.01 万元。计算得出单位面积城市遗存自然山体生态系统固碳释氧服务功能价值当量为 2.25 万元/a、气候调节服务功能价值当量为 6.58 万元/a、环境净化服务功能价值当量为 1.92 万元/a、水文调节服务功能价值当量为 3.55 万元/a。

表 5-10　城市遗存自然山体各项生态系统服务价值　　　　（单位：万元/a）

生态系统服务功能	支持服务			调节服务				文化服务
	提供栖息地	土壤保持	维持养分循环	固碳释氧	气候调节	环境净化	水文调节	美学价值
价值	11 184.24	12 304.51	942.03	10 108.54	29 584.37	8 612.59	15 937.01	24 241.58

3. 文化服务功能绩效

由构建的城市遗存自然山体生态系统服务功能评价指标体系可知（表 5-8），其文化服务功能主要表现为美景观赏、休憩娱乐、身心健康、人文科教等形式的美学价值服务。参照《国家园林城市系列标准（2016）》对公园绿地设定的服务半径及《贵阳市绿地系统规划（2015—2020 年）》提出的"300 米见绿"规划目标，结合实地问卷调查中居民感知的实际情况，对城市遗存自然山体以 300m 为服务半径统计其服务覆盖面积，结合上述城市空间人口密度分布情况，分别统计得出各城市遗存自然山体服务覆盖居民人数。随后根据服务覆盖居民人数及问卷调查获得的居民对享受到其文化服务的各城市遗存自然山体人均愿意支付金额，分别测算出各城市遗存自然山体的文化服务功能价值。计算公式如下

$$M_{P_8} = NR \tag{5-9}$$

式中，M_{P_8} 为各城市遗存自然山体文化服务功能价值；N 为山体服务覆盖居住人数；R 为居民人均愿意支付金额（145.48 元/a）。

由城市遗存自然山体各项生态系统服务价值测算结果可知（表 5-10），贵阳市现有城市遗存自然山体每年文化服务功能的价值量（美学价值）共计 24 241.58 万元，文化服务功能实际服务效益较高。计算得出单位面积（每公顷）城市遗存自然山体文化服务

功能价值当量为 5.40 万元/a，对比表 5-9 可以看出，其文化服务功能实际价值当量远高于原当量因子表中美学价值设定的价值当量。

5.2.3 综合绩效评价

城市遗存自然山体生态系统服务功能综合绩效为上述 8 项服务功能评价指标的分项价值之和，计算公式为

$$S = \sum_{i=1}^{n} S_i \qquad (5\text{-}10)$$

式中，S 为城市遗存自然山体生态系统服务功能综合绩效；S_i 为各项生态系统服务价值；n 为城市遗存自然山体生态系统服务评价指标数量。

统计测算得出贵阳市现有 527 座城市遗存自然山体生态系统服务功能综合绩效达 112 914.87 万元/a。由图 5-4 可知，各项生态系统服务功能的价值占比分别为：提供栖息地 9.91%、土壤保持 10.90%、维持养分循环 0.83%、固碳释氧 8.95%、气候调节 26.20%、环境净化 7.63%、水文调节 14.11%、美学价值 21.47%。各项生态系统服务功能按照其价值由大到小排序依次为：气候调节、美学价值、水文调节、土壤保持、提供栖息地、固碳释氧、环境净化、维持养分循环。

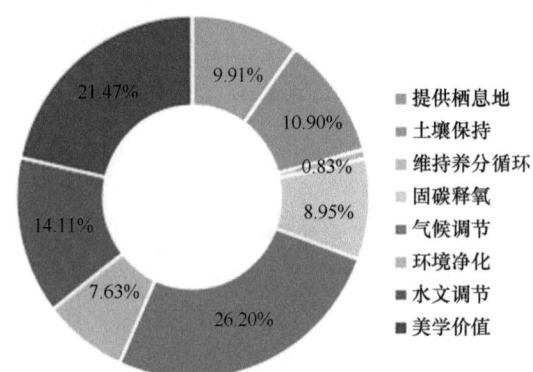

图 5-4　城市遗存自然山体各项生态系统服务价值占比

由城市遗存自然山体生态系统服务功能评价指标权重与价值占比分布情况可知（图 5-5），象限图以各项生态系统服务功能指标权重及价值占比平均值 1/8 为中心原点，位于第一象限的气候调节指标权重略高于平均值、价值占比为最高的一项，表明其重要度认知较高、实际服务效益最大，最直接的效果体现就是帮助将贵阳市成功塑造为著名的"中国避暑之都"；位于第二象限的美学价值及水文调节指标权重低于平均值、价值占比高于平均值，表明其重要度认知较低、实际服务效益较高，尤其是美学价值服务效益高居第二，是贵阳市能成为我国极具代表性的生态休闲旅游城市不可或缺的一大助力；位于第三象限的土壤保持、环境净化及维持养分循环指标权重及价值占比均低于平均值，表明其重要度认知及实际服务效益较低，尤其维持养分循环重要度认知及实际服务效益均为最低；位于第四象限的固碳释氧及提供栖息地指标权重高于平均值、价值占比低于平均值，表明其重要度认知较高、实际服务效益较低。

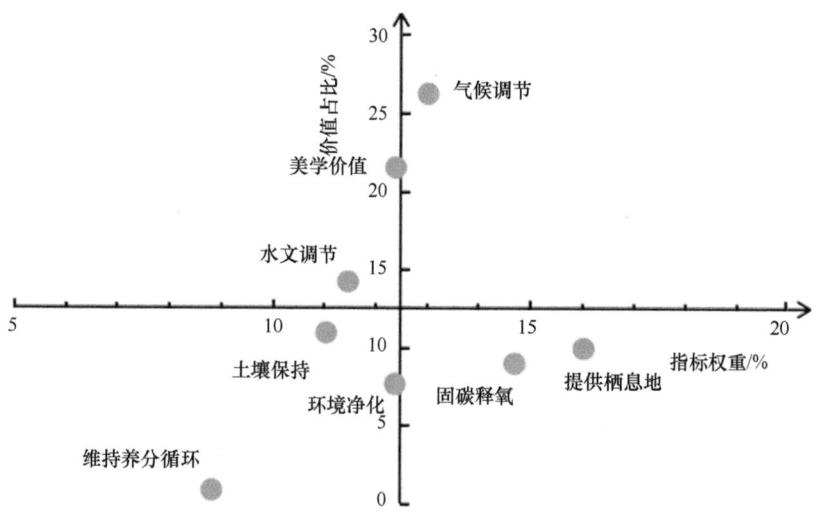

图 5-5　城市遗存自然山体各项生态系统服务功能评价指标权重与价值占比

根据各城市遗存自然山体针阔混交林（林地）、灌草丛（草地）、裸地分布面积及以 300m 为服务半径的服务覆盖居住人数，结合单位面积生态系统服务价值当量及人均支付意愿调查结果，分别测算出各山体生态系统服务功能总价值及单位面积价值。计算公式如下

$$M = A_F \sum_{i=1}^{7} F_{P_i} + A_G \sum_{i=1}^{7} G_{P_i} + A_W \sum_{i=1}^{7} W_{P_i} + NR \tag{5-11}$$

$$\bar{M} = \frac{M}{A} \tag{5-12}$$

式中，M 为各城市遗存自然山体生态系统服务功能总价值；$\bar{M}$ 为各城市遗存自然山体生态系统服务功能单位面积价值；A 为山体总面积；N、R 含义同式（5-9）；A_F 为山体针阔混交林面积；A_G 为山体灌草丛面积；A_W 为山体裸地面积；F_{P_i} 为针阔混交林对应的非文化服务功能价值当量；G_{P_i} 为灌草丛对应的非文化服务功能价值当量；W_{P_i} 为裸地对应的非文化服务功能价值当量（表 5-9）。

运用 SPSS 21.0 分析软件分别对各城市遗存自然山体生态系统服务功能总价值、单位面积价值与其各类特征值进行相关性分析。由表 5-11 可知，各城市遗存自然山体生态系统服务功能总价值与道路密度呈极显著负相关（−0.177），与其他自然属性和社会属性特征均呈极显著正相关，其中与斑块面积 Pearson 相关系数最高（0.989）、相对高度次之（0.709）、人口密度最低（0.139），说明山体斑块面积及相对高度对其总价值影响较大，表现为山体斑块面积、相对高度越大，生态系统服务功能总价值越高；与之不同，

表 5-11　城市遗存自然山体特征与生态系统服务价值相关性分析

价值	斑块面积	相对高度	斑块形状	平均坡度	林冠覆盖	道路密度	人口密度
总价值	0.989**	0.709**	0.347**	0.604**	0.145**	−0.177**	0.139**
单位面积价值	−0.143**	−0.204**	−0.225**	−0.370**	0.241**	0.242**	0.687**

**表示在 0.01 水平上显著相关

各城市遗存自然山体单位面积生态系统服务价值与斑块面积、相对高度、斑块形状、平均坡度呈极显著负相关，与林冠覆盖、道路密度、人口密度呈极显著正相关，其中与人口密度 Pearson 相关系数绝对值最大（0.687）、平均坡度次之（−0.370）、斑块面积最低（−0.143），说明缓冲区人口密度对山体单位面积价值影响最大，表现为人口密度越高，单位面积价值越大，坡度越大的高大型山体，单位面积价值越小。

已知贵阳市现有 527 座城市遗存自然山体斑块总面积为 4493.09hm²，每年生态系统服务功能综合价值总量达 112 914.87 万元，总体年均价值量为 25.13 万元/hm²。根据上述城市遗存自然山体分类结果，统计测算得出 6 类山体斑块面积及年价值量分别为：Ⅰ类 1257.89hm²，27 820.81 万元；Ⅱ类 1594.38hm²，36 814.65 万元；Ⅲ类 654.23hm²，25 008.41 万元；Ⅳ类 648.27hm²，13 512.15 万元；Ⅴ类 166.26hm²，6127.78 万元；Ⅵ类 172.06hm²，3631.07 万元。结合图 5-6 可以看出，Ⅱ类山体斑块面积占比（35.49%）及生态系统服务价值占比（32.60%）均为最高，Ⅵ类山体生态系统服务价值占比最低（3.22%），Ⅴ类山体斑块面积占比最低（3.70%），只有Ⅲ类和Ⅴ类山体生态系统服务价值占比高于斑块面积占比，且Ⅲ类生态系统服务价值占比高出斑块面积占比约 8 个百分点；此外，各类城市遗存自然山体单位面积年均价值量差异明显，每公顷Ⅲ类、Ⅴ类山体年均价值量分别高达 38.23 万元、36.85 万元，明显高于总体年均价值量（25.13 万元）及其他类型山体的年均价值量，这主要是由于Ⅲ类、Ⅴ类山体缓冲区人口密度较高，文化服务价值相对较高。这些分析也有效验证了山体总价值与斑块面积相关性最高，单位面积价值与人口密度相关性最高。

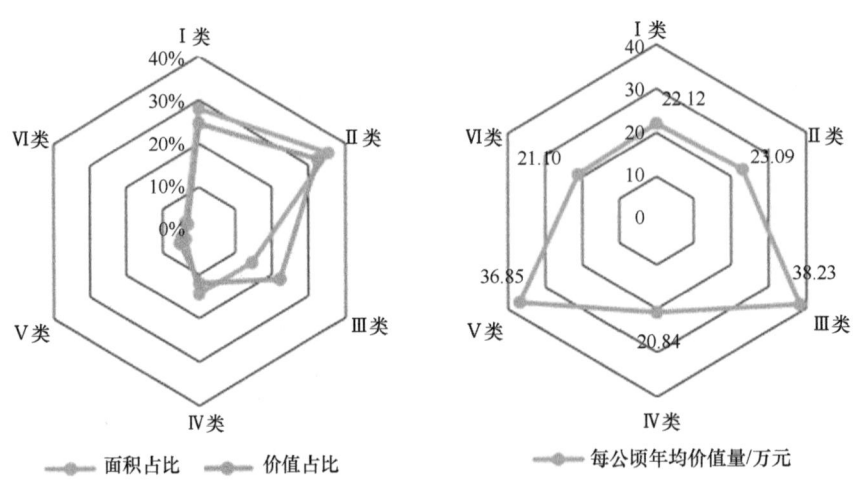

a. 各类城市遗存自然山体斑块面积服务价值占比图　　b. 各类城市遗存自然山体单位面积年均价值图

图 5-6　各类城市遗存自然山体生态系统服务价值分析

以贵阳市 527 座城市遗存自然山体为样本，将城市遗存自然山体这一自然属性与社会属性相融的复合型生态系统作为一类新的生态系统进行尝试性探索，在对其各项生态系统服务功能进行价值评价的基础上，测算得出各项系统生态系统服务价值当量，初步构建出其单位面积生态系统服务价值当量因子表。由表 5-12 可知，城市遗存自然山体生态系统以气候调节服务功能的价值当量最高，美学价值次之，维持养分循环服务功能的价值当量最低。构建的当量因子表是尝试性的初步探索，还需要在未来的研究中，通过实践检验不断进行补充与修正，从而建立更科学全面的城市遗存自然山体生态系统服务价值评价体系，进一步丰富现有当量因子表中的生态系统类别，为西南乃至全国城市遗存自然山体生态系统服务绩效评价提供一种较为准确可靠的评价方法，也为我国山体资源价值评估、环境价值核算等提供重要的理论依据和基础。

表 5-12　单位面积城市遗存自然山体生态系统服务价值当量　　　（单位：万元/a）

生态系统服务价值	支持服务			调节服务				文化服务
	提供栖息地	土壤保持	维持养分循环	固碳释氧	气候调节	环境净化	水文调节	美学价值
价值当量	2.49	2.74	0.21	2.25	6.58	1.92	3.55	5.40

5.3　本 章 小 结

目前国内外关于生态系统服务功能评价指标或评价体系的研究已取得一定的研究成果，为城市遗存自然山体生态系统服务功能评价提供了坚实的理论基础及科学的研究方法。但大多研究缺乏理论视角或公众视角评价指标权重分配的支撑，指标筛选多是根据个人经验自行选择或者请几个专家进行选择，专家多集中在某一专业领域，人数一般也只有几个，构建的评价指标体系客观性、完善度、权威性都比较有限，没有形成一个统一的、被广泛公认的评价指标体系。本研究以相关领域高质量研究的样本文献为基础，先通过查阅文献对生态系统服务功能评价相关指标进行海选，归纳总结得到评价备选指标集，再依据指标属性关联及使用频次对评价备选指标进行类别分组和初步筛选，结合向专家、公众咨询所得结果，最终筛选确定城市遗存自然山体生态系统服务功能评价主要由 3 类 8 项指标组成。而后根据各项指标在样本文献中选用的相对频度及专家、公众打分得到的指标权重赋值，分别测算城市遗存自然山体生态系统服务功能评价的理论、专家、公众视角下评价指标权重分配，并构建理论、专家、公众三大视角相融合的城市遗存自然山体生态系统服务功能综合评价指标体系，丰富和完善了城市绿地生态系统服务领域的研究内容，实现了城市遗存自然山体生态系统服务功能评价指标体系的综合创新，多方面、多角度、多样本调查有效增强了评价体系的科学性、权威性、公众参与性和广泛性。

本研究根据各项生态系统服务功能特点，采用最适用、可行的当量因子法及条件价值法分别实现了对城市遗存自然山体各项生态系统服务价值的评价。其中以 300m 为服务半径缓冲区覆盖人口及条件价值法得到的居民支付意愿金额为基础，通过数量与单价换算得出总价值，对文化服务功能价值进行了科学合理的量化处理，实现了对城市遗存自然山体文化服务价值的计算，也有效地提高了其生态系统服务功能综合绩效评价结果的准确性、可靠性。

统计测算得出贵阳市现有城市遗存自然山体生态系统服务功能综合绩效达 112 914.87 万元/a，8 项生态系统服务功能的价值量和所占比例分别为：提供栖息地 11 184.24 万元/a，9.91%；土壤保持 12 304.51 万元/a，10.90%；维持养分循环 942.03 万元/a，0.83%；固碳释氧 10 108.54 万元/a，8.95%；气候调节 29 584.37 万元/a，26.20%；

环境净化 8612.59 万元/a，7.63%；水文调节 15 937.01 万元/a，14.11%；美学价值 24 241.58 万元/a，21.47%。各项生态系统服务功能中价值量排在前三的为气候调节、美学价值、水文调节，与综合评价指标体系中指标权重排在前三的提供栖息地、固碳释氧、气候调节有很大出入，各项生态系统服务功能重要度认知及实际服务效益之间存在一定偏差，以提供栖息地和固碳释氧指标权重较高、服务价值占比较低及美学价值和水文调节指标权重较低、服务价值占比较高的偏差表现最为明显。

城市遗存自然山体生态系统服务功能总价值、单位面积价值与山体各类特征值相关性显著。其生态系统服务功能总价值与山体斑块面积呈最强正相关、与区域道路密度呈最强负相关；其单位面积价值与缓冲区人口密度呈最强正相关、与山体平均坡度呈最强负相关。

6 类城市遗存自然山体中，面积占比最高的 II 类山体生态系统服务价值占比也最高，VI 类山体生态系统服务价值占比最低，只有III类、V 类山体生态系统服务价值占比高于斑块面积占比，且各类城市遗存自然山体单位面积年均价值量差异明显，III类、V 类山体年均价值量明显高于总体年均价值量，其他 4 类山体均明显低于总体年均价值量。

将城市遗存自然山体这一自然属性与社会属性相融的复合型生态系统作为一类新的生态系统进行尝试性探索，初步构建出其单位面积生态系统服务价值当量因子表，还需要在后续相关研究中通过实践检验不断修正与完善。

第6章 黔中多山城市景观生态网络构建

"生态网络"一词出现在 20 世纪 80 年代，主要是在生物保护领域，后运用于欧洲与北美洲的开放空间及国土规划（刘海龙，2009）。西欧国家主要结合传统土地利用规划与景观功能配置建立生态网络体系，北美洲则通过建立生态网络对生物多样性进行规划，随后世界资源研究所通过规划生态网络对生态系统功能及生物多样性进行保护。Ahern（1991）将景观生态网络的基本特点归纳为：①连接性；②能够维持生态系统平衡；③廊道是由线性结构组成。

我国生态网络研究起步较晚，在 1993 年，韩博平首次指出生态网络是对生态系统中物质、能量流动的结构模拟，同时界定生态网络由节点与路径组成。张妍等（2017）提出生态网络分析方法是研究城市生态系统互动关系的有效手段，并选取中国六个城市分析了社会经济与自然生态系统之间的相互关系。近年来，景观的破碎化与人为干扰现象日益严重，生态保护与生态网络构建成为研究热点。研究城市发展规律及其景观格局动态特征，科学解析城市绿地生态系统结构与布局的科学性，合理构建城市绿地生态网络，探索基于生态健康和人民需求双目标的新时期城市规划理念，理顺城市发展与自然资源保护和生态环境协调的矛盾关系是当前待解决的科学问题（李雅琦，2016）。国外一些国家将生态理论与土地规划结合，构建生态网络，利用生态网络核心区、缓冲区、恢复区等基于廊道的基本结构实现对生态环境的保护与发展（闫维等，2010；卿凤婷和彭羽，2016）。多数学者基于目标动物物种保护角度考虑通过红外摄像对动物的行为进行观察模拟，但是该方法所需信息数据较难获取（傅强等，2012）。而运用最小费用模型计算模拟生态廊道，含所需数据量少、容易表达等优势（吴榛和王浩，2015；韩婧等，2017）。部分学者对多类城市生态网络构建进行研究，刘滨谊和卫丽亚（2015）以县域绿地为研究对象，构建生境廊道网络、风景林生态网络及生态安全网络，寻求合理的绿地生态网络结构形式，实现县域绿地的保护与建设。张远景和俞滨洋（2016）运用 GIS与元胞自动机-马尔科夫链（CA-Markov）模型对哈尔滨中线城区生态网络进行模拟优化，为哈尔滨市生态环境保护提供科学依据。王云才（2009）将上海市城市景观生态网络中的道路网络、绿地网络、水系网络叠加，对其连接度进行评价，以讨论城市生态的连通性和连接度的内涵与特征。生态网络是在生态学原理指导下，以绿色开放空间为基础，以保护生物多样性、恢复自然景观、维护生态可持续发展为目的，在开敞空间利用各种线性廊道将景观中的资源斑块进行有机连接的网络体系，能够解决生物多样性遭到破坏的问题，同时有效满足生物多样性保护的需求。城市绿地廊道是城市生态网络的重要组成部分，有协助物种迁移、隔离有害因素等功能。本章选取黔中典型喀斯特多山城市——安顺市作为研究对象，以安顺市中心城区为主要研究区域，通过对城市绿地斑块、连接廊道进行科学合理地分析与提取，运用最小消费距离法对黔中多山城市生态网络构建进行初步研究，旨在为城市绿地系统规划提供参考。

6.1 安顺市城市扩展模式及景观格局动态

6.1.1 景观要素划分

土地利用分类参考国土资源部（现自然资源部）修订的《土地利用现状分类》（GB/T 21010—2017），将研究区土地利用分为草地、耕地、工矿仓储用地等 9 类，按住房和城乡建设部修订的《城市用地分类与规划建设用地标准》（GB 50137—2011）对 9 类用地进行了建设用地和非建设用地的属性划分（表 6-1）。采用人工目译与实地调研相结合的方法进行解译，在 ArcGIS 软件的支持下，统计生成不同时期的土地利用类型图（图 6-1）；然后根据地表覆盖景观类型，将各时期建成区内景观类型分为：不透水建设用地、城市园林绿地、自然山体绿地、水域和其他用地等 5 种景观类型（表 6-2）；通过数据融合与叠加分析，得到研究区域土地利用/覆盖变化的动态变化信息。

表 6-1 安顺市中心城区规划区土地利用类型划分

分类代码	名称	说明	用地属性
1	草地	指以生长草本植物为主的土地	非建设用地/建设用地
2	耕地	指种植农作物的土地	非建设用地
3	工矿仓储用地	指主要用于工业生产、物资存放场所的土地	建设用地
4	公共管理与服务用地	指用于机关团体、新闻出版、科教文卫、公共设施等的土地	建设用地
5	交通运输用地	指用于运输通行的地面路线、场站等的土地	建设用地
6	林地	指生长乔木、竹类、灌木的土地	非建设用地
7	其他用地	包括在建用地、空闲地、裸土地、采矿用地等	建设用地
8	水域及水利设施用地	指陆地水域、滩涂、沟渠、水工建筑物等用地	非建设用地
9	住宅用地	指主要用于人们生活居住的房基地及其附属设施的土地	建设用地

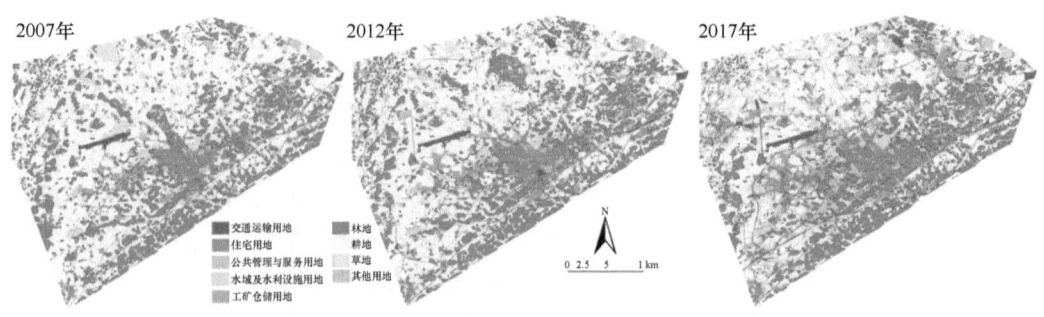

图 6-1 不同时期安顺市中心城区规划区土地利用解译图

表 6-2　安顺市中心城区建成区地表景观类型划分

分类代码	名称	说明
1	不透水建设用地	城市各类建设用地硬质景观
2	城市园林绿地	各类人工绿化（不含公园化利用的山体公园）
3	自然山体绿地	镶嵌于建成区内的自然山体绿地（含公园化利用的山体）
4	水域	建成区内各种水域景观
5	其他用地	在建用地、空闲地、裸土地、采矿用地等

6.1.2　数据与方法

1. 数据源与处理

以 2017 年中心城区规划区边界为研究范围，购买研究范围内 2007 年、2012 年和 2017 年 3 个时间段的法国 Pleiades 卫星影像（0.5m 空间分辨率），轨道号 123/32，三景数据质量较好，云量低，采用 Erdas Imagine 9.0 遥感处理软件对影像进行大气校正、几何校正、图像增强、合成等处理，将影像与地形图（1∶10 000）进行地理坐标配准。从安顺市园林局获取《安顺市城市总体规划修编（2016—2030 年）》、《安顺市城市绿地系统规划修编（2016—2030 年）》和《安顺市中心城区山体公园体系规划》等资料。

2. 土地利用/覆盖研究方法

采用动态度（K）、开发度（L_{ep}）、耗减度（L_{de}）和马尔可夫转移矩阵（C）等指标对土地利用/覆盖的变化幅度、速度、方向进行定量分析，研究安顺市土地利用/覆盖在时间与空间上的动态变化过程。所涉及的公式如下。

1）土地利用动态度（K）表示单位时间内某种土地利用类型面积的变化程度，其计算公式为

$$K = \frac{U_2 - U_1}{U_1} \times \frac{1}{T_2 - T_1} \times 100\% \tag{6-1}$$

式中，U_1 为区域中某种土地利用类型研究初期的面积（hm^2）；U_2 为区域中某种土地类型研究末期的面积（hm^2）；$T_2 - T_1$ 为研究时间段（年）。

2）综合土地利用动态度（LC）表示在一定时间段内土地利用变化的强度，其计算公式为

$$LC = \frac{\sum\limits_{i=1}^{n} \Delta LU_{i-j}}{2 \sum\limits_{i=1}^{n} LU_i} \times \frac{1}{T} \times 100\% \tag{6-2}$$

式中，LU_i 为研究起始时间第 i 类土地利用类型面积（hm^2）；ΔLU_{i-j} 为研究时间段内第 i 类用地类型向第 j 类用地类型转移量（hm^2）；T 为研究时间段长度（年）；n 为总用地类型数。

3）土地利用开发度（L_{ep}）表示单位时间内其他土地利用类型面积转化为该土地利用类型面积的总和，其计算公式为

$$L_{\mathrm{ep}} = \frac{D_{ab}}{U_1} \times \frac{1}{T} \times 100\% \qquad (6\text{-}3)$$

式中，D_{ab} 为 a 时刻到 b 时刻新开发的某类型土地利用面积（hm^2）。

4）土地利用耗减度（L_{de}）表示单位时间内该土地利用类型面积转化为其他土地利用类型面积的总和，其计算公式为

$$L_{\mathrm{de}} = \frac{C_{ab}}{U_1} \times \frac{1}{T} \times 100\% \qquad (6\text{-}4)$$

式中，C_{ab} 为 a 时刻到 b 时刻某种土地利用类型被消耗的面积（hm^2）。

5）马尔可夫转移矩阵（$\boldsymbol{C}$）表示不同时间段内某一区域不同土地利用类型的相互转化关系，其计算公式为

$$\boldsymbol{C} = \begin{Bmatrix} c_{11} & c_{12} & \cdots & c_{1j} \\ c_{21} & c_{22} & \cdots & c_{2j} \\ \vdots & \vdots & \vdots & \vdots \\ c_{i1} & c_{i2} & \cdots & c_{ij} \end{Bmatrix} \qquad (6\text{-}5)$$

3. 景观格局时空分析研究方法

从景观整体水平和斑块类型 2 个尺度，选用国内外目前广泛使用的景观格局指标进行景观格局分析。景观整体水平尺度主要选用斑块密度（PD）、Shannon-Wiener 多样性指数（SHDI）、香农均匀度指数（SHEI）、景观分割指数（DIVISION）、景观形状指数（LSI）、景观连通度指数（COHESION）、蔓延度指数（CONTAG）；斑块类型尺度主要选用斑块数量（NP）、斑块类型面积占比（PLAND）、平均斑块面积（AREA-MN）、最大斑块指数（LPI）、周长-面积分维数（PAFRAC）；各类指标的计算公式与生态学意义见邬建国（2007）所著的《景观生态学：格局、过程、尺度与等级》（第二版），所有指标均采用 Fragstats 4.2 软件进行计算。

6.1.3 城市扩展模式与景观格局

1. 安顺市城市扩展模式

通过对 2007 年、2012 年和 2017 年三期遥感影像的土地利用解译，得到不同时期土地利用空间格局图（图 6-1）。图 6-1 很直观地反映了城市扩展过程中各类城市用地的时空特征：2007～2012 年城市扩张主要集中在主城区周边和东部区域，建成区面积由 21.67km² 增加到 35.06km²，但土地利用变化强度相对温和；而 2012～2017 年，城市迅速扩张，建成区面积由 35.06km² 增加到 68.68km²，年均扩张 6.72km²。由图 6-1 可以看出，这段时期主城区继续扩大，东西两个方向是城市扩展的主要方向，中心城区南边为东西走向的连绵山体，形成山体屏障，阻隔着城市向南发展，东边和西边有大量独峰山丘，形成峰林，而东边接省会贵阳，西边通向黄果树风景名胜区，因此东、西方向具有强烈的区位发展磁极产生的引力，北边山体较少，多为基本农田，受自然地理条件限制

和周边经济发展因素影响，安顺市城区近 10 年主要向阻力大、引力亦较大的东、西两个方向扩展，其次向北有部分延展。作为典型的多山型城市，其扩展受到周边自然山体的阻力，不能以"摊大饼"式向四周延展，其扩展模式可以比拟为"水淹式"，即建成区中心如同水库，随着人口增加、经济社会发展，"城市建设水位"上升后向四周浸漫，避高就低将山间平地、峰丛基地淹没，一些小的山体被侵吞，较大的自然山体逐渐被包围形成城市灰色基质中的绿色生态岛，从而塑造出"城在山间、山在城中"的多山城市形态特征；同时"城市建设之水"绕开山体阻力，以城市道路交通为"渠"，引向四周，再聚为多个"小水池"，"小水池"继续扩大，最终与"中心水库"相连，因此多山城市建成区边界呈极不规则形状。

另外，随着物质生活水平的迅速提高，城市居民对居住环境的要求越来越高，自然山体因其大体量的绿量和重要的生态系统服务功能，成为城市中非常珍贵的生态资源，进而成为城市中"依山而居"的房地产开发的重要卖点，改变了多山城市由"向山要地"转变为"靠山发展"的思路，城市发展主动向自然山体靠近，这也是安顺市中心城区向山体较多的东、西两个方向较快延展的主要原因。

2. 安顺市中心城区土地利用转换与开发强度

（1）土地利用类型转换特征

快速城市化背景下，城市发展过程中景观格局发生着剧烈的变化，一方面城市扩展使周边自然生境丧失，取而代之的是各种城市建设用地类型；另一方面，城市内部也在发生着土地利用类型的转变，即城市内部更新（张林等，2015）。基于土地利用类型的景观格局动态分析，可以反映城市发展规律和驱动因素。以安顺市中心城区规划区边界为研究范围，统计分析 2017 年、2012 年和 2007 年三期各土地利用类型面积，统计各类用地面积及其在规划区内的占比，得到各期土地利用基本组成情况表（表6-3），对比分析近 10 年城市发展过程中的内外景观动态特征。可以看出：10 年间耕地持续减少，在规划区内的占比也持续下降，尤其是 2012～2017 年，下降幅度很大，其原因首先是

表6-3　2007～2017 年中心城区规划区各类土地利用类型面积与所占百分比

土地利用类型	2007 年		2012 年		2017 年	
	面积/hm²	百分比/%	面积/hm²	百分比/%	面积/hm²	百分比/%
草地	804.79	3	862.63	3	2 264.98	9
耕地	13 027.09	49	1 1957.19	45	9 348.71	35
工矿仓储用地	634.72	2	871.64	3	1 404.09	5
公共管理与服务用地	205.33	1	190.34	1	287.07	1
交通运输用地	879.93	3	1 251.48	5	1 782.17	7
林地	7 500.93	28	7 258.96	27	6 081.01	23
其他用地	507.28	2	844.69	3	1 326.62	5
水域及水利设施用地	450.02	2	387.55	1	431.69	2
住宅用地	2 499.47	9	2 886.24	11	3 580.91	14

城市扩展侵占,其次是退耕还草还林政策的持续实施;草地面积前 5 年略有增加,后 5 年成倍增加,在规划区内的用地占比也提高较多,主要原因一是退耕还林还草,二是城市园林绿化。在城市建设用地中各类用地均有增加,而增加最明显的是工矿仓储用地和住宅用地,尤其是住宅用地,占规划用地的百分比上升到 14%。

土地利用类型转移矩阵能够揭示地类变化过程的细节特点,可以全面、具体地刻画区域土地利用变化的结构特征和各用地类型变化的方向(贾振毅等,2017)。表 6-4 是 2007~2027 年安顺市中心城区规划区土地利用类型转移矩阵。由该表可以看出:

表 6-4　2007~2027 年安顺市中心城区规划区土地利用类型转移矩阵(单位:hm²)

时间段	土地利用类型	草地	耕地	工矿仓储用地	公共管理与服务用地	交通运输用地	林地	其他用地	水域及水利设施用地	住宅用地	土地转出量
2007~2012 年	草地	513.32	189.32	4.19	1.12	12.37	45.23	19.77	0.48	18.52	291
	耕地	163.36	10 952.99	188.89	23.23	269.73	624.7	325.4	12.08	465.47	2 072.86
	工矿仓储用地	7.95	1.36	508.66	1.44	6.11	49.91	46.99	0.23	12.07	126.06
	公共管理与服务用地	0	0.27	26.19	147.02	2.84	0.02	1.66	0.27	27.09	58.34
	交通运输用地	4.19	13.23	3.65	1.03	826.66	1.98	5.2	0.59	23.62	53.49
	林地	119.69	666.95	51.19	2.54	31.67	6 485.09	70.49	0.55	72.46	1 015.54
	其他用地	19.13	41.51	29.14	3.07	58.62	25.93	293.41	5.92	29.81	213.13
	水域及水利设施用地	17.79	29.72	0.65	1.71	9.07	6.12	14.48	366.43	4.06	83.6
	住宅用地	16.97	61.57	59.06	9.21	34.26	18.95	67.29	1.03	2 231.03	268.34
2012~2017 年	草地	652.34	105.45	7.32	0.82	9.32	22.95	23.9	13.83	26.56	210.15
	耕地	742.96	8 543.31	458.4	57	418.77	513.18	571.26	54.29	594.6	3 410.46
	工矿仓储用地	24.25	5.24	685.63	2.47	17.91	19.73	56.57	1.08	58.76	186.01
	公共管理与服务用地	0.19	0.32	0	163.76	1.93	0.12	2.44	3.33	18.24	26.57
	交通运输用地	15.41	21.61	6.96	1.31	1 131.17	2.92	14.92	3.88	53.29	120.3
	林地	729.44	590.3	93.78	14.16	63.89	5 488.08	191.34	0.99	83.97	1 767.87
	其他用地	68.55	29.21	121.88	21.3	60.66	14.36	358.89	14.23	155.23	485.42
	水域及水利设施用地	4.41	16.27	2.9	3.38	6.28	2.76	8.17	338.72	4.65	48.82
	住宅用地	26.94	35.67	27.19	22.85	72.18	16.77	97.36	1.34	2 585.43	300.3
2017~2027 年	草地	1 579.41	231.69	44.44	2.84	127.22	36.88	110.07	8.5	123.94	685.58
	耕地	421.42	5 815.66	539.86	66.24	718.97	258.59	527.83	43.81	956.33	3 533.05
	工矿仓储用地	39.1	14.81	1 159.56	0.1	71.6	44.9	22.6	3.67	49.67	246.45
	公共管理与服务用地	3.07	1.51	10.37	207.34	15.36	5.66	1.72	5.36	36.68	79.73
	交通运输用地	102.28	189.75	98	16.49	952.26	55.27	90.54	9	268.57	829.9
	林地	648.73	529.58	63.49	34.42	162.56	4 135.98	244.15	5.72	256.38	1 945.03
	其他用地	135.98	63.19	48.85	17.93	206.88	25.07	748.65	5.92	74.16	577.98
	水域及水利设施用地	14.47	46.92	8.04	5.14	34.06	8.92	15.69	277.07	20.74	153.98
	住宅用地	104.94	255.32	36.12	30.11	225.46	94.76	149.85	12.56	2 671.79	909.12

2007~2012 年，耕地的转出量为 2072.86hm²，30.14%转变为林地，22.46%转变为住宅用地，15.70%转变为其他用地；林地的转出量为 1015.54hm²，65.67%转变为耕地，11.79%转变为草地，7.14%转变为住宅用地，6.94%转变为其他用地。可以看出这 5 年，城市扩张已成趋势，也印证了黔中多山城市的扩张模式与规律：13.01%耕地转化为交通运输用地证明了以交通运输先行，渠化引导建设用地向周边发展，绕开有阻力的山体，在外围形成据点，成为城市生长极，逐渐扩展后连片扩大建成区范围，这一过程也是多山城市周边自然或近自然生境破碎化、山体被隔离镶嵌于城市基质的过程。住宅用地作为主要转入用地，说明房地产业是这一时期城市扩张的主要驱动因素。由在建用地、空闲地、裸土地、采矿用地组成的其他用地是城市建设过程中的中间类型。值得注意的是山地是该地区林地的主要载体，大量的林地转出说明城市建设过程中对自然山体的冲击巨大，建设用地紧张是多山城市发展的主要限制因素，在这一时期经济优先和"向山要地"的思想主导着城市扩张理念，导致在这一阶段大量的自然植被景观向城市硬质景观转化，自然植被面积锐减，强烈的人工干扰使大量林地转化为耕地和草地，生态系统退化明显。

2012~2017 年，耕地和林地依然是转出量较多的土地利用类型，分别转出 3410.46hm²和 1767.87hm²。其中，耕地转出量的 21.78%转变为草地，17.43%转变为住宅用地，15.05%转变为林地，13.44%转变为工矿仓储用地；林地转出量的 41.26%转变为草地，33.39%转变为耕地，10.82%转变为其他用地。增加量较多的是草地和住宅用地，草地的增加量主要来自耕地和山体，主要形式是城市建设的配套园林绿化建设，多以草坪、草地景观为主。在城市扩张过程中，城市公园的用地主要来源于不宜建设的山林地，2012 年提出建设园林城市的目标后，城市园林绿化得以快速发展。在 2007~2017 年的土地利用转化中耕地和林地的互相转化以一定的规模持续存在，这一现象也许是多山城市扩张过程中特有的现象，在现场调查和图像解译过程中得知，耕地转化为林地主要归因于退耕还林政策的实施，而林地转耕地主要在建成区周边区域。CA-Markov 模型预测 2017~2027 年，耕地和林地将依然具有较大的转出量，转出面积分别为 3533.05hm²和 1945.03hm²。在耕地转出量中，27.07%将转变为住宅用地，20.35%将转变为交通运输用地，15.28%将转变为工矿仓储用地；林地转出量中，33.35%将转变为草地，27.23%将转变为耕地，13.18%将转变为住宅用地。自然景观将不断消失，人工景观将成为研究区主要景观类型，且林地和耕地退化将持续恶化。

（2）土地利用类型开发强度

指定区域土地利用类型的变化速度可以反映该区域土地利用类型转化的剧烈程度（吴昌广等，2009），通过动态度、开发度和耗减度对安顺市各类用地进行定量分析，结果见表 6-5。可以看出：在 2007~2012 年，其他用地的动态度值最大，为 13.30%，远大于其他用地类型的动态度，而且其开发度也明显高于其他用地类型，并高出其耗减度13.33 个百分点，由于其他用地包括在建用地、空闲地、裸土地、采矿用地等，这类用地是自然景观类用地向城市类人工景观用地转化的中间类型。同时，交通运输用地和工矿仓储用地的动态度也较大，分别为 8.44%和 7.47%，表明这一时期城市处于扩张初期，以开发建设为主。2012~2017 年，草地的土地利用类型动态度和开发度最大，分别为

表 6-5　2007～2027 年中心城区规划区土地利用/覆盖动态度

土地利用类型	动态度/%			开发度/%			耗减度/%		
	2007～2012 年	2012～2017 年	2017～2027 年	2007～2012 年	2012～2017 年	2017～2027 年	2007～2012 年	2012～2017 年	2017～2027 年
草地	1.44	32.51	3.46	8.68	37.38	6.49	7.23	4.87	3.03
耕地	−1.64	−4.36	−2.35	1.54	1.34	1.43	3.18	5.71	3.78
工矿仓储用地	7.47	12.22	4.31	11.44	16.48	6.05	3.97	4.27	1.74
公共管理与服务用地	−1.46	10.16	3.26	4.22	12.96	6.04	5.68	2.79	2.78
交通运输用地	8.44	8.48	4.11	9.65	10.40	8.77	1.22	1.92	4.66
林地	−0.65	−3.25	−2.33	2.06	1.63	0.87	2.71	4.87	3.20
其他用地	13.30	11.41	4.41	21.73	22.89	8.76	8.40	11.49	4.36
水域及水利设施用地	−2.78	2.28	−1.39	0.94	4.80	2.19	3.72	2.52	3.57
住宅用地	3.09	4.81	2.44	5.23	6.90	4.98	2.15	2.08	2.54

32.51%和 37.38%，是变动最大的土地利用类型，其开发度远远大于耗减度；其他用地大多保持了上一阶段动态度的水平。2007～2017 年前后两个 5 年，不同用地类型之间的动态度差异较大。这表明，2007～2017 年，安顺市自然景观类型与城市人工景观类型处于急剧消长的状态。预计在 2017～2027 年，其他用地和交通运输用地是动态度较大的两种土地利用类型，其开发度和耗减度也较大。这表明在未来 10 年中，城市还将继续扩张，作为主要基础设施和城市扩张的先行用地类型，交通运输用地会随着基础设施的建设而完善，总体上安顺市城市增长将进入平稳期。

3. 安顺市城市景观空间格局分析

景观空间格局分析是对景观的组成单元及其空间配置关系的分析（詹庆明和郭华贵，2015），景观格局是各种生态过程长期作用的产物，同时也直接影响着生态过程（路晓等，2017），城市是由人工主导的多种生态过程共同作用的景观生态单元，各种城市景观组成单元之间的空间关系决定着城市自然生态系统的健康性和安全性，进而影响着城市的健康可持续发展（孔繁花和尹海伟，2008）。对安顺市中心城区规划区景观空间格局从整体景观水平和斑块类型水平两个层次进行分析。

（1）整体景观格局分析

表 6-6 是 2007～2017 年安顺市中心城区规划区范围整体景观格局指数计算结果，从数据变化趋势分析可以看出安顺市 2007～2017 年景观空间格局发生显著变化。其中，斑块数量（NP）和斑块密度（PD）持续增加，斑块数量从 2007 年的 11 445 个增加到 2017 年的 16 921 个；斑块密度从 2007 年的 43.18 个/hm² 增加到 2017 年的 63.84 个/hm²，整体增加 47.85%；反之，平均斑块面积逐年降低，这说明斑块破碎化主要集中于局部地带，主要原因是大斑块的耕地和自然林在转出为城市建设用地过程中，土地利用类型多样，导致了斑块破碎化。表明安顺市城区近 10 年以向外扩展的增量发展为主，城市内部更新相对较弱，中心城区规划区范围内景观持续破碎化。Shannon-Wiener 多样性指数（SHDI）和香农均匀度指数（SHEI）是比较不同景观或同一景观不同时期多样性变

表 6-6 2007～2017 年安顺市中心城区规划区范围整体景观格局指数

年份	NP/个	PD/（个/hm²）	AREA-MN/hm²	SHDI	SHEI	DIVISION/%	LSI	COHESION	CONTAG/%
2007	11 445	43.18	2.32	1.42	0.65	0.84	55.85	99.41	54.82
2012	13 544	51.09	1.96	1.53	0.70	0.92	63.64	99.02	50.61
2017	16 921	63.84	1.57	1.79	0.81	0.98	75.79	98.13	41.90

化的主要指数，SHDI 从 2007 年的 1.42 上升到 2017 年的 1.79，SHEI 在 2007～2017 年也逐渐增加，并趋近于 1，但二者的变化幅度不大，说明景观多样性略有增加但不明显。景观分割指数（DIVISION）和景观形状指数（LSI）均有所上升，表明斑块呈异形化变化趋势，不同的景观类型相互切割现象严重。2007～2017 年，景观连通度指数（COHESION）和蔓延度指数（CONTAG）均呈现下降趋势，表明城市整体景观水平不同斑块类型团聚程度和延展性降低，同类景观斑块连接度降低。

综合以上相关指数分析可知，2007～2017 年中心城区规划区范围整体景观格局持续破碎，斑块趋于均质化，不同景观类型相互切割现象严重，景观连接度降低。

（2）不同土地利用类型的景观格局动态

从表 6-7 可知，2007～2017 年，在土地利用的斑块类型层次，草地、耕地、工矿仓储用地、交通运输用地、其他用地和住宅用地的斑块数均增加，增加量最大的是其他用地，增量为 1557 个，水域及水利设施用地斑块数量明显下降，且减量最多，共减少 310 个，公共管理与服务用地呈现为先降低后增加，而林地的斑块数量先升后降。平均斑块

表 6-7 不同时期各类土地利用类型景观指数

土地利用类型	斑块数量/个			平均斑块面积/hm²			最大斑块指数			斑块类型面积占比/%			周长-面积分维数		
	2007年	2012年	2017年	2007年	2012年	2017年	2007年	2012年	2017年	2007年	2012年	2017年	2007年	2012年	2017年
草地	798	1240	2141	0.19	0.70	1.06	0.62	0.36	0.48	3.05	3.27	8.55	1.37	1.39	1.42
耕地	620	888	1124	11.14	13.47	8.32	39.77	27.08	13.10	49.16	45.11	35.28	1.37	1.39	1.41
工矿仓储用地	191	264	365	3.63	3.30	3.85	0.17	0.28	0.19	2.39	3.28	5.29	1.26	1.29	1.29
公共管理与服务用地	118	100	153	1.74	1.90	1.88	0.08	0.07	0.13	0.77	0.72	1.08	1.27	1.26	1.27
交通运输用地	4683	5210	5886	3.32	0.24	0.30	1.38	1.73	4.38	3.32	4.72	6.71	1.70	1.68	1.66
林地	843	864	837	10.37	8.40	7.26	3.08	2.93	3.04	28.29	27.38	22.94	1.21	1.12	1.17
其他用地	803	1408	2360	1.02	0.60	0.56	0.14	0.18	0.18	1.91	3.20	5.02	1.34	1.35	1.40
水域及水利设施用地	1206	1011	896	1.01	0.38	0.48	0.20	0.19	0.19	1.69	1.45	1.62	1.41	1.41	1.39
住宅用地	2183	2559	3159	1.90	1.13	1.13	1.85	1.51	1.41	9.40	10.87	13.49	1.44	1.46	1.46

面积占优势的虽然是耕地和林地，但二者平均斑块面积在下降，说明城市扩展过程中，均存在不同程度的破碎化，尤其林地的平均斑块面积持续下降，如前所述，山体是林地的主要载体，林地平均斑块面积下降的原因主要是城市建设过程中不断对自然山体进行侵占和蚕食，也有些遗存于城市之中的自然山体由于生境面积不断缩小，并与其他自然生境隔绝，因此其生态稳定性下降、生态系统服务功能受到影响；水域及水利设施用地不仅斑块数量在下降，其平均斑块面积也呈下降趋势；林地和水域斑块面积的下降应引起足够的重视，因为此两类用地在城市生态系统中起着非常重要的生态作用，林地为城市之肺、水域为城市之肾，这一结果说明城市扩展过程对自然生态资源的破坏已十分明显；草地的平均斑块面积增加较为明显，但草地的绿量有限，今后可以在草地上丰富植被景观，提升其生态系统服务功能。在 2007～2017 年，最大斑块指数最高的是耕地，但其下降程度十分明显，说明其在规划区内的优势景观地位不断下滑；交通运输用地的最大斑块指数在 2007～2012 年缓慢上升，2012～2017 年陡然上升，其成为上升最快的土地利用类型，这主要归因于城市主干道和绕城高速的集中修建；其他各类土地利用类型的最大斑块指数变动不明显。斑块类型面积占比是指某一类型斑块占所有景观的比例，从表 6-7 可以看出属于建设用地的各类土地利用类型其斑块类型面积占比整体呈上升趋势，尤其是住宅用地，不仅上升幅度大，而且所占比例也较大；具有生态系统服务功能的各类土地利用类型中只有草地增加，其他类型都在下降，林地在 2012～2017 年下降幅度增大。周长-面积分维数主要是利用回归分析来反映不同空间尺度性状的复杂性，结果会因样本量小于 10 而出现误差，研究结果均属于 1～2，未出现误差。2007～2017 年，各类土地利用类型的周长-面积分维数变化不大，说明其形态特征变化不明显。

上述结果进一步说明城市建设过程中景观破碎化持续发生，尤其值得关注的是水域及水利设施斑块的持续减少，黔中喀斯特地区常年雨量充沛且地下水资源丰富，但工程性缺水状况普遍存在，因此局部洼地形成小型水塘等湿地类型，对调节局部生态环境和保护生物多样性起着至关重要的作用，但在城市扩展过程中大量的小型湿地斑块消失；以及林地斑块的先增后减，先增是因为外围退耕还林已见成效，后减则更多是城市建设对自然林地的侵占所致。由此可见，黔中喀斯特多山城市的扩张必然以牺牲资源和破坏生态环境为代价。

4. 建成区地表覆盖动态特征

城市建成区是由人工主导的社会-自然复合系统，地表景观类型可以反映其开发建设强度和城市生态环境的基本特征。按表 6-2 地表景观分类方式，结合现场调查，对安顺市 2007 年、2012 年和 2017 年三期遥感影像进行解译，得到建成区地表景观组成类型数量与百分比图（图 6-2）。图 6-2 左图为三期城市建成区地表景观类型组成及其数量特征图，由该图可以直观看出，近 10 年安顺市建成区总面积持续扩大，由 2007 年的 21.67km^2 增长到 2012 年的 35.06km^2，之后增长速度加快，至 2017 年建成区面积达 68.68km^2。作为建设过程性用地类型的其他用地也成倍增加，说明安顺市地表覆盖景观一直处于动态变化过程中，2012 年以后其他用地占建成区范围总面积百分比基本稳定在 27%左右。在 5 种地表景观类型中，不透水建设用地和其他用地均为硬质城市灰色基质，

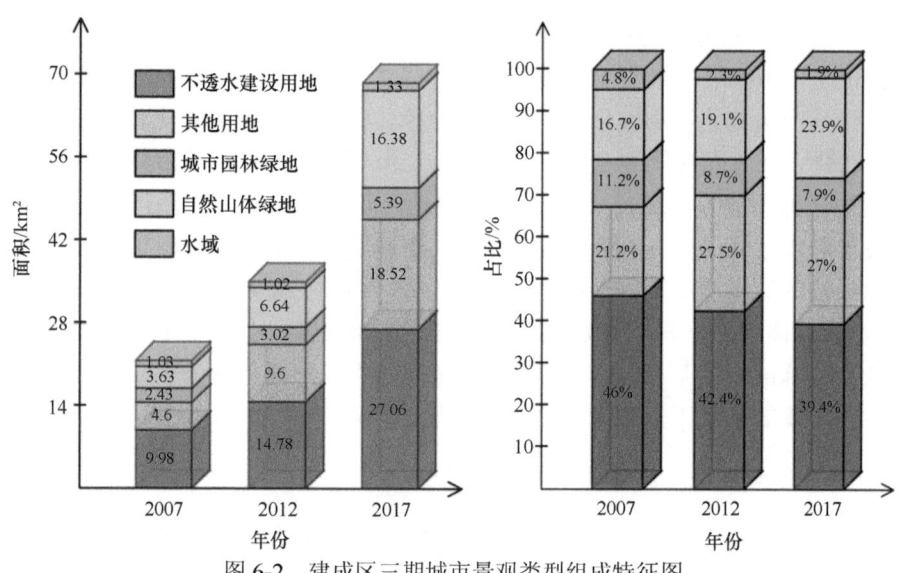

图 6-2　建成区三期城市景观类型组成特征图

二者占比之和在 2007～2012 年呈上升趋势，由 67.2%上升到 69.9%，说明这一时间段城市园林绿化建设相对滞后；至 2017 年硬质景观占比下降到 66.4%，接近 2007 年的水平。城市园林绿地、自然山体绿地和水域是城市中具有生态系统服务功能的软质景观，三种软质景观在建成区中的占比与硬质景观呈相互消长的关系，因此其在这 10 年间的占比为先降后升的变化特征，但由图 6-2 可以直观地看出 10 年间人工建设的城市园林绿地虽增加，但与不透水建设用地面积增加的速率不相协调，而且占比直线下降，相反自然山体绿地呈持续加速增长的态势，其占比也加速增长，到 2017 年占到整个建成区的近 24%，在维持建成区绿地率中发挥着非常重要的作用。这一结果表现了多山城市建设的特点，即由于建设用地紧张，自然山体与原自然生境隔离，被城市包围，在提升城市绿地率指标中做出重要贡献，暴露出城市绿化过分依赖自然山体、弱化城市园林绿地建设的问题，结果必将破坏城市园林绿地的空间分布均匀性和绿地的可进入性等，这并不符合新时代城市高质量发展的要求，不能满足城市居民对美好宜居环境和高品质户外休闲空间的需求。

6.1.4　小结

1. 多山城市扩展模式与城市景观格局特征

近 10 年的快速城市化背景下，黔中多山城市的扩展模式可以概括为"水淹式网状扩展，里应外合逐渐靠拢"，即中心城区避高就低，在喀斯特峰林之间向外网状拓展，并以道路交通为先导绕开山体阻力，将城市建设渠化引导至外围相对平缓地段，形成多个外围增长点，里应外合逐渐靠拢，由此形成黔中岩溶地区典型的多山城市。因此，可以看出黔中多山城市扩展模式有其特殊性，与其他学者发现的关于北京、上海、深圳等中东部发达地区的"摊饼式"形态完全不同（Abem，1995；孟兆祯，2009），也不同于其他多山城市的"飞地式"扩展形态。规划区土地利用类型转化结果表明，该地区城市扩展的驱动因素首先为房地产业的发展，这也是快速城市化使城市人口增加导致的结果，而耕地是城市扩展的最大土地贡献者，一些体量较小、相对高差不大的自然山体在城市扩展过程中也被建设用地侵吞。其次城市整体景观格局呈破碎化状态，中心城区向外延展过程中，一方面使周边自然生境破碎化，另一方面也使得城市建成区的破碎化程度不断增加（蒋思敏等，2016）。最后，黔中地区曾经发展相对滞后，经济社会和城市化快速发展起步较晚，近 10 年来城市化进入增速发展的阶段，城市扩展压力增大，导致城市以最快的速度增量发展，相比较而言建成区内部的景观格局动态较外围弱。根据《安顺市城市总体规划修编（2016—2030 年）》，至 2030 年，安顺市中心城区建设用地规划规模为 99.86km^2，今后 10 年安顺市城市空间仍将以外向扩展为主，城市扩展仍将增加区域生态环境的承载压力和生态资源的消耗。

2. 遗存自然山体面临着生态退化和石漠化风险

作为城市自然-社会耦合生态系统中生态系统服务供给的基本载体，城市绿地将经济社会发展与自然生态演替耦合关联在一起，作为城市中唯一有生命的基础设施，已成为统筹解决城市问题的重要生态斑块。早在 2001 年国务院发出关于加强城市绿化建设的通知，并提出绿地率要求，城市园林绿地的建设不断得到加强，城市园林绿地也随着城市扩张而扩张。然而在土地经济价值驱动下，由于用地紧张，安顺市中心城区建成区绿地率虽略有增长，但始终维持在30%左右，随着城市扩展，镶嵌的自然山体数量增长，建成区绿地系统中人工园林绿地占比下降而自然山体绿地占比增长，黔中多山城市绿地系统过分依赖自然山体绿地。镶嵌于城市之中的自然山体绿地虽然具有良好的生态系统服务功能，但供人们休闲游憩的社会服务功能较弱，不能满足城市居民对城市园林绿地的多样化和多元化需求，而且，因为其空间分布不均匀，其提供的生态系统服务功能也不具有均好性，另外镶嵌于城市之中的喀斯特自然山体具有生态系统脆弱的先天不足，被城市隔离后形成的遗存自然山体能否维持其生态系统的稳定性和健康性，或者其维持自然生态稳定和健康的最小面积是多少，对生态廊道的需求如何，以及城市化开发建设强度对其影响的时空效应和强度效应如何表现等等一系列基础问题未知的情况下，继续对城市遗存自然山体进行蚕食、侵占，将会导致其植被退化，进而石漠化，城市生态安全将受到极大的挑战。

6.2　景观生态网络构建

6.2.1　生态源选取

1. 生态源选取方法

层次分析法是一种对一些较为复杂、较为模糊的问题做出决策的简易方法，能有效地处理那些难以完全用定量方法来处理的复杂问题，将定性分析与定量分析巧妙地结合起来，将复杂问题分解为若干层次，然后逐级进行综合。

2. 核心"生态源"

景观生态学中，将生态功能强、有重要生态系统服务功能或是生态环境脆弱、生态敏感的斑块称为"生态源"（张远景和俞滨洋，2016）。在景观生态中，绿地斑块是生态系统的重要组成部分，斑块的形状、大小、类型等特征也不相同，斑块面积大小影响物种的分布情况及生产力水平（侍昊，2010）。城市绿地斑块大小不同，斑块的景观生态功能也就不同，大型绿地斑块在保护生物物种、涵养水源、调节气候等多方面功能均比小型斑块强。而小面积斑块则可提高景观异质性，可为物种迁移或是物质流转提供暂歇地。遵循上述理论，在景观水平上将生境面积大、对区域生物多样性有重要意义的斑块作为生态源，根据研究区域特点，将面积大于 6hm^2 的绿地、公园林地等提取出来，共65 块，将斑块景观格局指数中的斑块面积（CA）、景观形状指数（LSI）、距中心城区距离及乔灌比作为斑块重要性指标（表 6-8），运用层次分析法（AHP）综合评价分析法，对生态斑块重要性进行评价分级，最终选取 16 个大型斑块作为研究区的核心"生态源"，这些斑块对城市生态发展及动植物生存繁衍具有重要意义。

表 6-8　生态斑块重要值影响指标权重

指标名称	指标含义	等级划分	权重值
斑块面积	斑块面积大小	由大到小分别为 10 分、7 分、5 分、3 分、1 分	0.27
景观形状指数	景观的复杂程度	无	0.23
距中心城区距离	斑块距离中心城的远近	以 15km 的倍数为节点，15km、30km、45km、60km、75km 从小到大依次为 10 分、7 分、5 分、3 分、1 分	0.26
乔灌比	乔木与灌木面积比	以 20% 的倍数为节点，100%、80%、60%、40%、20% 由大到小分别为 10 分、7 分、5 分、3 分、1 分	0.24

注：人每小时骑行约 15km，因此运用每小时骑行距离增长量来确定距离中心城区的远近程度

3. "生态源"位置分布情况

由表 6-9 可知，研究区的 16 个核心"生态源"以山体为主，共含 9 座自然山体、5 个山体公园，防护绿地及公园绿地占比极低。城市绿地中自然山体及山体公园为"生态源"的主要组成部分，主要是因为此类绿地覆盖面积较大，植被种类多，生物多样性较好，容易形成对物种保护及生态多样性保护有利的生境。研究区所选生态源面积共5.6km^2，占绿地面积的 27.5%，占总面积的 10%，表 6-9 中 16 个斑块是安顺市中心城区内具有潜在生态价值及较高生态系统服务功能的生态源地，是生物重要的集聚地、重要的生态节点，生物多样性较好，对物种繁衍及改善生态环境起到极为重要的作用，在生态网络的规划和建设中需要对其进行保护。

生境斑块（生态源）在整个景观的位置对城市生态效益及生物多样性保护十分重要，在其余条件相同情况下，与具有良好连接性的景观斑块相比，相对孤立的生境斑块中物种灭绝的概率更大，而相互连接的斑块更有利于物种的交流，一些处于特殊位置的斑块对整个研究区的景观连接起着重要枢纽作用（吴杨哲和刘丽，2012）。

如图 6-3 所示，"生态源"主要分布在西南及东北两个片区，西南包括 0～9 及 13 斑块，斑块 1 与 0、5 与 6、4 与 3 相距较近。斑块 10、12、14、15 位于东北侧，斑块

表6-9　安顺市中心城区生境斑分布

斑块序号	名称	地理位置	用地类别	面积/hm²
0	鲍家庄	G320 沿线	山体公园	32.20
1	烂木坡	G320 沿线	山体公园	38.62
2	马厂坡	G320 沿线	山体	44.48
3	苗坡	运输路	山体	47.07
4	太平小区（对面）	运输路	山体	34.12
5	滥坝	西城印象	山体公园	30.81
6	偏坡	天瑞国际	山体	19.16
7	西花村	安顺市民族中学后	山体	37.11
8	马家坡	安顺学院西侧	山体	45.10
9	洪家庄	西航路	山体	25.65
10	驼宝山公园	西秀区政府	山体公园	41.13
11	安顺市政府	中华东路	防护绿地	11.29
12	家运天城	永丰大道	山体	35.87
13	黑石民族风情园	S209 省道	公园绿地	12.17
14	虹轴学校	五里屯	山体	54.51
15	狮子山公园	虹山湖水库	山体公园	52.17

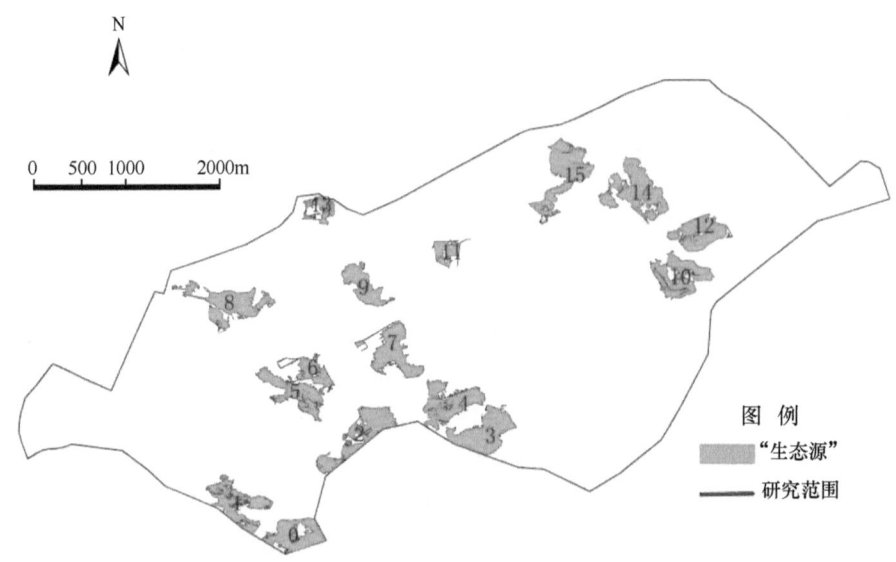

图6-3　选取的重要生境斑块"源地"

11 在研究区绿地景观中起到举足轻重的作用,若需将研究区东西两侧的斑块相连构成生态廊道及网络必须通过斑块 11 完成,在城市绿地系统中,处于重要位置的生境斑块对城市生物多样性保护具有重要意义,研究区中心位置仅含斑块 11,需对其进行保护,发展或增加周边生境斑块,对构建具有良好生态功能的生态网络至关重要。对生境斑块进行保护的同时不断完善城市生态网络,有利于保护城市生态多样性及物种丰富度。斑块 1 和 0、5 和 6、4 和 3 三组斑块相距较近,所以斑块间物种传递较为方便,构成生态廊道后有利于物种的空间运动。

6.2.2　景观阻力面构建

1. 景观阻力面

景观阻力面是指物种在不同景观单元之间进行传递、迁移的难易程度,斑块生境适应性越高,物种迁移的景观阻力就越小(尹海伟等,2011),不同景观类型所选取的景观阻力值不同。黄贞珍等(2017)对昆明理工大学呈贡校区进行生态网络构建过程中,选取 1～10 对景观阻力进行赋值,且将硬质景观阻力单独区分,研究中硬质景观阻力值为 10;詹庆明和郭华贵(2015)采用 1～500 的景观阻力值对漳州古驿道沿线区进行网络构建,构建过程中将不同道路的阻力值进行区分,行车类道路阻力值较大;张林等(2015)运用 1～1000 的景观阻力值对上海浦东新区进行生态网络构建,将不同水域、不同绿地景观阻力值区分开。

本研究结合卫星影像数据、植物生长情况、人为干扰程度、景观格局指数及生态系统单位服务值,运用 AHP 进行综合分析,得出各类用地的阻力值大小排列顺序,根据现场调查情况,并参考前人研究(尹海伟等,2011;贾振毅等,2017),对土地覆盖类型进行赋值(1～250),值越低,说明生境适宜性越强,阻力越小,运用 ArcGIS 10.2 将土地利用类型转换为 30m×30m 的栅格数据阻力面,在最小消费路径建立中,潜在生态廊道的宽度为栅格数据中一个像元的宽度。

2. 土地覆盖类型

研究区绿地景观分布情况如图 6-4 所示,研究区绿地面积占比较高,总面积约为 21.43hm^2,约占总面积的 38.13%,大面积斑块绿地主要分布在东西两侧,多以山体绿地形式存在,其他绿地斑块面积较小、分布分散;中心地段以房屋建筑为主,道路呈网状结构分布。近年来研究区不断发展扩大,加快了人口增加与城市化的速度,导致部分大面积山体被破坏,绿地斑块破碎化程度增加。

3. 生态系统单位面积服务值

Costanza 等(1997)用生态系统产品(如食物)和服务(如消纳废物)表示人类从生态系统功能(ecosystem function)中直接或间接获得的收益,运用市场定价法整合安顺市各景观类型单元的生态功能价值,如表 6-10 所示。

4. 景观阻力值确定

在评价斑块生态功能阻力过程中,选用景观格局指数中的斑块面积(CA)、斑块密度(PD)、景观形状指数(LSI)、散布与并列指数(IJI)、分离度指数(SPLITI)、聚合度指数(AI)、周长-面积分维数(PAFRAC)及生态系统单位服务值作为影响景观阻力的因子,CA 描述斑块大小,PD 可表示斑块异质性及破碎程度,LSI 描述斑块形状的不规则程度,AI 用于描述景观类型的连通性及集聚度,所选取景观指数计算值如表 6-11 所示。

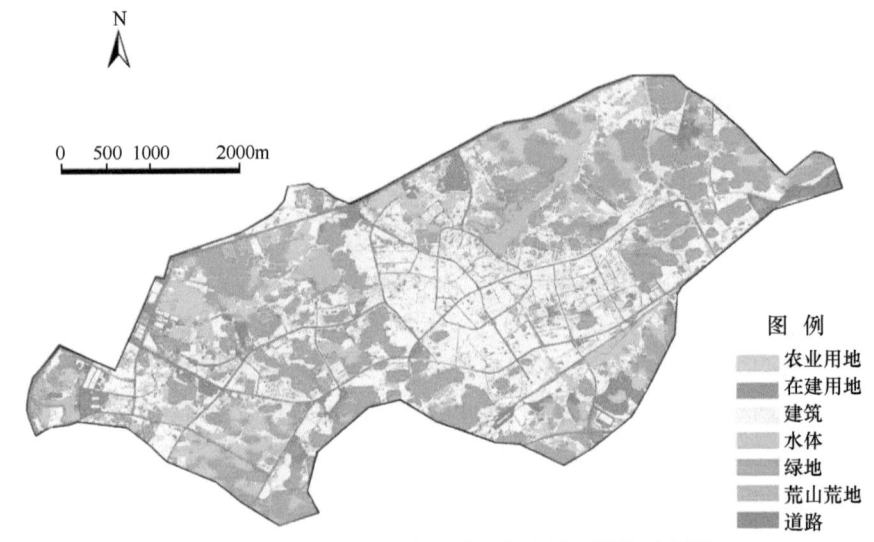

图 6-4　安顺市中心城区土地景观覆盖示意图

表 6-10　安顺市生态系统单位面积生态系统服务价值

景观类型	生态系统单位面积（每公顷）生态系统服务价值当量/元
在建用地	0
建筑	0
道路	130 000
荒山荒地（难利用地）	2 680
农田	20 730.4
水体	750 000
绿地	218 750

注：本研究用人类获取直接利益计算生态系统单位面积生态系统服务价值当量，相关数据根据国家相关政策、统计部门相关数据和市场价格综合确定

表 6-11　安顺市景观空间格局指数

景观类型	CA/hm²	PD/（个/hm²）	LSI	IJI	SPLITI	AI	PAFRAC
绿地	2 131.54	212.49	108.80	56.74	421.83	88.31	1.44
水体	107.03	0.74	11.28	71.46	10 937.49	95.01	1.36
农田	625.07	10.19	41.96	64.96	2 840.69	91.79	1.34
荒山荒地	101.52	10.05	29.04	50.83	72 075.78	85.98	1.36
道路	441.03	25.28	88.67	55.08	228.31	79.05	1.63
建筑	2 073.56	34.76	93.28	43.19	324.70	89.85	1.40
在建用地	155.30	3.58	20.57	65.71	13 256.80	92.11	1.36

　　运用 AHP 进行综合评价对景观阻力影响因子进行权重等级划分（表 6-12），其中斑块密度及分离度指数对景观阻力的影响最大，斑块密度越大，生物多样性越高，物质产量就越大；斑块分离度小，物质在传递过程中的消费也就越少。

表 6-12　安顺市生态景观功能阻力权重（仅用于排列大小顺序）

指标名称	指标含义	指标权重
CA	某景观类型总面积	0.12
PD	某类景观面积/斑块数量，描述景观分割的破碎化程度	0.14
LSI	描述景观斑块形状的规则程度	0.12
IJI	在景观级别上计算各个斑块类型间的总体散布与并列状况	0.13
SPLITI	指某一景观类型中不同斑块个体分布的分离程度	0.14
AI	描述景观类型斑块间的连通性	0.13
PAFRAC	描述斑块或景观镶嵌体几何形状复杂程度的非整型维数值	0.11
生态系统单位面积服务值	人类从对应景观类型中取得的直接或间接利益	0.11

注：表中除生态系统单位面积服务值外其余数据由 ArcGIS 10.2 计算得到

　　最终得到各类土地利用类型阻力值的大小排列顺序为在建用地＞建筑＞道路＞荒山荒地＞农田＞水体＞绿地。根据现场调查结合不同土地类型植被的完整度、生态破坏程度等因素，对各土地利用类型进行阻力赋值（1～250），赋值结果如表 6-13 所示。在建用地现阶段几乎无植物，物质流无法或极难传播，阻力值极大；建筑群中含部分附属绿地，对生态物质及物种的传播阻力比在建用地小；道路绿地主要存在于道路两侧及中分带，两侧绿地为物质传递提供场地，阻力大小与两侧绿地宽度成反比；荒山荒地以草灌木为主，乔木较少，城市物质较少，但场地较为空旷，阻力值较小；农田类植物种类较多，但受人为影响因素较大，所产生的物质供人类食用；研究区水体分布较散，水域景观斑块较大，水生植物丰富，研究区绿地中乡土植物种类丰富，植物搭配多种多样，保护较好；境内绿地丰富，特别是自然山体及大型公园绿地较多，城市物质能量多，同时也为物种转移提供了良好的场所。

表 6-13　安顺市不同土地利用类型景观阻力值

景观类型	阻力值
在建用地	250
建筑	200
道路	150
荒山荒地（难利用地）	100
农田	30
水体	20
绿地	1

　　根据表 6-13 中对各土地利用类型的阻力赋值，在 ArcGIS 10.2 平台中将景观空间分布图进行重分类后生成各类土地利用类型阻力面示意图（图 6-5），由图可知，阻力值为 250 的地区较少，中心部分阻力值以 200 为主，阻力较大，不利于物质流及物种传递。边缘地区阻力值较小，以 1～50 为主，为生物多样性保护及城市可持续发展提供了良好条件。

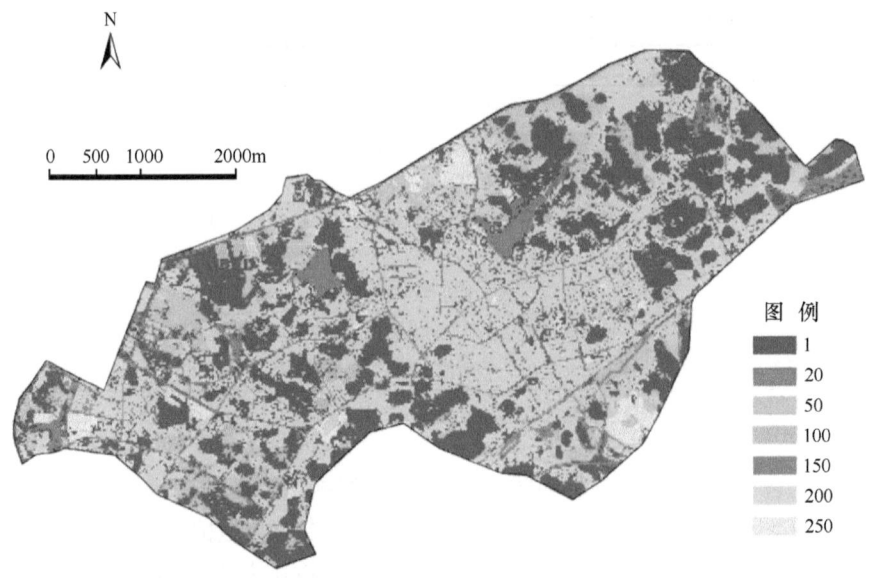

图 6-5　研究区各类用地阻力面示意图

6.2.3　潜在廊道模拟及重要廊道筛选

1. 廊道模拟方法

　　最小消费距离模型，是以景观生态学及保护生态学等理论为基础，表示每个栅格单位距最近源点的最小累积费用距离，用于识别与选取生态源点间最小费用方向及路径（图 6-6），是物质流及物种在生态源间传递的最大概率廊道（吴昌广等，2009），能够反映景观格局及水平生态过程（路晓等，2017），为城市生态廊道设计提供科学依据。

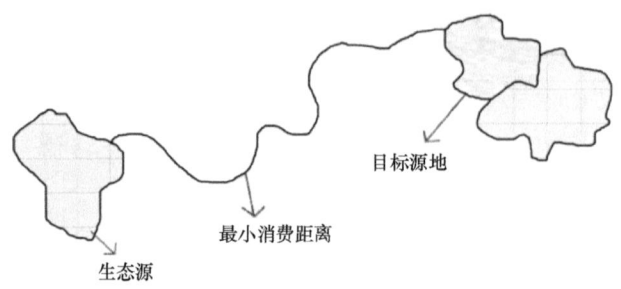

图 6-6　最小消费距离示意图

　　最小消费路径是指一个"源"到另一个"源"经过不同阻力的景观组成所消耗的费用或克服阻力所做功最小的路径。在选定"生态源"与构建阻力面后通过 ArcGIS 10.2 平台中的 cost path 生成"生态源"斑块间最小消费路径即潜在廊道，构建累积消费距离模型。运用重力模型（孔繁花和尹海伟，2008）来判断生态廊道的重要性，计算公式如下

$$G_{ab}=\frac{N_aN_b}{D_{ab}^2}=\frac{\left(\dfrac{1}{P_a}\times\ln S_a\right)\left(\dfrac{1}{P_b}\times\ln S_b\right)}{L_{ab}/L_{max}}=\frac{L_{max}^2\ln(S_aS_b)}{L_{ab}^2P_aP_b} \tag{6-6}$$

式中，G_{ab} 为斑块 a 与 b 之间的相互作用力；N_a 与 N_b 为斑块权重值；D_{ab} 为潜在廊道阻力的标准化值；S_a 与 S_b 为相应斑块面积；L_{ab} 为斑块 a 到 b 之间廊道的累积阻力值；P_a 为斑块 a 的阻力值；P_b 为斑块 b 的阻力值；L_{max} 为所有廊道的最大阻力值。构建斑块间生成廊道的重力模型矩阵，确定斑块间的相互作用力，从而得出生态廊道图，构建出生态网络。重力模型所计算出的值越大，斑块间相互作用力越强。

2. 潜在廊道模拟

（1）廊道宽度选择

廊道指不同于两旁基质的景观地带，以线性方式存在，具有对景观形成阻隔及通道的功能，廊道内部有利于物种的空间运动（Abem，1995）。在运用 ArcGIS 软件进行阻力面构建时，需将土地景观覆盖类型转换为一定宽度的栅格数据，在最小消费路径构建过程中，栅格数据一个像元的宽度为生态廊道的宽度。廊道宽度对物种迁移有重要意义，物种多样性会随廊道宽度增大而增加（朱强等，2005），不同廊道宽度对内部生物多样性的控制效应不同，只有达到一定的廊道宽度，才能给一些物种迁移提供生境调整，不同生物对自身廊道宽度需求不同（表 6-14），需对研究区绿地分布情况进行实地考察，结合前人研究区数据，确定廊道宽度，以完善城市生态网络体系。安顺市中心城区以人居环境为主，在市区内只需满足小型哺乳动物和爬行动物等的迁移，因此在对安顺市生态网络进行构建时，选择生态廊道宽度为 30m。

表 6-14 各类生物保护的适宜廊道宽度

宽度/m	生态作用	提出者	提出时间
<12	基本保护无脊椎动物物种种群	J. Antonio Bueno 等	1995 年
12~30	有利于草本植物生物多样性保护，能够保护无脊椎动物及较小型哺乳动物（Budd et al.，1996）	Froman 和 Godron	1986 年
30~60	宽度>30m，能提高小型哺乳动物、爬行动物及两栖动物的生境多样性，控制水土流失，能过滤外界大部分沉淀物（朱强等，2005）	W. W. Budd 等	1987 年
60~100	草本植物及鸟类具有较高生物多样性，能满足动植物保护、迁移及传播（Hobbs et al，1990）	W. W. Budd 等	1986 年
100~200	能够保护鸟类及其他生物多样性的适宜宽度	朱强等	2005 年
600~1200	含丰富内部物种，满足中大型哺乳动物迁徙	朱强等	2005 年
>1200	具有稳定的内部生境系统（Carlson et al.，1989）	Carlson	1989 年

注：宽度 12~30m、30~60m、60~100m 和 100~200m 均为下含上不含

（2）廊道成本距离及方向距离

在构建"生态源"间最小消费路径之前需在 ArcGIS 10.2 中构建斑块间的成本距离（cost distance）及成本回溯链接（cost back link），成本距离（图 6-7）可求得每个像元至最近源的成本距离，成本回溯链接（图 6-8）可求得一个方向栅格，可以从任意像元沿最小成本路径返回最近源。根据成本距离及成本回溯链接，求得成本路径（cost path）。

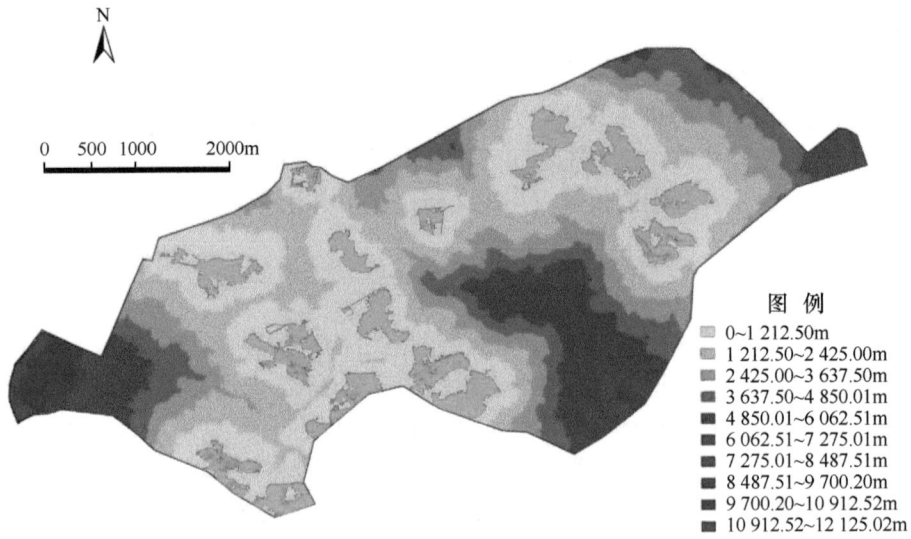

图 6-7 各"生态源"间成本距离示意图

范围为下含上不含

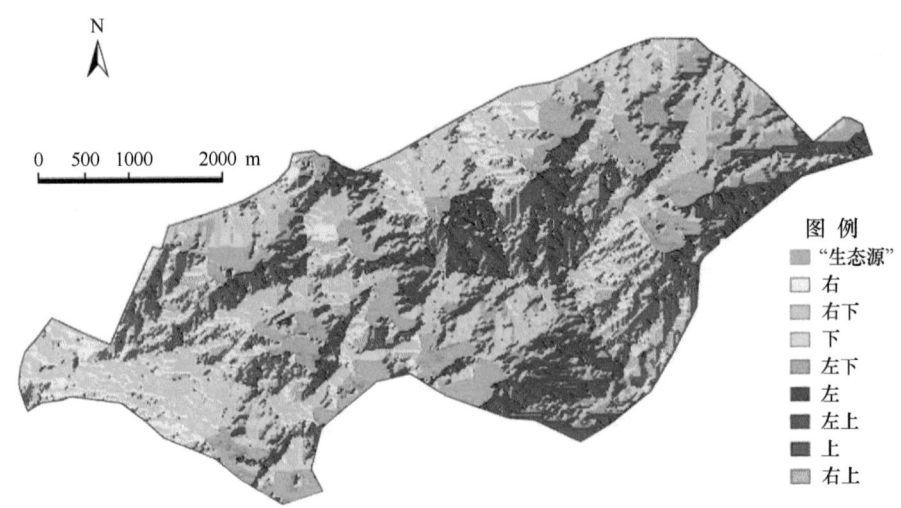

图 6-8 各"生态源"间成本回溯链接示意图

方向表示阻力值最低方向

（3）潜在廊道

根据研究区土地利用中各类景观的阻力值，以及所生成的成本距离及成本回溯链接，运用 ArcGIS 10.2 平台中的"cost path"，模拟研究区生态功能节点的最优路径即最小消费路径（生态功能网络中的潜在廊道结构），共 120 条廊道，去除重复出现廊道后得到备选生态网络图（图 6-9）。

3. 重要廊道筛选

生态廊道是两个生态斑块之间连接的通道，连接效果及其在研究区的重要性可用生态斑块间的相互作用力进行描述及度量（蒋思敏等，2016），因此采用重力模型对斑块间相互作用力进行计算，对重要生态廊道进行识别。基于重力模型，构建 16 个生境斑块间相互作用的矩阵（表 6-15），度量斑块间相互作用力的强弱，从而确定研究区中相对重要的生态廊道，根据重力模型结果，将斑块间相互作用力大于 0.3（孔繁花和尹海伟，2008）的廊道提出，共含 19 条生态重要廊道，与生境斑块"生态源"进行叠加，得出研究区生态重要网络图。

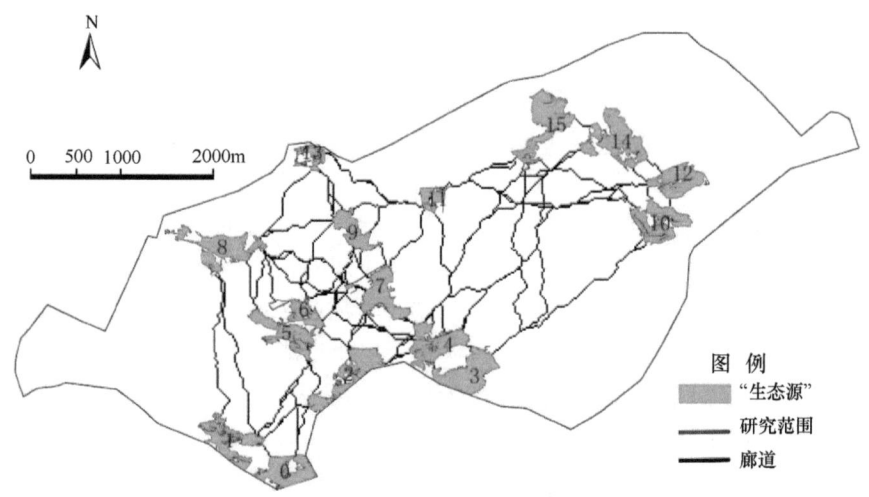

图 6-9　研究区备选廊道示意图

表 6-15　基于重力模型计算的生境斑块间相互作用矩阵

斑块号	0	1	2	3	4	5	6	7	8	9	10	11	12	13	14	15
0	0	10.96	0.20	0.02	0.03	0.06	0.07	0.03	0.01	0.02	—	0.02	—	0.023	—	—
1		0	0.18	0.02	0.02	0.09	0.10	0.03	0.02	0.02	—	0.02	—	0.025		
2			0	0.11	0.38	0.27	0.38	0.38	0.02	0.07		0.04	—	0.048	—	0.01
3				0	25.7	0.03	0.05	0.17	0.01	0.04	0.01	0.03	0.01	0.032	0.01	0.01
4					0	0.05	0.10	1.69	0.01	0.05	0.01	0.05	0.01	0.056	0.01	0.01
5						0	804.10	0.28	0.19	0.13	—	0.05	—	0.088		0.01
6							0	0.92	0.34	0.36	0.01	0.10		0.170		0.01
7								0	0.06	0.94	0.01	0.14	0.01	0.154	0.01	0.01
8									0	0.16	—	0.05	—	0.242	—	0.01
9										0	0.01	0.32	0.01	1.218	1.01	0.02
10											0	0.44	6.68	0.015	0.19	0.04
11												0	0.05	0.344	0.07	0.20
12													0	0.016	0.75	0.05
13														0	0.02	0.03
14															0	0.47
15																0

注：表格中"—"表示斑块间相互作用力极小，小于 0.005；阴影标注的是相互作用力大于 0.3 的斑块

由表 6-13 可知，不同斑块间相互作用力存在较大差异，其中斑块 5 与斑块 6 之间相互作用力最强，廊道在生态网络中地位突出，说明生物在两斑块之间传播或移动时受到的阻力最小，生境的适应能力也较强。由于相互作用力较强的斑块所形成的廊道对物种传播、扩散等起到重要作用，因此需严格加以保护。而斑块 1 与斑块 14 之间相互作用力较弱，标准化值小于 0.005，且斑块间距离较远，说明斑块间景观阻力较大，不利于生物多样性发展。因此，需要对此类廊道进行规划及改善，增加生态绿地分布及绿地斑块面积，提高廊道的生境适宜性，改变斑块间相互作用力，起到保护生态、提高城市生态多样性的作用，增强城市可持续发展的能力。

由重力模型筛选提出的重要生态网络如图 6-10 所示：斑块 11 处于研究区中心位置，研究区东西两侧斑块廊道连接需要通过斑块 11 完成，但斑块 11 周边多为建筑，绿地较少，景观阻力值大。因此必须对斑块 11 加强保护，同时应合理规划中心地区绿地斑块，通过增加中心区域"生态源"达到提高研究区绿地间连接性的目的，斑块 0、1 与其余生境斑块未构成连接，说明斑块 0、1 与其他斑块间的相互作用力较弱，应增加绿廊修建，减少斑块间生态功能阻力，促进斑块间物种传播和扩散，以提高物种存活率，从而提高研究区生物多样性。且由图 6-10 可明显看出所形成的网络回路较少，说明目前研究区的绿色廊道建设不够完善，未能形成连通性较高的生态网络格局，因此加强生态网络格局建设极其重要。

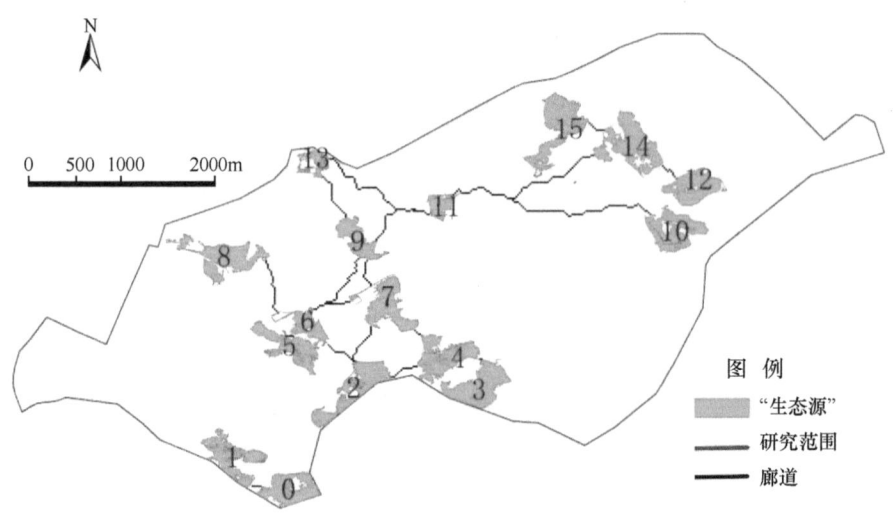

图 6-10 基于重力模型提出的重要生态网络示意图

6.2.4 生态网络功能指标选取

常用 α 指数、β 指数、γ 指数描述生态景观结构中生态节点与廊道间的关系，反映生态网络的复杂程度及生态效益，成本比（cost ratio）可用于反映网络构建的有效性。

网络闭合（α）指数用于描述网络中可能构成回路的程度，值越大，表示网络中可供物质流动的回路越多，α 为 0 时表示生态网络中不存在回路。

$$\alpha = \frac{L - V + 1}{2V - 5} \quad (6\text{-}7)$$

式中，L 为网络中的生态廊道数目；V 为网络中生态节点（"生态源"）数。

线点率（β）指数指生态网络中节点所连接的连线数，可表示生态网络的复杂程度，β 指数是关于网络复杂程度的简单度量，当 $\beta=0$，表示无网络存在。网络的复杂性增加，则 β 值也增大。$\beta<1$，表明生态网络为树状结构；$\beta=1$，为单一的回路；$\beta>1$，表示网络连接较为复杂（张蕾等，2014）。

$$\beta = \frac{L}{V} \quad (6\text{-}8)$$

式中，L 为网络中的生态廊道数目；V 为网络中生态节点（"生态源"）数。

网络连接度（γ）指数用来描述网络连接的程度，即一个网络的廊道数与最大可能的廊道数之比，可能连接最大廊道数$\geq\gamma\geq0$，$\gamma=1$ 表示网络中每个节点都彼此相连，廊道的连接度高。计算公式如下

$$\gamma = \frac{L}{L_{max}} = \frac{L}{3 \times (V - 2)} \quad (6\text{-}9)$$

式中，L 为网络中的生态廊道数目；V 为网络中生态节点（"生态源"）数；L_{max} 为生态网络中可能连接的最大廊道数。

成本比（cost ratio）指数用于量化网络的平均消费成本，反映网络构建的有效性。

$$\text{cost ratio} = 1 - L/d \quad (6\text{-}10)$$

式中，L 为网络中的生态廊道数目；d 为根据最小消费路径方法确认的潜在廊道所有连接廊道阻力和。

6.2.5 绿地生态网络功能分析

运用 α 指数、β 指数、γ 指数描述生态廊道连接度的结果如表 6-16 所示，备选廊道中三个指数值分别为 3.89、7.5、2.86，构成回路的程度较高，且网络结构较为复杂，备选生态网络各项指标均处于较理想状态，但备选生态网络中廊道数量较多，需要建设大面积生态用地，建成成本高。在重要廊道生态网络中 α、β、γ 值分别为 0.15、1.19、0.45，说明在重要廊道网络中，形成回路的程度极低，β 指数趋近于 1，生态网络较为简单，网络形成 "Y" 形树状结构，且并非每个节点都彼此相连。生态网络构建过程中，网络形成回路有利于城市生态可持续发展，能够更好地减少物质流的消耗，重要生态网络中成本比值为 0.72，较不利于生态网络构建，研究区廊道分布图及各连接指数表明，研究区重要廊道所形成生态网络回路较少，对生态物质流传递与物种迁移较为不利，需要合理规划研究区生态网络。

表 6-16 研究区生态网络连接度计算结果

网络	V	L	α 指数	β 指数	γ 指数	成本比
备选网络（最大理论值）	16	120	3.89	7.5	2.86	—
重要生态网络	16	19	0.15	1.19	0.45	0.72

6.3 基于景观生态分析的城市绿地布局策略

城市绿地景观合理布局一直是景观生态学研究的热点，城市景观格局既是人类生活与自然环境等多种因素的共同结果，又能反馈城市生态、居民生活及城市经济发展等。因此景观格局合理分布是景观生态学的研究重点，也是城市景观生态规划的基础。生态网络构建能使城市生态环境更好地可持续发展，保护城市生态多样性。结合城市绿地空间分布格局及网络构成，可对安顺市绿地系统做进一步的分析，为促进城市健康发展提供建议。

6.3.1 景观格局存在的问题

前述分析结果表明：安顺市中心城区绿地系统存在绿地分布不平衡、绿地破碎化严重、"生态源"分布不合理、生态网络过于单一等问题，具体分述如下。

1. 绿地分布不平衡

（1）绿地数量分布不平衡

安顺市绿地主要分布在城区边缘地段，中心地区人口密度大，绿地分布较少，且以平均斑块面积较小的附属绿地为主，中心城区大面积自然绿地开发严重，或是修筑为山体公园，或是开发为建设用地。研究区内绿地分布随意性较强，东关办事处、小十字等中心地段城市绿地破坏严重，绿地量极低，部分小区内绿地建设难达标准，严重拉低城市整体绿地景观水平。虹山湖、王若飞公园片区绿地分布较多，保护相对到位，但多以人工绿地为主，绿地生物多样性较差。研究区沿七眼桥方向、火车站南面绿地分布较多，以山体绿地为主，但环境保护力度不够。沿工业大道及奥体中心方向现阶段绿地分布较多，但正在大力开发建设，植物遭到严重破坏。

（2）绿地种类分布不平衡

随着中心城区的大力发展，研究区内建筑不断增多，绿地以"见缝插针"的形式种植，导致附属绿地斑块数量增多，但其面积仅为研究区总面积的 3%；自然生态绿地（山体绿地）主要分布在边缘，面积达研究区总面积的 18.1%；公园绿地分散分布于中心地段，防护绿地较少，苗圃、花圃等种植未成型，几乎不存在生产绿地，可见研究区内绿地种类分布不均匀。如何有效合理地整合安顺市绿地资源、优化绿地景观格局、加大绿化建设力度、提高城市生态多样性、改善人居生活环境是维持安顺市绿地景观可持续发展的巨大挑战。

2. 绿地破碎化严重

现阶段安顺市不断加快城市化进程，建设用地及人口数量在不断增长，导致多数绿地被破坏。研究区内除边缘地带农田绿地及山体绿地集聚度大，其余绿地分离程度较大，在城市内部山体被隔离，多呈现生态孤岛形式，不利于城市绿地生态系统的健康与可持续发展。

3. 生态网络存在的问题

（1）"生态源"分布不合理

境内重要"生态源"主要分布在城市西南及东北方，在中心城区仅含斑块 11，与其余"生态源"间进行物质能量交流较为困难，东西两侧的斑块相连构成生态廊道及网络通过斑块 11 完成。生境斑块分布不利于城市生态物质流的产生及相互融合。

（2）生态网络过于单一

由对安顺市中心城区生态网络的构成分析发现，研究区内重要廊道仅含 19 条，构成的生态网络无法覆盖整个研究区区域，且所构成的生态网络回路较少，主要以"Y"形树状结构存在，不利于生态系统物质流及各类物种的传递。

6.3.2　景观格局及生态优化目标

1. 保护城市生物多样性，提升城市生态环境

通过优化城市景观格局，从而达到保护城市生物多样性的目的。合理布局城市绿地，提高城市生态多样性，是解决空气污染、热岛效应、水污染等城市问题的基础。通过不断强化绿地结构，提高生态效益，改善生态系统物质循环功能，以达到提高城市生态环境质量的目的。

2. 合理分布城市绿地，构建山水城林一体化景观系统

在对城市绿地景观格局进行优化时，应尊重城市现有自然山水骨架，充分利用山、水及现有城市绿地的优越条件资源，构建能够维护城市生态景观，同时促进人与环境、环境与文化相互融合的城市绿地系统，以达到将安顺市建设成为生态经济高效、生态环境优美、自然生态与人类文明相统一的绿色城市的目的。

3. 控制城市蔓延，促进城市可持续发展

通过构建安顺市中心城区生态网络，引导城市空间发展，控制研究区边界的蔓延，使得中心城区成为一个协调发展的空间，同时统筹自我调节与发展，使得城市与自然更加和谐，为构建多层绿地生态网络打下基础，实现城市生态可持续发展。

6.3.3　景观格局优化原则

1. 整体性原则

在城市绿地系统规划建设中应该协调统一城市生态系统、保护资源环境、促进城市景观建设、提供文化教育等功能（周年兴等，2005）。应将城市中防护绿地、农田绿地、山体绿地等对城市生态功能具有积极作用的绿地加以扩展与保护，运用生态廊道将境内绿地进行连接，使得各类绿地景观能够有机结合，形成稳定的城市生态系统。

2. 均衡性原则

现阶段研究区城市绿地相对集中，能够维持城市内居民的各项社会活动，随着城市逐渐扩大，人口分布越来越广，为满足人们社会活动需求，必须增加城市绿地建设。在规划城市绿地系统时，应根据人们活动、生态系统防护等需求合理安排城市绿地，使城市绿地均衡化发展，从而保证城市绿地资源的分配及享用的均衡性。

3. 连通性原则

稳定的生态系统网络"连通性"及"流通性"较好，只有当城市绿地能够构成完整的生态网络时，才能保证各景观间存在连通性，物质流及生物流能够在城市中流通。城市景观能够通过生态网络中的廊道将破碎化较严重的生态斑块进行连接，从而使得城市各绿地斑块所产生的物资流能够在城市生态网络中高效、安全地流动，所以，绿地斑块的连通性是保证城市生态健康及可持续发展的重点。

4. 生态性原则

在对安顺市中心城区进行绿地空间布局时，应对所布局位置进行景观生态分析，对布局后生态效益进行评估。当城市建筑、道路建设等与城市绿地建设产生矛盾时，在符合城市绿地系统发展规律的同时，应该多考虑保证生态效益，减少两者的矛盾，使得城市生态能够稳定可持续发展。

5. 景观多样性原则

在规划城市绿地空间布局时，应该多考虑绿地斑块大小、数量及分布状态等问题，使得各类绿地在绿地系统中能够平衡发展，从而确保城市生态系统多样性得到发展和提高，为城市人均生活提供良好的生态环境。

6.3.4 空间布局策略

针对以上安顺市景观格局及生态网络现存的问题，对安顺市生态网络进行补充优化，提出安顺市中心城区景观格局优化策略。

1. 合理调控绿地分布，优化空间配置

（1）控制城市发展边界，严格保护"生境斑块"

一方面城市不断发展，导致城市景观中硬质部分越来越多，绿地斑块不断破碎，城市生境斑块越来越少，生态物质能量生产减弱。另一方面建设用地不断增加，城市中心景观阻力整体增强，斑块间相互作用力减弱，使得物质能量传递及交换需要克服更多的景观阻力，生态物质能量在传递过程中大量流失，不利于城市生态可持续发展，因此，在城市规划中需要合理控制城市扩张边界，增加城市绿地建设。对安顺市而言，现阶段正在大力发展建设，中心城区不断向外扩张，需要建立合理政策及规划进行约束，合理布置城市发展空间，对敏感生态地区及生境斑块进行合理保护，以避免持续的开发对生态环境结构产生负面影响。

境内生境斑块以自然山体绿地为主，其余的多为公园、防护绿地。研究区为典型的喀斯特多山城市，在城市建设过程中，平坦地面较少，休闲公园等游憩场所较少，对具有较好景观的山体进行不合理开发，修建山体公园，使得自然山体资源遭到一定破坏。在山体公园化修建过程中需要减少对山体进行大面积破坏，适度开发后需对山体生态环境进行合理修复和保护。

（2）发展及增加"生态源"

在保护生境斑块的同时也需要不断扩大和发展生境斑块：①在严格保护现有生境斑块基础上，可合理扩张生态源，将生境斑块周边绿地与生境斑块进行连接，从而使得生境斑块不断扩大，物质能量产出得到保障；②增加二级生态源（图 6-11），研究区生态斑块及生态网络覆盖率较低，绿地斑块间相互连接需要克服较大阻力，因此在保护原有生态源的同时，可将一些生境较好的绿地斑块进行发展，适量增加二级生境斑块，使得安顺市中心城区能够形成更加完整、良好的生态网络。不断提升生态空间配置及生态承载力，从而提升整个研究区景观格局的生态功能。

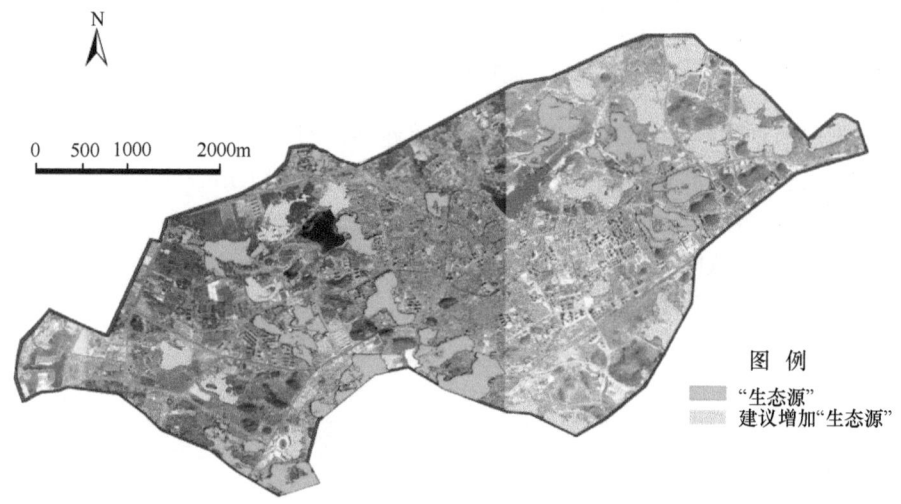

图 6-11　建议增加的"生态源"区位图

2. 合理增加生态廊道，促进城市生态可持续发展

（1）增加绿地生态廊道，加强生态物质传递

在研究区范围内生态网络构成中，由于城市建设用地较多，城市绿地破碎化严重，且绿地资源分布不均匀等，因此斑块间物质能量流动及传播需要克服较大的景观阻力，生态物质能量在传播过程中逐渐减少，致使减少景观阻力、增加生态廊道成为构建合理生态网络的重点。

基于重力模型筛选出研究区重要生态网络，为更好构建研究区生态网络，减少物种及能量相互传播的阻力、保护和提高生物多样性，在使研究区生态网络结构更具有整体性、协调性、多样性及可持续发展性的前提下，现提出两种生态网络构建策略，与筛选出的重要生态网络进行对比，达到合理规划构建研究区生态网络的目的。策略 1（图 6-12）：除重力模型筛选出的生态廊道外，增加斑块间相互作用力较强的廊道，此类廊道所需建设费用较低，即斑块作用力在 0.2～0.3 的廊道（斑块 0 与 2、2 与 5、5 与 7、8 与 13、11 与 15 所形成的廊道），在重要生态网络基础上增加建设 5 条廊道 。

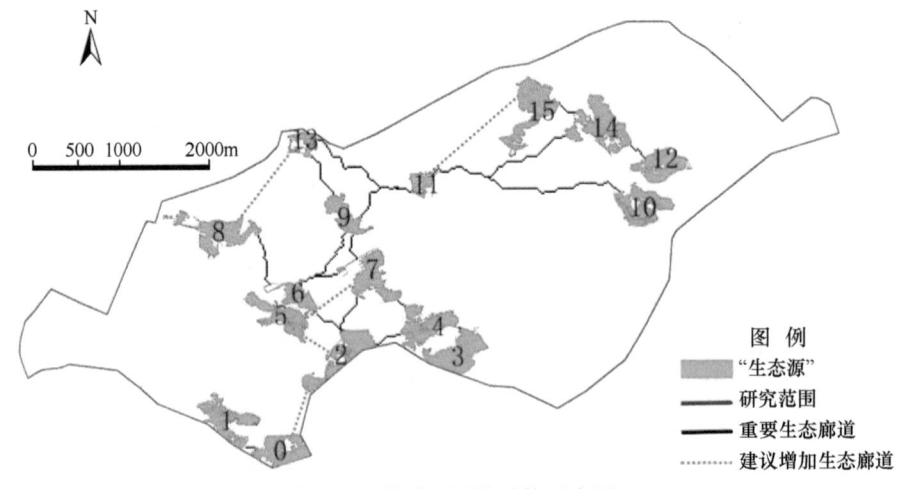

图 6-12　策略 1 网络结构示意图

策略 2（图 6-13）：生态网络中形成的回路越多，对景观、生物流动越好，越有利于生物多样性提高，因此策略 2 则是在重要生态网络的基础上结合研究区绿地分布情况增加部分廊道，使得生态网络中形成更多回路（由于斑块 11 周边多为建设用地，若构建斑块 11 与其他斑块间的廊道则需要大量生态绿地及过多资金，构建可能性较小，因此未增加斑块 11 与其他斑块间的廊道）。

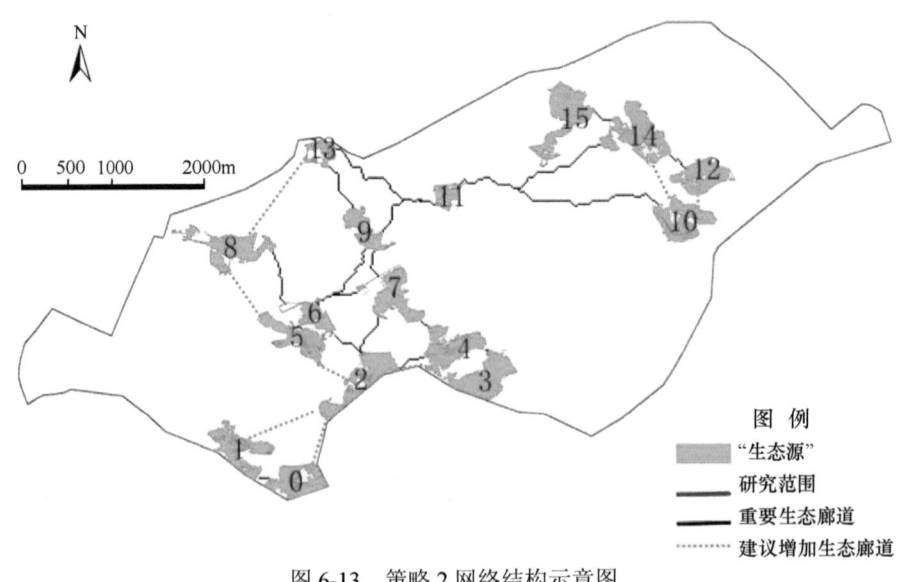

图 6-13　策略 2 网络结构示意图

由于策略 1、策略 2 与筛选出的重要生态网络相比，节点数相同，廊道数有所增加，因此策略 1、策略 2 的 α、β、γ 指数均大于筛选出的重要生态网络（表 6-17）。策略 2 中网络廊道形成回路较多。与备选网络及重要生态网络的 α、β、γ 指数进行比较出现备选网络＞策略 2 网络＞策略 1 网络＞重要生态网络的特点，说明除备选网络外，策略 2 的网络更为复杂，且连接度与廊道闭合水平较高，因此考虑研究区城市生态发展，策略 2 的网络构建更加适合研究区。

表 6-17 生态网络策略连接度

网络	V	L	α 指数	β 指数	γ 指数
策略 1 网络	16	21	0.22	1.31	0.5
策略 2 网络	16	27	0.44	1.69	0.64

（2）合理整合生态资源，构建水系及道路廊道

由于研究区内地势地貌特殊，土壤储水等功能较弱，在中心城区范围内仅含一条护城河，且护城河硬化严重，生态环境较差，需大力整治。研究区内水库较多，如虹山湖水库、杨家山水库、娄加坡水库等，水库地势较低，周边生态环境较好，也是城市生态的重要组成斑块，可利用水系廊道对多个生态水库进行连接，从而构建水系廊道。

随着城市快速发展，生态节点严重破坏，廊道断裂并减少，导致城市生态网络连通性减弱，需要通过城市生态建设来弥补城市生态节点及生态廊道。若大幅调整生态节点植被覆盖情况，或是在中心城区内通过改变土地利用现状增加生态节点，会增加城市经济成本。只有对现有城市绿地、林地等进行保护，才能使城市生态健康发展。另外，城市道路系统在不断发展，高速公路、铁路等对城市景观格局进行了分割，对生态物质流及物种传播有一定的阻碍作用，使得城市生态网络断裂。因此，必须进行人为干涉，对生态廊道断裂点进行修复，保证斑块间的连通性。例如，修建动物迁徙廊道，或通过在道路周边种植一定宽度的绿廊，在一定程度上为生态物质迁移流动提供通道，使得城市道路成为可供生态物质传递的道路廊道。

（3）增加城市绿地规划，丰富人文景观

绿地景观空间格局的合理构建有利于保护城市生物多样性，在城市系统中也可为人们提供休憩、游玩及教育的场所，如驼宝山公园、狮子山公园等，不仅是城市生态源，也是人文景观的重要组成部分。在城市生态网络规划建设过程中应加强对此类绿地景观的保护，将城市文化融入绿地景观中，以达到城市、自然和谐发展，丰富人文景观的目的。

第7章 黔中城市遗存喀斯特山体植物群落的公园化利用响应

20 世纪 70 年代一些发达国家就开始关注城市遗存自然生境的保护（Ramalho et al.，2014），将其作为城市可持续发展的重要内容并实行立法保护或通过建设项目保留利用（范格塞尔，1991；Goode，1998），相关理论与实践研究主要集中在城市基底对自然栖息地鸟类、昆虫等动物的影响以及城市自然栖息地的生态系统服务功能与价值方面，并取得了较好的成果（Parsons et al.，2003；Romero-Duque et al.，2020）。21 世纪初，国内学者初步总结了城市自然遗留地的概念及产生并进行分类（韩西丽和李迪华，2009），在理论上提出各类型城市自然遗留地的保护与设计方法（宫宾和车生泉，2007；车生泉等，2009），但停留在理论概念提出与呼吁阶段，近几年来国内关于城市自然遗存的研究鲜见报道。在西部大开发战略和城镇化战略促进下，城市快速扩张，岩溶地区虽有大量喀斯特山体镶嵌入城形成城市遗存自然山体，但由于人地关系紧张，城市喀斯特山体持续受到高强度人类活动的胁迫和侵占，部分山体被改造为公园（任梅，2018；李睿，2019）。公园化利用对人工建设环境中的城市喀斯特山体（近）自然生境植物群落多样性有没有影响，这一问题关系着对城市遗存自然山体植被的保护与开发利用策略，而相关研究鲜见报道。

以贵州高原为中心的南方岩溶地区，是全球喀斯特发育最典型、最复杂、景观类型最丰富的一个片区，也是面积最大、最集中的生态脆弱区（王世杰等，2015）。贵阳市地处黔中岩溶地区腹地，遗存于城市的喀斯特山体资源丰富，形成典型的"城在山间，山在城中"喀斯特多山城市。截至 2018 年，有 527 座锥状喀斯特山体镶嵌于中心城区，总面积 44.9km^2。2015 年贵阳市启动"千园之城"建设，截至 2018 年底，全市已建成城市公园、森林公园、山体公园、湿地公园、社区公园"五位一体"公园 1025个，多数公园依托城市遗存自然山体而建。基于此，本章以典型的喀斯特多山城市贵阳市为研究区域，以镶嵌在城市建成环境中的城市遗存山体（城市自然山体）和公园化利用的城市遗存山体（城市山体公园）为研究对象，运用群落生态学相关理论和方法，对城市自然山体和城市山体公园植物群落特征进行对比分析，旨在揭示公园化利用对城市遗存自然山体的影响，为多山城市自然遗存生态保护和合理公园化利用提供理论依据。

7.1 自然山体选择

为更合理地选择研究对象，运用核密度分析法确定公园化利用山体和未被利用的对照山体。核密度分析是解释相应指标的建筑或街区具体空间分布规律的一种分析工具，能够较为直接地反映出相应指标建筑或街区的核心集聚区以及相应的空间影响范围，可以更为清晰与全面地反映出空间形态规律特征（史北祥和杨俊宴，2019）。运用 ArcGIS 10.2 软件的"Kernel Density"分析工具，测算得到贵阳市核密度分布图（图 7-1），由图 7-1 可知，贵阳市核密度分布整体上呈现中心城区密、四周疏的格局，其核密度高值区域大部分分布在观山湖区、南明区和云岩区的城区中心，花溪区、乌当区和白云区存在小面积高值区域且因周边为大型山脉及林地而出现断层现象，其中 6～9 级低值区域多为大型山脉，故选取 1～5 级核密度等级（部分或完全镶嵌在城市建设用地内）、面积在 3～10hm^2 的公园化利用山体，分别为泉湖公园（MP1）、塔山公园（MP2）、将军山公园（MP3）、南郊公园（MP4）、夏木公园（MP5）、安顺职业技术学院旁山体公园（MP6）、人防小区旁山体公园（MP7）、金域华府山体公园（MP8）8 个公园，并选取相应核密度等级的城市自然山体作为对照，即大上海外滩广场东侧山体（NM1）、贵州泛德制药有限公司东侧山体（NM2）、恒大城三期北侧山体（NM3）、东盟小镇内山体（NM4）、美城新都南侧山体（NM5）、贵州益佰工业园东侧山体（NM6）、三桥批发市场山体（NM7）、贵州大学北校区山体（NM8）、燕山雅筑西侧山体（NM9）、尚善御景南侧山体（NM10）、永胜完中山体（NM11）和中坝东北侧山体（NM12），研究对象与对照山体的基本情况见表 7-1。

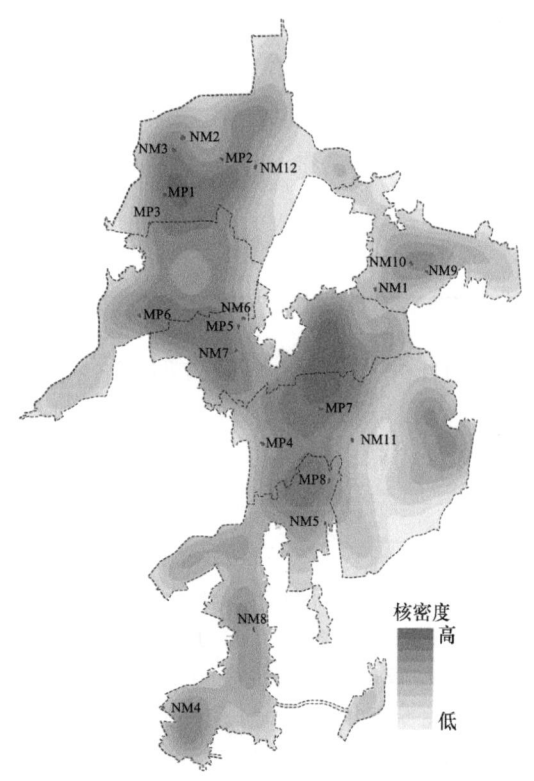

图 7-1　贵阳市建成区核密度分布图

表 7-1　山体公园与自然山体基本信息统计

山体类型	编号	区位	山体面积/hm²	核密度等级	海拔/m	园路面积/m²	活动场地面积/m²	公园化设施占比/%	最小游人容量/人	最大游人容量/人	最佳游人容量/人	修建时间
山体公园	MP1	白云区	5.80	2	1 315	4 070	1 310	10.34	2 356	5 807	3 081	2017 年
	MP2	白云区	4.50	3	1 318	2 600	9 600	27.11	3 727	10 322	5 623	1996 年
	MP3	观山湖区	4.58	4	1 297	617	190	0.79	1 072	2 582	1 360	2018 年
	MP4	南明区	5.59	4~5	1 123	1 395	50	2.58	1 040	2 483	1 305	1966 年
	MP5	云岩区	4.25	3~4	1 269	1 278	281	7.69	1 437	3 463	1 825	2018 年
	MP6	观山湖区	4.86	3	1 311	969	923	3.89	1 240	3 092	1 646	2010 年
	MP7	南明区	5.10	2	1 116	846	2 462	6.80	1 588	4 080	2 241	1998 年
	MP8	花溪区	3.95	5	1 129	848	166	3.80	1 066	2 562	1 349	2011 年
自然山体	NM1	乌当区	3.85	5	1 117							
	NM2	白云区	6.94	3	1 311							
	NM3	白云区	5.57	2	1 307							
	NM4	花溪区	3.65	5	1 186							
	NM5	南明区	3.85	5	1 113							
	NM6	云岩区	3.94	4~5	1 287							
	NM7	云岩区	4.37	2	1 201							
	NM8	花溪区	3.50	3	1 125							
	NM9	乌当区	4.12	4	1 130							
	NM10	乌当区	3.64	3	1 124							
	NM11	南明区	4.68	3	1 120							
	NM12	白云区	6.35	4	1 330							

7.2　公园化利用程度指标与植物群落特征指标测算

7.2.1　公园化利用程度指标及测算

1. 公园化利用程度

为衡量 8 个山体公园的利用程度,本研究将山体公园中的基础设施(道路、建筑)以及游人容量(最大、最小、最佳游人容量)作为公园化利用程度指标,采用加权求和法与德尔菲法,得到各指标的权重值。总体上公园化设施(0.52)权重值高于游人容量(0.48),各指标权重值排序为园路面积(0.28)>活动场地面积(0.24)>最大游人容量(0.19)>最佳游人容量(0.16)>最小游人容量(0.13)(表 7-2)。结合权重指标值和本研究实际情况,将山体公园中各种园林景观与设施的总面积占山体公园投影面积的百分比作为公园化开发建设强度(IPDC)指标,并将游人容量作为公园化利用程度(DPU)指标,并根据德尔菲法进行分级(表 7-3)。

表 7-2　公园化程度指标权重值

指标		权重
公园化开发建设强度	园路面积	0.28
	活动场地面积	0.24
公园化利用程度	最大游人容量	0.19
	最小游人容量	0.13
	最佳游人容量	0.16

表 7-3　山体公园公园化程度划分

公园化利用程度	最大游人容量	最小游人容量	最佳游人容量	公园化基础设施占比/%
轻度公园化利用	2000~2600 人	1000~1300 人	1300~1800 人	0~5
中度公园化利用	2600~5000 人	1300~1600 人	1800~3000 人	6~10
重度公园化利用	5000 人及以上	1600 人及以上	3000 人及以上	11~30

2. 山体公园游人容量

参照喀斯特山体公园游人容量测算模型（张瑾珲等，2020），结合喀斯特山体公园园路最大、最小、最佳行走间距，活动场所最大、最佳和最小人均游憩占有面积的计算方程，分别计算得到喀斯特山体公园最大容量、最佳容量和最小容量阈值。公式如下。

园路最大游人容量（RrCC$_{max}$）为

$$RrCC_{max} = \sum_{i=1} \frac{L_r \times W_i}{1.47} \times d \qquad (7\text{-}1)$$

园路最小游人容量（RrCC$_{min}$）为

$$RrCC_{min} = \sum_{i=1} \frac{L_r \times W_i}{3.5} \times d \qquad (7\text{-}2)$$

园路最佳游人容量（RrCC）为

$$RrCC = \sum_{i=1} \frac{L_r \times W_i}{2.8} \times d \qquad (7\text{-}3)$$

$$d = \frac{T}{t_r} \qquad (7\text{-}4)$$

$$t_r = \frac{L_r}{v} \qquad (7\text{-}5)$$

式中，L_r 为喀斯特山体公园的园路实际长度（m）；W_i 为喀斯特山体公园园路宽度（m），当园路宽度<1m 时，$W_i=1$，园路宽度在 1.5~2m 时，$W_i=2$，园路宽度>2m 时，$W_i=3$；d 为喀斯特山体公园园路周转率（次/d）；T 为喀斯特山体公园总游憩时间（7：00~17：00，共计 10h）；t_r 为游玩喀斯特山体公园园路的时间（根据喀斯特山体公园园路实际行走速度测量）；v 取值 20m/min。节假日、周末游人入园高峰期园路容量测算时，游人行走间距取最小值 1.47m，工作日或非入园高峰期时段园路容量测算行走间距取最大值 3.5m，通过计算以及测量游人在山体园路中的实际行走状态，2.8m 的行走间距是满足游人亲密、社交范围的最佳行走间距。

活动场地最大游人容量（RgCC$_{max}$）为

$$RgCC_{max} = \sum_{i=1} \frac{S}{2.89} \times d \qquad (7\text{-}6)$$

活动场地最小游人容量（RgCC$_{min}$）为

$$RgCC_{min} = \sum_{i=1} \frac{S}{8.8} \times d \qquad (7\text{-}7)$$

活动场地最佳游人容量（RgCC）为

$$RgCC = \sum_{i=1} \frac{S}{5.15} \times d \qquad (7\text{-}8)$$

活动场地周转率为

$$d = \frac{T}{t_s} \qquad (7\text{-}9)$$

式中，S 为喀斯特山体公园活动场地总面积（m^2）；d 为活动场地周转率（次/d）；T 为山体公园游憩总时间（7：00～17：00，共计 10h）；t_s 为喀斯特山体公园各类游憩活动平均游玩时间取值。周末、节假日及上午的入园高峰时段在园人数较多，人均游憩占有面积取最小值 2.89m^2 计算喀斯特山体公园的最大游人容量；工作日、天气状况不佳的平常日入园人数仅有高峰时期的 1/3，人均游憩面积取 8.8m^2 计算最小游人容量；经测算得出喀斯特山体公园最佳人均游憩占有面积为 5.15m^2。

由上述园路游人容量和活动场所游人容量公式，可综合计算出喀斯特山体公园最大、最小和最佳游人容量，公式如下。

喀斯特山体公园最大游人容量（KHPTCC$_{max}$）为

$$KHPTCC_{max} = RrCC_{max} + RgCC_{max} \qquad (7\text{-}10)$$

喀斯特山体公园最小游人容量（KHPTCC$_{min}$）为

$$KHPTCC_{min} = RrCC_{min} + RgCC_{min} \qquad (7\text{-}11)$$

喀斯特山体公园最佳游人容量（KHPTCC）为

$$KHPTCC = RrCC + RgCC \qquad (7\text{-}12)$$

7.2.2 植物群落特征调查与指标测算

1. 样带样方设置方案

参照《植物社会学理论与方法》和喀斯特地区植物演替特征进行样方设置，结合调查研究工作的可操作性，确定最小样地面积为 30m×30m（900m^2）（金振洲，2009；安明态，2019）。样带样方设置按四方向法，以山顶为中心向山脚延伸，每方向设置 3 个样点（山顶、山腰、山脚处各一个），纵向分析山体从山顶到山脚的植物群落特征差异；设置嵌套型样方，每个取样点按乔、灌、草分别设置 5 个调查样方，每个样方之间的间隔不少于 3m。其中，乔木样方大小为 10m×10m，灌木样方大小为 3m×3m，草本样方大小为 1m×1m。

2. 调查内容和指标测算

野外调查时间为 2019 年的 7~10 月。记录每个样方的地理坐标、海拔、坡向等信息。群落调查内容和指标包括：乔木的种名、数量、高度、胸径、冠幅、生长状况等；灌木（包括小乔木）的种名、高度、冠径、株数、生长状况等；草本的种名、株数或盖度、生长状况等。

植物物种多样性测定采用 Margalef 丰富度指数，反映植物群落中物种的丰富程度；采用 Shannon-Wiener 多样性指数、Simpson 多样性指数和 Pielou 均匀度指数作为植物物种数量、结构和分布均匀程度的综合量化指标（马克平等，1995）。

7.3　植物群落结构与物种组成对公园化利用的响应

7.3.1　对城市遗存自然山体植物群落结构的影响

两类型山体植物群落垂直结构样方数统计结果见表 7-4，可以看出山体公园群落结构均以 4 层和 3 层复合结构为主，连续性强，而自然山体植物群落垂直结构会出现断层甚至单层现象。其中，NM4 号山体乔木、灌木缺失的样方高达 20 个，该山体位于贵安新区，山体周边大规模新区城市建设挖掘破坏使山体部分基岩裸露，生存环境严酷；NM1 号、NM2 号 NM5 号和 NM12 号 4 座山体均存在 5~12 个乔木缺失样方。黔中地区是贵州省喀斯特地貌分布最广的区域，也是人口密度和人口数量最多的区域，长期的人类活动干扰使得该区域植被长期处于退化状态（盛叶子等，2020），导致出现遗存于城市建成环境之中的自然山体植被群落结构中少乔木层的现象，自然山体部分样地群落结构趋于简单化。MP1 号、MP2 号、MP4 号和 MP8 号山体公园出现乔木缺失现象，但均在 3 个样方以内，由此可见，山体公园虽受公园化建设和人为干扰的影响，但公园建设常会人为地选择植被较好的山体，而且在建园过程中人工绿化增加了一定数量的乔木，从这个意义上来讲，城市遗存自然山体的公园化利用有利于植物群落结构的完善，但是由于喀斯特山体生境条件严酷，土壤稀少、水土流失严重，公园化利用在通过人为措施丰富植物种类和群落结构的同时，也会加剧水土流失等负面影响，因此在日常维持中需要加大对人工绿植的养护。

表 7-4　山体公园与自然山体植物群落垂直结构样方数　　　　（单位：个）

山体类型	样山编号	乔	草-藤	乔-藤	乔-草	灌-草	乔-草-藤	灌-草-藤	乔-灌-草	乔-灌-草-藤
	MP1				2	1			22	26
	MP2					2			10	26
山体公园	MP3								3	40
	MP4					1			6	48
	MP5								11	49
	MP6								9	49

续表

山体类型	样山编号	乔	草-藤	乔-藤	乔-草	灌-草	乔-草-藤	灌-草-藤	乔-灌-草	乔-灌-草-藤
山体公园	MP7								1	59
	MP8						1		16	33
自然山体	NM1						9	1	7	41
	NM2				3			3	16	35
	NM3								1	57
	NM4				3			17	3	31
	NM5			2			6		27	25
	NM6								6	54
	NM7		1			1	2		23	32
	NM8								2	44
	NM9				1				3	45
	NM10						5		15	34
	NM11	1			1		3		1	54
	NM12			1	4	4	2	1	33	13

注：空白表示没有这类垂直结构

　　将乔木胸径划分为小、中、较大、大、特大 5 个龄组，分别为：Ⅰ（≤10cm）；Ⅱ（11~20cm）；Ⅲ（21~30cm）；Ⅳ（31~40cm）；Ⅴ（41cm 及以上）。由图 7-2a 可知，两类型山体乔木径级结构均呈现倒 J 分布型，乔木平均个体数随龄组增加而减少，小径级乔木数据在整个群落中占明显优势，中、较大龄组乔木个体数较少，大、特大龄组乔木个体数极少。但通过对比得知，山体公园≤10cm 径级乔木平均株数明显高于自然山体，分别为 442 株和 206 株。这一结果进一步说明了乔木层植物数量的增加与公园化利用有直接关系，其结果与更多人为公园建设的选址和其中植被的栽植有关。另外，近年来生态环境建设以及山体植被资源管理强化后，减少或杜绝了樵采砍伐等人为干扰，自然山体的小径级乔木得以更新。由图 7-2b 可知，两类型山体乔木高度均随胸径的增加呈明显增加趋势。其中，自然山体 45cm 径级乔木平均高度显著高于山体公园，这可能与不同山体生境条件和植物生长状况以及不同植物种的生长特性有关，关于这一现象的具体原因还有待进一步调查与分析。

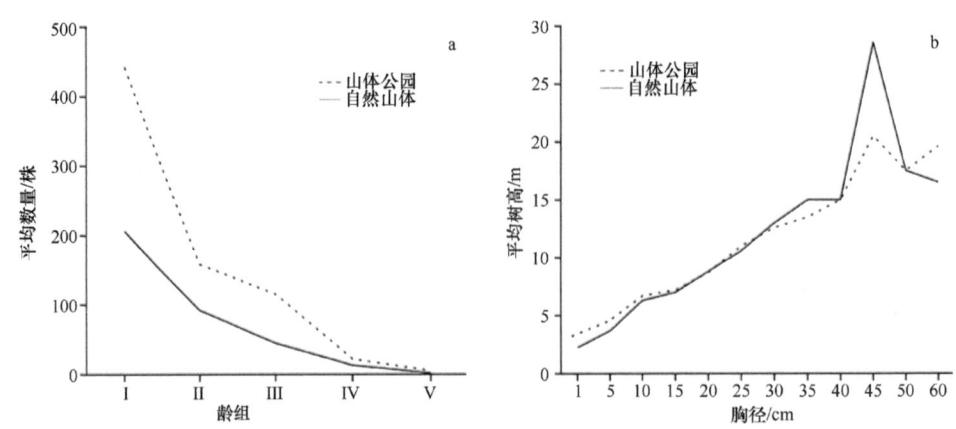

图 7-2　山体公园与自然山体乔木径级结构数量特征

7.3.2　对城市遗存自然山体植物群落物种组成的影响

共调查记录植物 155 科 457 属 604 种。其中，自然山体共记录 142 科 377 属 474 种植物，山体公园共记录 132 科 349 属 437 种。各公园物种组成情况统计结果见表 7-5，通过方差分析可知，整体上两类型山体平均物种数无显著性差异（山体公园 153 种，自然山体 149 种），但不同样山之间物种数量差异较大。自然山体中 NM4 号和 NM5 号物种数明显低于其他自然山体，分别为 107 种和 123 种。一般认为斑块越小越容易受到外围环境或基底中各种干扰的影响（Zambrano et al.，2019），NM4 号和 NM5 号山体周边城市建设破坏与耕种等人为干扰强烈，加之山体面积较小（分别为 3.65hm^2 与 3.85hm^2），抗干扰能力弱，山体边缘受到干扰后内部植物群落反映强烈，导致物种数明显低于其他几个山体。另外，有研究表明过度的游憩活动会导致生境植物群落结构与组成发生一定程度改变以适应环境的变化（牛莉芹，2019）。山体公园中 MP2 号为重度公园化利用山体，基础设施面积占比较高，公园化开发建设强度指标高达 27.11%，物种数为 110 种，明显低于其他 7 个公园。可见适度的公园化利用对山体植物群落的物种丰富度和结构有一定的积极作用，但过度公园化利用则会产生负面影响。

表 7-5　山体公园与自然山体植物科属种组成

山体类型	样山编号	科	属	种	乡土植物/种	外来物种/种
山体公园	MP1	79	139	158	102（65%）	56（35%）
	MP2	59	97	110	74（67%）	36（33%）
	MP3	65	132	144	109（76%）	35（24%）
	MP4	71	133	152	99（65%）	53（35%）
	MP5	72	123	176	123（70%）	53（30%）
	MP6	72	133	153	102（67%）	51（33%）
	MP7	73	144	162	109（67%）	53（33%）
	MP8	70	3147	167	110（66%）	57（34%）
	均值	70±5.915	131±15.666	153±19.862	104±14.031	49±8.697
自然山体	NM1	75	138	157	103（66%）	54（34%）
	NM2	61	119	132	101（77%）	31（23%）
	NM3	76	149	162	111（69%）	51（31%）
	NM4	51	98	107	82（77%）	25（23%）
	NM5	67	113	123	85（69%）	38（31%）
	NM6	67	132	144	106（74%）	38（26%）
	NM7	74	153	167	113（68%）	54（32%）
	NM8	79	142	162	109（67%）	53（33%）
	NM9	73	148	162	118（73%）	44（27%）
	NM10	76	135	152	103（68%）	49（32%）
	NM11	65	125	144	96（67%）	48（33%）
	NM12	69	153	171	127（74%）	44（26%）
	均值	69±7.891	134±17.242	149±19.458	105±12.796	44±9.405

　　两类型山体植物群落生活型构成统计结果见表 7-6，可以看出两类型山体各生活型平均物种数量无显著差异，且存在较大相似性。其中，两类型山体乔木常绿落叶比均为1∶1.9，均以落叶乔木树种为主；山体公园和自然山体藤本常绿落叶比分别为 1∶1.7 和1∶1.8，均以落叶藤本为主；山体公园和自然山体灌木常绿落叶比分别为 1.5∶1 和 1.2∶1，均以常绿灌木为主；两类型山体一年生多年生草本比均为 1∶1.8，均以多年生草本为主。两类型山体物种数量整体上均呈现出草本＞灌木＞乔木＞藤本的趋势。一方面，喀斯特植被尤其是镶嵌在高异质性城市环境中的城市自然遗存山体植被，植物群落及土壤环境更容易受外部环境影响而发生改变，以适应周边干扰环境并维持群落结构与组成。另一方面，不同植物种对外界环境干扰胁迫的适应能力和植物本身特性的差异也可能是造成该结果的原因。本研究中自然山体长期受到强烈干扰后乔、灌植物生长受到严重限制，而草本植物尤其是环境适应性强的多年生草本植物则在群落中占据一定的优势。例如，MP4 号山体表现为城市建设挖掘等严重破坏后生态系统稳定性失衡，部分样地乔、灌植物急剧减少或消失，芒、苫草等环境适应性强的草本植物迅速占据了大量生长空间。两类型山体植物生活型与平均物种数呈现出较大相似性也从侧面反映出山体公园化并不是影响喀斯特城市自然遗存山体植物组成的主要原因，其植物群落结构与组成是周边城市基质、山体生境条件、人为干扰以及土壤、光照、地形、气候等多个因子协同作用的结果。

表 7-6　山体公园与自然山体植物群落生活型构成

山体类型	样山编号	乔木			灌木			藤本			草本		
		常绿	落叶	常绿落叶比	常绿	落叶	常绿落叶比	常绿	落叶	常绿落叶比	一年生	多年生	一年生多年生比
山体公园	MP1	11	21	1∶1.9	27	12	2.3∶1	6	10	1∶1.7	24	47	1∶2.0
	MP2	12	12	1∶1	12	12	1∶1	3	9	1∶3	16	34	1∶2.1
	MP3	7	21	1∶3	14	12	1.2∶1	6	11	1∶1.8	34	39	1∶1.1
	MP4	6	17	1∶2.8	21	8	2.6∶1	6	12	1∶2	25	57	1∶2.3
	MP5	10	20	1∶2	27	11	2.5∶1	5	11	1∶2.2	29	63	1∶2.2
	MP6	11	21	1∶1.9	7	13	1∶1.9	6	8	1∶1.3	25	55	1∶2.2
	MP7	9	19	1∶2.1	19	11	1.7∶1	8	7	1.1∶1	32	57	1∶1.8
	MP8	12	20	1∶1.7	19	16	1.2∶1	5	8	1∶1.6	39	48	1∶1.2
	均值	10±2.252	19±3.091	1∶1.9	18±7.025	12±2.232	1.5∶1	6±1.408	10±1.773	1∶1.7	28±7.091	50±9.871	1∶1.8
自然山体	NM1	15	18	1∶1.2	16	19	1∶1.2	4	13	1∶3.3	23	49	1∶2.1
	NM2	8	14	1∶1.8	20	15	1.3∶1	4	5	1∶1.3	23	43	1∶1.9
	NM3	12	20	1∶1.7	21	13	1.6∶1	8	8	1∶1	28	52	1∶1.9
	NM4	6	16	1∶2.7	11	11	1∶1	6	8	1∶1.3	15	37	1∶2.5
	NM5	12	18	1∶1.5	9	10	1∶1.1	3	6	1∶2	27	38	1∶1.4
	NM6	7	19	1∶2.7	21	17	1.2∶1	6	8	1∶1.3	20	46	1∶2.3
	NM7	6	23	1∶3.8	21	11	1.9∶1	4	9	1∶2.3	34	58	1∶1.7
	NM8	11	26	1∶2.4	19	14	1.4∶1	7	13	1∶1.9	25	47	1∶1.9
	NM9	9	15	1∶1.7	20	20	1∶1	6	12	1∶2	28	52	1∶1.9
	NM10	12	22	1∶1.8	23	15	1.5∶1	3	13	1∶4.3	20	44	1∶2.2
	NM11	7	21	1∶3	13	11	1.2∶1	7	7	1∶1	31	47	1∶1.5
	NM12	9	21	1∶2.3	16	18	1∶1.1	6	6	1∶1	32	63	1∶2.0
	均值	10±2.876	19±3.476	1∶1.9	18±4.482	15±3.425	1.2∶1	5±1.670	9±2.985	1∶1.8	26±5.843	19±7.544	1∶1.8

7.4　植物群落物种多样性及其空间格局对公园化利用的响应

7.4.1　对城市遗存自然山体植物群落物种多样性的影响

由两类型山体植物多样性指数结果（表 7-7）可以看出，山体公园多样性指数整体高于自然山体，且存在显著性差异。通过对比分析山体公园各山体之间的多样性差异可以看出。①不同公园化程度山体多样性存在显著差异，相关性分析表明，IPDC、DPU与多样性指数之间存在显著负相关关系，主要表现为重度公园化利用山体各多样性指数整体上低于中度、轻度公园化利用山体。这说明强烈的旅游活动可能会导致生态环境遭到破坏、多样性下降，而适度水平或较低水平的干扰则有利于物种丰富度增加，这与许多研究结论一致（方紫妍等，2019）。②不同山体公园面积多样性指数整体表现为 $\geq 5hm^2$ 的山体公园（如 MP1、MP4、MP7 号公园）多样性指数显著低于 $\leq 5hm^2$ 的山体公园（如 MP3、MP5、MP6 号公园），相关性结果也表明公园面积与多样性指数呈负相关关系，这说明山体公园多样性指数并不随面积的增加而呈上升趋势。究其原因可能是山体公园化利用后生态环境相对稳定，并进行人工栽植绿化与养护管理，一定程度上减弱了斑块面积对多样性的影响。③自然山体多样性指数与山体面积无显著相关关系，说明喀斯特城市自然山体的面积并不是影响其物种多样性的主要因素。可能是因为喀斯特自然生境本就存在岩石裸露、石漠化的严重生态问题并且十分普遍（盛茂银等，2015），喀斯特多山城市地形地貌复杂，景观格局破碎度较高，加之不同山体生态环境条件、周边用地性质、人类活动频繁程度及干扰方式不一，导致自然山体面积对多样性指数影响较小。④两类型山体植物多样性与核密度等级呈显著负相关关系，核密度高值区域（2~3 级）多样性指数显著低于核密度低值区域（4~5）。核密度能够反映自然遗存山体周边建筑或街区的分布情况，核密度等级越高，该区域建筑密度及相应的人口密度则越高，相对于周边多为自然生境或城市绿地的低核密度区域，高核密度区域用地性质更复杂，对自然遗存山体的干扰更大，可能导致多样性指数降低。Saunders 等（2020）在城市植被覆盖驱动因素的研究中发现，城市植被覆盖/多样性与周边居住密度、人口密度、建筑面积覆盖率呈显著负相关，与周边植被覆盖度呈显著正相关。本研究结果进一步印证了周边用地性质复杂、高建筑与人口密度的城市环境会对城市生境完整性、植物多样性起到负面作用。

表 7-7　山体公园与自然山体植物群落物种多样性指数

山体类型	样山编号	公园化利用程度	Margalef 丰富度指数	Shannon-Wiener 多样性指数	Simpson 多样性指数	Pielou 均匀度指数
山体公园	MP1	重度公园化利用	6.796±2.419a	0.846±0.210a	0.759±0.120a	0.310±0.046a
	MP2	重度公园化利用	7.447±1.591ab	0.968±0.141b	0.831±0.078b	0.340±0.035b
	MP3	轻度公园化利用	11.013±1.943d	1.150±0.116d	0.884±0.047c	0.360±0.028c
	MP4	轻度公园化利用	8.674±1.858c	1.008±0.179bc	0.831±0.104b	0.331±0.051b
	MP5	中度公园化利用	10.820±1.644d	1.162±0.112a	0.887±0.048c	0.359±0.027c
	MP6	轻度公园化利用	9.109±1.711c	1.087±0.112d	0.876±0.046c	0.356±0.026c
	MP7	中度公园化利用	8.712±2.028c	1.048±0.122bc	0.859±0.050bc	0.348±0.026bc
	MP8	轻度公园化利用	7.827±2.184b	0.982±0.172b	0.831±0.091b	0.332±0.040b
	均值		8.848±2.368	1.035±0.176	0.846±0.086	0.342±0.039

续表

山体类型	样山编号	公园化利用程度	Margalef 丰富度指数	Shannon-Wiener 多样性指数	Simpson 多样性指数	Pielou 均匀度指数
自然山体	NM1		8.053±2.023bc	0.998±0.127a	0.850±0.051cd	0.347±0.028cd
	NM2		7.978±1.740bc	0.963±0.113a	0.823±0.050c	0.321±0.027b
	NM3		9.348±2.071ab	1.040±0.165d	0.837±0.082c	0.335±0.042bc
	NM4		6.087±1.811a	0.785±0.194a	0.714±0.141a	0.279±0.053a
	NM5		6.317±1.770a	0.864±0.168a	0.783±0.088b	0.318±0.039b
	NM6		9.076±1.857cd	1.073±0.142cd	0.866±0.066d	0.358±0.034d
	NM7		9.049±1.879cd	1.059±0.142d	0.859±0.069cd	0.350±0.031cd
	NM8		8.746±1.993c	1.043±0.13c	0.858±0.060cd	0.351±0.033cd
	NM9		9.580±2.127d	1.055±0.161d	0.851±0.069cd	0.341±0.039bc
	NM10		7.927±1.961b	1.008±0.120cd	0.852±0.050cd	0.350±0.025cd
	NM11		8.194±2.092bc	1.004±0.147cd	0.840±0.071cd	0.345±0.035c
	NM12		8.429±2.365bc	0.998±0.187a	0.825±0.088c	0.330±0.043b
	均值		8.218±2.225	0.990±0.172	0.830±0.087	0.335±0.042

注：同类型山体同列无相同字母表示具有显著差异（$P<0.05$）

由表 7-8 两类型山体不同坡位坡向植物多样性分析可知：坡位上，自然山体 Margalef 丰富度指数与山体公园 Simpson 多样性指数和 Pielou 均匀度指数表现为山腰/山脚＞山顶，主要原因是喀斯特山体因水土流失，山顶岩石裸露率高，土壤稀少，植物主要以能适应喀斯特环境的少数灌木生长于石头缝隙之中，植被物种数量较少。而山体公园建设常在山顶设置活动场地、眺望观景亭廊等景观服务设施，也是游人相对集中的区域，自然与人为共同作用导致植物群落异质性较低。相比较而言，山腰位置受人为干扰少，而且累积了雨水冲刷下来的土壤及植物种子，土壤水肥条件适中，资源可利用率较高，植物多样性较高。坡向和坡位是影响山地城市植物多样性分布的重要地形因子（Auslander et al.，2003），但两类型山体山脚、山腰处植物多样性指数在坡向上无明显差异。一般情况下，坡向不同，光照不同，导致不同坡向的生境条件差异，而城市喀斯特山体周边高楼林立，贵阳市中心城区山体相对高度一般为 50～100m，山腰及以下阳坡已无光照优势，这可能是导致山体中下部不同坡向植物多样性无明显差异的主要原因。

7.4.2 与城市遗存自然山体植物群落物种多样性的相关性

对山体公园植物群落物种多样性与公园化利用程度不同指标进行相关性分析，结果（表 7-9）表明，8 个因子与物种多样性之间存在一定的相关性：①公园面积与物种多样性指数呈极显著负相关，与园路面积、最小游人容量呈显著正相关；②核密度等级与物种丰富度指数、Shannon-Wiener 多样性指数和 Simpson 多样性指数呈显著正相关，与 IPDC、DPU 呈极显著负相关；③IPDC、DPU 与物种数、多样性指数之间均存在负相关；④IPDC 和 DPU 之间存在极显著正相关。结合前述结果分析可以推测，公园化利用程度与山体公园物种多样性密切相关，公园化利用程度是 IPDC 的直接体现，增加公园化基础设施是提高游客量最直接的方法，基础设施占山体公园面积比例越高，山体开发力度、游人容量及随之而来的游人活动干扰则越大，若山体公园无限开发、扩展游憩空间，所占比例超过山体生境可承受的安全阈值，则

表 7-8　山体公园与自然山体不同坡向坡位植物群落物种多样性

山体类型	样地编号	方位	Margalef 丰富度指数			Shannon-Wiener 指数			Simpson 指数			Pielou 指数		
			山脚	山腰	山顶	山脚	山腰	山顶	山脚	山腰	山顶	山脚	山腰	山顶
	MP1	东	2.824±1.699a	5.060±0.981a		0.500±0.096a	0.732±0.051a		0.615±0.058a	0.706±0.049a		0.268±0.017a	0.296±0.019a	
		南	6.369±2.215b	8.443±1.329b		0.784±0.260ab	1.039±0.052b		0.704±0.196a	0.863±0.030b		0.289±0.072a	0.346±0.025a	
		西	6.814±2.354b	5.628±1.815a		0.797±0.259ab	0.762±0.085a		0.719±0.156a	0.740±0.033a		0.289±0.071a	0.302±0.030a	
		北	6.892±1.093b	7.619±2.348ab		0.818±0.075b	0.984±0.200b		0.746±0.084a	0.830±0.106b		0.298±0.040a	0.351±0.053a	
		均值	5.763±2.429	6.899±2.098	7.680±2.423	0.728±0.223	0.899±0.172	0.911±0.190	0.697±0.136	0.795±0.085	0.787±0.111	0.286±0.052	0.327±0.040	0.318±0.037
	MP2	东	7.577±0.875a	6.716±1.260a		1.003±0.141ab	0.908±0.171a		0.846±0.088ab	0.795±0.099a		0.347±0.042ab	0.328±0.043a	
		南	9.146±1.155a	7.651±2.446a		1.086±0.075b	1.022±0.152a		0.876±0.030b	0.867±0.046a		0.354±0.017b	0.359±0.014a	
		西	6.222±0.891a	7.112±1.557a		0.920±0.092a	0.942±0.111a		0.841±0.041ab	0.832±0.055a		0.350±0.019ab	0.341±0.027a	
		北	6.960±1.934a	8.252±0.782a		0.842±0.186a	1.006±0.130a		0.734±0.135a	0.843±0.057a		0.300±0.058b	0.336±0.042a	
		均值	7.504±1.593	7.390±1.629		0.969±0.147	0.968±0.139		0.829±0.090	0.834±0.068		0.340±0.039	0.341±0.032	
山体公园	MP3	东	10.450±1.382a			1.179±0.079b			0.908±0.024b			0.380±0.014a		
		南	11.525±0.892a	11.781±2.134a		1.162±0.114b	1.217±0.126a		0.881±0.064b	0.910±0.033a		0.354±0.030a	0.365±0.021a	
		西	9.732±2.263a			0.958±0.145a			0.790±0.057a			0.301±0.030a		
		北	9.989±1.900a	10.615±1.688a		1.110±0.079ab	1.169±0.072a		0.883±0.019b	0.905±0.016a		0.364±0.009a	0.373±0.010a	
		均值	10.328±1.703	11.263±1.923	11.498±2.076	1.099±0.129	1.195±0.102	1.172±0.097	0.866±0.060	0.907±0.025	0.890±0.037	0.350±0.036	0.369±0.016	0.363±0.024
	MP4	东	6.808±1.045a	9.579±1.152a		0.983±0.063a	1.150±0.058a		0.853±0.027a	0.902±0.012a		0.357±0.020a	0.373±0.016a	
		南	8.101±0.826a	9.024±1.110a		1.053±0.052ab	0.992±0.150a		0.878±0.028a	0.825±0.069a		0.362±0.027a	0.316±0.040a	
		西	10.341±1.622b	8.797±2.378a		1.127±0.098b	1.037±0.214a		0.885±0.029a	0.852±0.077a		0.347±0.021a	0.336±0.051a	
		北		9.759±1.077a			1.083±0.175a			0.852±0.116a			0.342±0.058a	
		均值	8.417±1.882	9.290±1.531	8.250±2.054	1.055±0.091	1.065±0.159	0.914±0.213	0.872±0.030	0.858±0.077	0.774±0.136	0.355±0.022	0.342±0.046	0.303±0.060

续表

山体类型	样山编号	方位	Margalef 丰富度指数			Shannon-Wiener 指数			Simpson 指数			Pielou 指数		
			山脚	山腰	山顶	山脚	山腰	山顶	山脚	山腰	山顶	山脚	山腰	山顶
	MP5	东	11.117±1.171a	10.491±1.609a		1.179±0.036a	1.219±0.093a		0.894±0.028a	0.918±0.021a		0.360±0.018a	0.385±0.011b	
		南	10.703±1.890a	11.018±2.305a		1.127±0.126a	1.187±0.152a		0.864±0.076a	0.895±0.045a		0.348±0.034a	0.363±0.028ab	
		西	11.616±1.957a	12.158±0.765a		1.235±0.119a	1.258±0.081a		0.909±0.037a	0.919±0.023a		0.374±0.020a	0.375±0.023ab	
		北	10.735±0.700a	10.250±1.099a		1.139±0.150a	1.134±0.040a		0.874±0.086a	0.889±0.012a		0.353±0.046a	0.357±0.011a	
		均值	11.043±1.447	10.979±1.615	10.439±1.914	1.170±0.115	1.200±0.103	1.116±0.108	0.885±0.059	0.906±0.029	0.869±0.046	0.359±0.031	0.370±0.021	0.350±0.026
	MP6	东	9.977±1.899a	8.890±1.628a		1.156±0.113a	1.094±0.109ab		0.900±0.030a	0.881±0.041b		0.368±0.022a	0.364±0.017b	
		南	9.146±3.098a	9.267±1.693a		1.076±0.118a	1.140±0.067b		0.873±0.029a	0.900±0.015b		0.354±0.019a	0.366±0.006b	
		西	8.420±0.363a	9.291±0.814a		1.078±0.057a	1.130±0.038b		0.884±0.025a	0.902±0.013b		0.362±0.017a	0.372±0.015b	
		北	9.132±0.673a	7.849±2.244a		1.117±0.083a	0.964±0.201a		0.895±0.023a	0.814±0.089a		0.367±0.022a	0.329±0.045a	
		均值	9.126±1.779	8.824±1.649	9.390±1.751	1.104±0.092	1.082±0.132	1.074±0.112	0.887±0.027	0.874±0.058	0.865±0.047	0.363±0.019	0.358±0.029	0.347±0.027
山体公园	MP7	东	8.946±2.562ab	8.888±1.811a		1.038±0.157ab	1.030±0.098a		0.858±0.053b	0.851±0.060a		0.343±0.027a	0.342±0.036ab	
		南	6.895±2.357a	9.155±1.275a		0.919±0.196a	1.088±0.050a		0.806±0.100a	0.873±0.012a		0.335±0.041a	0.352±0.014b	
		西	9.976±2.142b	8.687±2.365a		1.176±0.116b	1.017±0.071a		0.900±0.038b	0.849±0.014a		0.369±0.013a	0.331±0.009a	
		北	6.840±1.244a	8.392±1.853a		0.971±0.083a	1.076±0.078a		0.850±0.034ab	0.882±0.032a		0.353±0.019a	0.368±0.026b	
		均值	8.164±2.399	8.781±1.736	9.191±1.854	1.026±0.165	1.053±0.076	1.065±0.111	0.853±0.066	0.864±0.036	0.861±0.460	0.350±0.028	0.348±0.026	0.345±0.025
	MP8	东	7.047±0.931a	10.733±2.467a		1.014±0.090a	1.121±0.131b		0.869±0.037b	0.878±0.043b		0.357±0.023b	0.344±0.019a	
		南	7.806±1.315a	9.273±1.616a		0.912±0.166a	1.000±0.122ab		0.779±0.102a	0.841±0.042ab		0.306±0.035a	0.315±0.023a	
		西	7.471±1.405a	10.344±2.139a		1.048±0.082a	1.177±0.155b		0.877±0.028b	0.903±0.041b		0.360±0.010b	0.358±0.028a	
		北	6.856±1.919a	6.171±1.688a		0.956±0.050a	0.843±0.176a		0.839±0.026ab	0.774±0.123a		0.340±0.017b	0.306±0.052a	
		均值	7.295±1.185	9.130±2.599	6.285±1.307	0.982±0.111	1.035±0.189	0.874±0.201	0.841±0.066	0.849±0.083	0.778±0.131	0.340±0.031	0.331±0.037	0.315±0.056

续表

山体类型	样山编号	方位	Margalef 丰富度指数			Shannon-Wiener 指数			Simpson 指数			Pielou 指数		
			山脚	山腰	山顶	山脚	山腰	山顶	山脚	山腰	山顶	山脚	山腰	山顶
自然山体	NM1	东	6.032±0.675a	7.472±1.473a		0.842±0.070a	0.916±0.162a		0.798±0.033a	0.815±0.081a		0.328±0.022a	0.327±0.050a	
		南	7.912±1.419ab	7.691±2.004a		1.052±0.061b	0.924±0.092a		0.882±0.013b	0.813±0.048a		0.369±0.013b	0.326±0.026a	
		西	7.084±1.201db	7.695±1.590a		0.908±0.090a	0.997±0.127a		0.811±0.066a	0.854±0.044a		0.329±0.029a	0.351±0.024a	
		北	9.233±1.736b	10.102±3.214a		1.062±0.066b	1.019±0.181a		0.864±0.031b	0.883±0.050a		0.349±0.025ab	0.355±0.036a	
		均值	7.736±1.698	8.240±2.288	8.153±2.078	0.980±0.113	0.986±0.155	1.026±0.107	0.843±0.052	0.841±0.061	0.866±0.035	0.345±0.027	0.339±0.035	0.357±0.018
	NM2	东	8.521±1.210a	7.890±0.983a		0.987±0.151a	0.975±0.052a		0.821±0.094a	0.817±0.032b		0.321±0.046a	0.323±0.017a	
		南	7.365±1.392a	9.848±1.473a		0.968±0.098a	1.112±0.101b		0.834±0.046a	0.869±0.043a		0.331±0.025a	0.351±0.021b	
		西	7.346±1.102a	9.770±2.275a		0.956±0.113a	1.064±0.065ab		0.824±0.049a	0.858±0.016ab		0.330±0.027a	0.337±0.014ab	
		北	7.252±1.694a	9.643±1.728a		0.949±0.110a	1.004±0.072a		0.827±0.040a	0.832±0.032ab		0.326±0.026a	0.316±0.013a	
		均值	7.621±1.363	9.258±1.761	7.024±1.289	0.965±0.111a	1.035±0.085	0.885±0.094	0.826±0.056	0.843±0.035	0.798±0.048	0.327±0.030	0.331±0.020	0.305±0.026
	NM3	东	11.085±2.767b	8.131±1.011a		1.202±0.135b	0.925±0.130a		0.909±0.027b	0.788±0.094a		0.382±0.008b	0.321±0.050a	
		南	10.816±1.570b	7.977±0.398a		1.133±0.149b	0.942±0.117a		0.864±0.080ab	0.789±0.080a		0.350±0.040b	0.315±0.040a	
		西	9.014±1.279ab	10.904±3.343b		1.064±0.109ab	1.151±0.146b		0.869±0.053ab	0.885±0.039a		0.347±0.033ab	0.351±0.017a	
		北	8.374±0.871ab	8.874±1.059ab		0.914±0.166a	0.999±0.142ab		0.770±0.103a	0.825±0.072a		0.297±0.048a	0.322±0.050a	
		均值	9.865±2.033	8.972±2.066	9.229±2.118	1.079±0.172	1.004±0.153	1.038±0.170	0.852±0.085	0.822±0.079	0.839±0.083	0.344±0.046	0.327±0.041	0.335±0.040
	NM4	东		4.090±0.343a			0.566±0.090a			0.599±0.101a			0.229±0.033a	
		南	6.134±3.302a	7.423±2.252b		0.670±0.346a	0.866±0.235b		0.584±0.258a	0.725±0.171ab		0.234±0.084a	0.289±0.065ab	
		西	6.543±1.559a	6.492±0.743b		0.790±0.194ab	0.860±0.100b		0.703±0.133ab	0.783±0.062b		0.271±0.048ab	0.298±0.027b	
		北	7.774±0.231a	7.073±1.563b		1.015±0.060b	0.843±0.156b		0.855±0.030b	0.750±0.111ab		0.344±0.030b	0.285±0.040ab	
		均值	6.817±2.084	6.209±1.828	5.424±1.373	0.825±0.261	0.779±0.189	0.761±0.139	0.714±0.193	0.714±0.127	0.713±0.111	0.283±0.072	0.275±0.047	0.280±0.043

续表

山体类型	样山编号	方位	Margalef 丰富度指数			Shannon-Wiener 指数			Simpson 指数			Pielou 指数		
			山脚	山腰	山顶	山脚	山腰	山顶	山脚	山腰	山顶	山脚	山腰	山顶
自然山体	NM5	东	7.355±2.891a	6.345±1.571a		1.007±0.211a	0.850±0.169a		0.844±0.081a	0.769±0.078a		0.355±0.029b	0.309±0.040a	
		南	6.112±0.707a	6.586±1.396a		0.812±0.140a	0.843±0.121a		0.762±0.090a	0.773±0.063a		0.296±0.044a	0.305±0.028a	
		西	5.576±1.876a	7.317±1.700a		0.877±0.158a	0.916±0.146a		0.810±0.067a	0.799±0.070ab		0.342±0.017b	0.319±0.033ab	
		北	5.925±0.905a	7.112±2.122a		0.862±0.078a	1.022±0.151a		0.793±0.043a	0.865±0.048b		0.320±0.027ab	0.360±0.025b	
		均值	6.242±1.803	6.840±1.624	5.869±1.825	0.889±0.160	0.908±0.154	0.795±0.175	0.802±0.073	0.802±0.072	0.746±0.107	0.328±0.036c	0.323±0.037	0.302±0.041
	NM6	东	6.775±1.738a	8.249±1.290a		0.924±0.102a	1.008±0.174a		0.810±0.050a	0.843±0.100a		0.332±0.020a	0.341±0.047a	
		南	9.530±0.771b	9.432±0.575a		1.122±0.060b	1.087±0.042a		0.893±0.022b	0.876±0.020a		0.368±0.022a	0.358±0.015a	
		西	10.096±1.760b	9.881±2.034a		1.141±0.111b	1.173±0.119a		0.889±0.044b	0.907±0.032a		0.364±0.024a	0.379±0.022a	
		北	9.125±1.138b	9.622±2.804a		1.054±0.126ab	1.106±0.160a		0.854±0.078ab	0.887±0.049a		0.348±0.039a	0.367±0.027a	
		均值	8.882±1.835	9.296±1.832	9.051±1.973	1.060±0.129	1.094±0.137	1.066±0.164	0.861±0.059	0.878±0.059	0.860±0.079	0.353±0.029	0.361±0.031	0.360±0.043
	NM7	东	10.033±2.415b	9.305±1.491a		1.111±0.085b	1.110±0.121b		0.883±0.016b	0.886±0.044b		0.353±0.009ab	0.361±0.025b	
		南	10.264±2.444b	9.300±1.350a		1.038±0.143ab	1.098±0.078b		0.840±0.071ab	0.885±0.023b		0.329±0.032a	0.358±0.019b	
		西	7.446±1.036a	7.679±2.167a		0.914±0.106a	0.904±0.217a		0.792±0.091a	0.767±0.115a		0.325±0.045a	0.318±0.040a	
		北	9.440±0.818ab	9.120±1.653a		1.125±0.107b	1.127±0.089b		0.891±0.037b	0.898±0.022b		0.374±0.021b	0.373±0.018b	
		均值	9.296±2.037	8.851±1.704	8.997±1.955	1.047±0.134	1.060±0.157	1.070±0.139	0.851±0.069	0.859±0.080	0.866±0.058	0.345±0.034	0.352±0.033	0.351±0.028
	NM8	东	7.970±1.163a	6.372±1.650a		1.077±0.055a	0.931±0.115a		0.889±0.009a	0.840±0.040a		0.376±0.004a	0.357±0.021a	
		南	8.557±0.724a	9.841±1.465b		1.028±0.064a	1.126±0.106b		0.855±0.034a	0.894±0.027a		0.343±0.024b	0.361±0.012a	
		西	10.600±1.030b	7.320±0.741a		1.145±0.149a	0.965±0.142a		0.882±0.068a	0.826±0.097a		0.356±0.034a	0.344±0.052a	
		北	9.957±0.676b	9.910±1.241b		1.096±0.023a	1.046±0.165b		0.874±0.016a	0.838±0.082a		0.355±0.007a	0.330±0.044a	
		均值	9.150±1.431	8.283±1.993	8.938±2.734	1.085±0.098	1.011±0.145	1.034±0.168	0.875±0.041a	0.847±0.068	0.851±0.068	0.358±0.025	0.347±0.036	0.346±0.040

续表

山体类型	样山编号	方位	Margalef 丰富度指数			Shannon-Wiener 指数			Simpson 指数			Pielou 指数		
			山脚	山腰	山顶	山脚	山腰	山顶	山脚	山腰	山顶	山脚	山腰	山顶
	NM9	东	11.089±1.581b	9.106±1.011ab		1.167±0.094b	1.090±0.066ab		0.895±0.027b	0.885±0.022ab		0.361±0.017b	0.360±0.026ab	
		南	10.367±1.903ab	9.351±0.804ab		1.030±0.155a	1.029±0.093ab		0.826±0.089a	0.854±0.048a		0.322±0.045a	0.334±0.034a	
		西	8.086±1.321a	8.034±1.320a		0.848±0.143a	0.954±0.108a		0.749±0.078a	0.819±0.059a		0.288±0.040a	0.324±0.032a	
		北	11.291±2.997b	10.730±3.502b		1.221±0.148b	1.183±0.185b		0.912±0.028b	0.901±0.044b		0.377±0.021b	0.375±0.024b	
		均值	10.208±2.292	9.305±2.066	8.793±1.628	1.067±0.194	1.064±0.141	1.009±0.127	0.845±0.087	0.864±0.053	0.835±0.058	0.377±0.047	0.348±0.034	0.333±0.032
	NM10	东		7.417±0.766a			0.996±0.105ab			0.852±0.043a			0.353±0.029a	
		南	9.858±1.360b	10.704±2.403b		1.134±0.138a	1.089±0.118b		0.884±0.044a	0.854±0.061a		0.366±0.023a	0.345±0.030a	
		西	7.324±1.393a	6.599±0.320a		1.025±0.090a	0.945±0.045a		0.873±0.030a	0.840±0.024a		0.369±0.025a	0.347±0.016a	
		北	8.299±1.279ab	6.980±2.048a		1.060±0.106a	0.963±0.114ab		0.880±0.032a	0.850±0.041a		0.356±0.028a	0.353±0.012a	
		均值	8.404±1.705	7.925±2.245	7.713±1.890	1.069±0.122	0.998±0.108	0.986±0.127	0.879±0.038	0.849±0.041	0.841±0.061	0.364±0.024	0.349±0.021	0.343±0.027
	NM11	东	9.414±2.393a	8.778±1.709a		1.042±0.173ab	1.009±0.184a		0.835±0.085a	0.805±0.111a		0.339±0.033a	0.330±0.048a	
		南	7.315±2.325a	7.346±1.521a		0.956±0.149a	0.929±0.114a		0.836±0.058a	0.808±0.057a		0.345±0.035ab	0.328±0.025a	
		西	7.814±1.022a	8.843±2.100a		1.045±0.040ab	0.991±0.209a		0.883±0.004a	0.815±0.099a		0.374±0.014b	0.327±0.054a	
		北	9.133±1.688a	7.965±1.397a		1.123±0.072b	1.066±0.061a		0.892±0.016a	0.883±0.019a		0.370±0.007ab	0.366±0.010a	
		均值	8.419±1.990	8.233±1.686	7.916±2.603	1.042±0.127	0.999±0.150	0.970±0.162	0.861±0.055	0.828±0.081	0.830±0.075	0.357±0.028	0.338±0.039	0.339±0.035
自然山体	NM12	东	7.030±1.678a	10.007±1.406ab		0.998±0.183ab	1.211±0.081b		0.853±0.072ab	0.921±0.017ab		0.357±0.041b	0.379±0.019ab	
		南	6.963±0.893a	6.062±1.067a		0.869±0.104a	0.850±0.126a		0.760±0.070a	0.772±0.073a		0.300±0.026a	0.308±0.031a	
		西	11.294±2.687b	9.717±0.890b		1.153±0.131b	1.119±0.088b		0.872±0.041ab	0.886±0.031b		0.346±0.022ab	0.350±0.026b	
		北	10.889±1.936b	9.741±1.282b		1.087±0.224a	1.057±0.165ab		0.843±0.089b	0.852±0.074b		0.330±0.056ab	0.337±0.045ab	
		均值	9.044±2.740	8.838±2.027	7.372±1.977	1.026±0.188	1.056±0.178	0.911±0.170	0.832±0.079	0.856±0.077	0.787±0.098	0.333±0.042	0.343±0.040	0.312±0.042

注：山顶由于联样块太小，四个方向样地距离过近，故末区分方向，只取其平均值。MP2 山体小，山顶无法打样地，数据缺。同类型山体同列无相同字母表示具有显著差异（$P<0.05$）。

会对山体生态环境资源造成严重破坏（张瑾珲等，2020），在一定程度上公园化游憩空间布局还会影响植物分布格局。

表 7-9　山体公园植物群落物种多样性相关性分析

因子	公园面积	核密度等级	物种数	物种多样性指数				公园化开发建设强度		公园化利用程度		
				Margalef 丰富度指数	Shannon-Wiener 多样性指数	Simpson 多样性指数	Pielou 均匀度指数	园路面积	活动场地面积	最小游人容量	最大游人容量	最佳游人容量
公园面积	1											
核密度等级	−0.471**	1										
物种数	−0.093	0.075	1									
Margalef 丰富度指数	−0.227**	0.147**	0.172**	1								
Shannon-Wiener 多样性指数	−0.280**	0.132**	0.133**	0.839**	1							
Simpson 多样性指数	−0.261**	0.101*	0.067	0.633**	0.930**	1						
Pielou 均匀度指数	−0.222**	0.034	0.029	0.474**	0.858**	0.930**	1					
园路面积	0.532**	−0.465**	−0.254**	−0.382**	−0.427**	−0.385**	−0.306**	1				
活动场地面积	−0.074	−0.360**	−0.794**	−0.235**	−0.153**	−0.071	−0.024	0.345**	1			
最小游人容量	0.103*	−0.501**	−0.665**	−0.304**	−0.268**	−0.198**	−0.126*	0.692**	0.904**	1		
最大游人容量	0.071	−0.477**	−0.700**	−0.296**	−0.252**	−0.179**	−0.110*	0.643**	0.933**	0.997**	1	
最佳游人容量	0.067	−0.480**	−0.704**	−0.295**	−0.248**	−0.173**	−0.106*	0.628**	0.940**	0.996**	1.000**	1

*表示 $P<0.05$，为显著相关；**表示 $P<0.01$，为极显著相关

由自然山体植物群落物种多样性相关性分析（表 7-10）可知：①山体面积与核密度等级呈极显著负相关，与物种数呈极显著正相关，与多样性指数无显著相关关系；②核密度等级与物种数、多样性指数呈极显著负相关；③物种数与物种多样性指数呈极显著正相关。由以上分析可以推测，山体面积、周边城市基质干扰对城市自然山体物种丰富度和物种多样性有显著影响，但具体影响范围和机制还有待进一步调查与研究。

表 7-10　自然山体植物群落物种多样性相关性分析

因子	山体面积	核密度等级	物种数	Margalef 丰富度指数	Shannon-Wiener 多样性指数	Simpson 多样性指数	Pielou 均匀度指数
山体面积	1						
核密度等级	−0.311**	1					
物种数	0.146**	−0.504**	1				
Margalef 丰富度指数	0.074	−0.296**	0.390**	1			
Shannon-Wiener 多样性指数	0.036	−0.266**	0.401**	0.835**	1		
Simpson 多样性指数	0.010	−0.212**	0.371**	0.631**	0.928**	1	
Pielou 均匀度指数	−0.070	−0.173**	0.360**	0.488**	0.866**	0.937**	1

**表示 $P<0.01$，为极显著相关

由表 7-9、表 7-10 可知，多数相关指标与山体公园、自然山体物种丰富度指数呈显著相关关系，通过多元线性回归分析，剔除对物种丰富度影响不显著的变量，得出山体

公园与自然山体各多样性指数回归方程。

山体公园植物群落物种多样性回归方程拟合结果分别为

$$Y_R = 2.324X_1 + 0.697X_2 - 0.039X_3 - 0.007X_4 - 0.005X_5 + 0.0148X_6 - 9.957（R^2 = 0.323）\quad（7\text{-}13）$$

$$Y_{H'} = 0.018X_1 + 0.027X_2 - 0.002X_3 + 0.001X_6 + 0.157（R^2 = 0.275）\quad（7\text{-}14）$$

$$Y_D = 0.023X_1 + 0.002X_2 - 0.001X_3 - 7.418X_5 + 0.700（R^2 = 0.190）\quad（7\text{-}15）$$

$$Y_{Jh} = 0.008X_1 - 0.001X_2 - 5.158X_4 - 3.540X_5 + 9.220X_6 + 0.311（R^2 = 0.151）\quad（7\text{-}16）$$

式中，自变量 X_1 为公园面积，X_2 为核密度等级，X_3 为物种数，X_4 园路面积，X_5 活动场地面积，X_6 为最佳游人容量，均为归一化值；因变量 Y_R 为 Margalef 丰富度指数，$Y_{H'}$ 为 Shannon-Wiener 多样性指数，Y_D 为 Simpson 多样性指数，Y_{Jh} 为 Pielou 均匀度指数［说明：在逐步回归过程中 X_6（最小游人容量）和 X_7（最大游人容量）因相关性弱而被自动剔除。故将 X_8 改为 X_6］。

通过多元线性回归分析，得出自然山体物种各多样性回归方程拟合结果，分别为

$$Y_R = -0.032X_1 - 0.267X_2 + 0.039X_3 + 3.585（R^2 = 0.166）\quad（7\text{-}21）$$

$$Y_{H'} = -0.007X_1 - 0.015X_2 + 0.003X_3 + 0.558（R^2 = 0.168）\quad（7\text{-}22）$$

$$Y_D = -0.004X_1 - 0.004X_2 + 0.002X_3 + 0.619（R^2 = 0.142）\quad（7\text{-}23）$$

$$Y_{Jh} = -0.005X_1 - 0.001X_2 + 0.001X_3 + 0.241（R^2 = 0.146）\quad（7\text{-}24）$$

式中，自变量 X_1 为山体面积，X_2 为核密度等级，X_3 为物种数，均为归一化值；因变量 Y_R 为 Margalef 丰富度指数，$Y_{H'}$ 为 Shannon-Wiener 多样性指数，Y_D 为 Simpson 多样性指数，Y_{Jh} 为 Pielou 均匀度指数。

由上述两类型山体多样性指数回归分析拟合结果与 R^2 值可知，山体公园 Y_R 的 R^2 为 0.323，拟合程度较好；$Y_{H'}$、Y_D、Y_{Jh} 3 个指数 R^2 均在 0.3 以下，拟合程度较低；其中山体面积、核密度等级与最佳游人容量是影响山体公园各物种丰富度指数的主要因素。自然山体各多样性指数 R^2 值均在 0.2 以下，拟合程度较低，但均在小于 0.01 的显著级别下通过 T 检验。上述结果说明，城市遗存自然山体及公园化利用山体的植物群落物种多样性受到多方面因素的影响，但上述相关影响指标并不能很好地解释不同山体的植物群落物种多样性之间的差异，还需更深入的调查研究揭示其影响机理。

7.5　本章小结

整体而言，黔中岩溶地区城市遗存自然山体长期受土地利用强烈变化与人类活动干扰，使得该地区植被长期处于退化状态，导致自然山体植被群落结构中多缺少乔木层，植物群落结构趋于简单化；公园化利用自然山体建设选址常会人为地选择植被较好的山体建园，以及人工栽植等原因，使得公园化利用的山体植物群落结构优于自然山体。

整体上两类型山体平均物种数与各生活型平均物种数无显著性差异，但各山体之间物种数量差异较大；各生活型平均物种数量整体表现为草本＞灌木＞乔木＞藤本，其中，两类型山体落叶乔木、落叶藤本和多年生草本植物所占比例整体上明显高于常绿乔木、常绿藤本和一年生草本植物，两类山体灌木整体上表现为常绿灌木物种数高于落叶灌木物种数。

两类型山体植物多样性在坡位上表现为山顶植物多样性指数显著低于山脚和山腰处，两类型山体在坡向上多存在显著性差异，却无明显分布规律。山体公园各多样性指数略高于自然山体，且存在显著性差异；公园化利用程度对植物群落物种多样性指数存在一定程度的影响，重度公园化利用山体各多样性指数显著低于中度、轻度公园化利用山体，适度的公园化利用对山体植物群落结构和物种多样性有一定的积极作用，但过度公园化利用会产生负面影响；山体公园多样性指数并不随面积的增加而呈上升趋势，面积≥5hm^{2}的山体公园多样性指数显著低于面积≤5hm^{2}的山体公园；自然山体多样性指数与山体面积无显著相关关系；核密度高值区的山体公园植物物种多样性高于核密度低值区的山体公园植物物种多样性。

人类活动引起的土地利用剧烈变化造成的栖息地破碎化甚至丧失，是城市生物多样性受到威胁的重要驱动因素（Fernández et al.，2019）。贵阳市作为典型的多山城市，其城市建设与布局受地形地势的严重影响，城市发展与山体紧密结合，形成"城山镶嵌"的喀斯特多山城市空间形态。城市遗存自然山体生境作为一个分散并镶嵌在异质城市基质中的自然残留体系，不可避免地受到周边城市基质的干扰。随着喀斯特多山城市城市化进程的不断加快，不透水建设用地不断胁迫侵占城市自然山体，山体斑块数量和面积急剧减少并呈破碎化分布。长期人类活动干扰使该区域植被长期处于退化状态（盛叶子等，2020），导致遗存自然山体植物群落结构与组成趋于简单化，多样性降低。虽然，旅游活动作为一种局部性干扰，干扰程度一旦超过生态系统的安全阈值，则会严重威胁生态环境甚至发生逆向演替，但在一定区域或范围内适度人为干扰可以增加物种多样性（盛茂银等，2015），维持较好的植物群落结构。因此，在今后的山体公园建设中，应合理规划山体公园游憩空间布局与控制游人容量，加强公园维护与管理，以保持山体良好群落结构与物种丰富度。

植物群落结构、物种组成与分布格局不仅受到关键的土壤养分、水分、地形等自然环境要素影响，还受到周边环境干扰、环境变化等因素的影响（李桂静等，2020；张荣等，2020）。黔中喀斯特地区虽然具有丰富的遗存喀斯特自然山体资源，但生态条件的特殊性和长期的人类活动干扰导致该区域原始植被遭到破坏，石漠化加剧，脆弱生态系统发生大面积退化，生态环境问题极其复杂（张军以等，2015）。除此之外，有研究表明，与保护区/生境相邻的土地利用强度增加可能会增加边缘效应，降低生境的完整性和生态价值（Esbah et al.，2009）；城市植被覆盖/多样性与周边居住密度、人口密度、建筑面积覆盖率呈显著负相关（Saunders et al.，2020）。不仅如此，还有一系列研究表明社会经济地位、文化特征等因素与城市植物多样性及分布格局显著相关（Kinzig et al.，2004）。这也从侧面反映出，黔中喀斯特城市遗存自然山体植物群落结构与组成、多样性及分布格局等特征是对地形地貌、土壤、光照、周边城市基质以及公园化利用程度等环境因子长期变化的综合反映。然而，关于周边城市基质、土壤等因素对黔中喀斯特城市遗存自然山体和山体公园植物群落结构与组成、多样性及分布格局的具体影响机制以及维持机理的相关理论与实践研究还很薄弱，因此深入量化周边城市基质对城市遗存自然山体和山体公园植物群落的影响是当前喀斯特城市自然遗存山体资源保护的迫切需求。

第8章　黔中城市遗存自然山体公园化利用的
适宜性评价

  我国是多山国家，山地区域城市建设用地紧张，遗存于城市之中的自然山体成为城市公园建设的首选之地，择山建园是多山城市节约型园林建设的必然选择，也符合党和国家对城市园林绿地生态系统建设的要求。中央城镇化工作会议提出"城镇建设，要实事求是确定城市定位，科学规划和务实行动，避免走弯路；要体现尊重自然、顺应自然、天人合一的理念，依托现有山水脉络等独特风光，让城市融入大自然，让居民望得见山、看得见水、记得住乡愁"。中央城市工作会议又强调"城市建设要以自然为美，把好山好水好风光融入城市。要大力开展生态修复，让城市再现绿水青山"。可见科学保护和合理利用城市内自然山体是今后多山城市生态环境建设与优良人居环境建设的重要内容。

  近年来，许多城市相继展开了对城市山体绿地资源的公园化利用，如山东省济南市在山体公园开发建设中走在了前列，从2011年至今已建成山体公园30余处，2016年实施山体绿化26处，其中，景观绿化提升11处，面积达263.73hm²（王彬，2016）；厦门市也开展了山体公园建设，至今已建成山体公园13个，攻克山体公园建设难题十余项；重庆市作为典型山地城市，在山体公园建设方面已有多年研究，近年来在海绵山体公园建设领域取得了阶段性成果（刘勇等，2016）。贵州属于中国西南部高原山地，是我国唯一没有平原支撑的省份，素有"九山半水半分田"之说。岩溶地貌发育非常典型，喀斯特地貌面积109 084km²，占全省总面积的61.9%（王世杰等，2015）。大多数山体以孤峰的形式存在，城镇大多与山体相嵌交融，形成山在城中、城在山中的城市形态特征，城市建设用地非常紧张。于是"向山要地，建山为园"也是该区域城市公园绿地建设的主要途径。黔中地区多个重点城市已开始打造具有喀斯特地貌特征的山体公园，其中贵阳市至今已建成山体公园32个，2018年依托森林、湿地等资源，建设森林、湿地、城市、山体、社区五大类公园千余个，其中森林公园41个，山体公园91个；安顺市从2014年开始，用5年左右的时间，以健身、休闲、防护、展示等功能定位，规划建设山体公园11个、小型游园19个、生态保护山体133座（《安顺市山体公园体系规划（2013年）》）；遵义市在2017年建成遵义市中部区域山体公园38个，到2020年投入使用的山体公园环境景观进一步提档升级（於晓磊，2015）。

  当前，城市自然山体公园化建设过程中也暴露出一些问题。首先，选址不当、为达标而建公园。虽然在空间布局上平衡和提升了城市公园的服务半径覆盖率，但由于坡陡、游憩空间不够等因素并未达到效果。其次，对山体绿地资源本底自然生态过程的研究不够，且在施工过程中大量开挖等工程性干扰，导致公园建设后对自然生态系统的负面影响加剧。最后，山体公园的规划、设计和建设过于粗放。山体公园设计只有在相关地质地貌、植被等基础调查的基础上进行精准设计，才能保证在后期施工过程中不对山体本地资源与生态造成严重破坏。因此，在城市山体绿地资源公园化利用的迫切需求下，对城市山体自然资源进行公园化利用适宜性评价非常必要。本章以黔中典型多山城市——贵阳市和安顺市两市建成区内遗存自然山体与公园化利用的山体为研究对象，开展城市遗存自然山体绿地资源公园化利用适宜性评价，旨在为城市遗存自然山体的保护和科学合理利用提供参考。

8.1 评价指标体系的构建

根据贵阳市与安顺市城市遗存自然山体绿地资源公园化利用的调研研究，基于研究区城市山体公园化利用实际情况，运用 Meta 分析和德尔菲法，初步筛选出 27 个城市遗存自然山体绿地资源公园化利用适宜性评价因子，并将其归纳为 5 个准则层指标：生态评价指标、景观评价指标、游憩评价指标、社会评价指标和经济评价指标，初步形成评价指标体系，如表 8-1 所示。

表 8-1 山体绿地资源评价指标体系

序号	准则层	因子层	描述
1	生态评价指标	生物多样性	指山体绿地资源内物种、基因和生态系统的复杂程度，生物多样性指标既能体现生物相互之间及生物与环境之间的复杂联系，又能体现出生物资源种类的丰富性
		群落稳定性	指山体绿地资源内物种之间的竞争关系所维持的群落平衡状态
		环境自然度	指山体绿地资源内乡土植物和自然空间所占总体植物和空间的比例
		绿化贡献度	指山体绿地资源在城市绿化、城市净化方面的贡献，包括净化空气、涵养水源、滞尘能力等作用
		地势多样性	指山体绿地资源内地势环境的多样性，如林地、石林、洞穴、陡坡、悬崖等
2	景观评价指标	景观丰富度	指山体绿地资源范围内景观类型的丰富性，如山景、水景、石景、城市景观等
		景观独特性	指山体绿地资源内某处或多处景观的独特性及美观性
		历史文化性	指山体绿地资源范围内文化遗产、历史古迹的级别与数量
		植物景观性	指山体绿地资源内天然植物（如高龄大树、珍稀树种，以及彩叶、开花树种）的可观赏性
		物种珍稀度	指山体范围内珍稀濒危动植物的种类、数量
		自然独特性	指区别于城市的人造园林景观凸显自然特性的程度
3	游憩评价指标	游憩空间	指山体绿地资源可利用的开敞的硬质场地，由于山体坡度较高、地势陡峭，故不考虑软质室外空间（如草地、林地等），可将硬质空间与总面积的比例作为游憩空间指标
		游憩设施	指山体绿地资源内可设置休闲游憩设施的条件，如设置健身设施、休闲娱乐设施的空间和地质等
		综合设施	指山体绿地资源内可设置综合服务性设施如停车场、厕所、休息区的条件
		可达程度	指人们抵达公园的难易程度，通过交通多样化程度、所需时间、路况条件来进行评价
		游客容量	指在同一时刻园内可容纳的最大游客数量。一般可通过山体规模大小进行粗略估算
4	社会评价指标	区位影响	指山体绿地资源开发后所覆盖的居民区以及相关城市核心区域的大小
		居民满足程度	是否满足了市民短距离出游亲近自然、享受自然的需求
		岗位提供	公园建成后可提供就业岗位的数量及质量

续表

序号	准则层	因子层	描述
4	社会评价指标	科学普及度	指山体绿地资源内可用于普及科学知识的自然资源的比例
		文化传播度	指山体绿地资源内利用原有文化特色进行宣传教育，如佛教、红色教育等的程度
		规划作用	是否对山体周围区域起到了一定的规划推动作用，如棚户区改造、城乡一体化等
5	经济评价指标	建设成本	将山体绿地资源开发成为山体公园所需的费用
		维护费用	山体公园建成后的日常维护所产生的费用，如绿化养护、薪资支出、设施维护及保养等
		建设难度	是指因地质、坡度、植被盖度和生态环境保护要求等因素导致的建设难度
		直接效益	指山体公园建成后各方面所获取的收入，如门票收入、政府补贴、商业收入等
		间接效益	指建成后山体公园对周边区域经济的带动作用，如餐饮、服务业、商贸、交通等

根据 19 个评价指标群进行汇总形成方案层，通过功能划分将方案层分成 5 个指标，构成准则层，目标层为山体绿地资源评价指标体系，从而建立山体绿地资源评价体系模型，如图 8-1 所示。

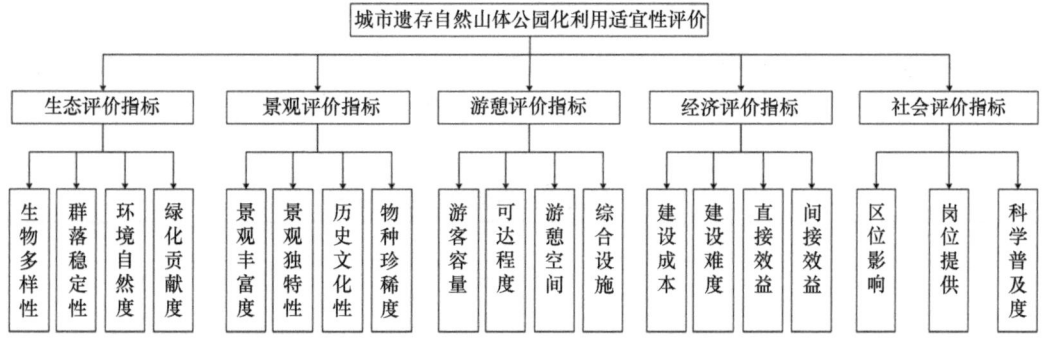

图 8-1　山体绿地资源评价指标体系

8.2　权重分配与指标赋值

本节以构建的指标体系模型为依据，对贵阳市和安顺市城市山体公园实际情况进行调查分析。在研究过程中，对城市自然山体绿地资源公园化利用适宜性评价指标进行整合后，通过征询生态学、林学、风景园林学、城乡规划学等领域的专家学者，根据调查问卷与咨询数据，运用层次分析法计算得到准则层与方案层各指标的权重值分配。并通过一致性检验以及相关专家的再次审核，确认权重赋值科学合理。

表 8-2 结果表明，整体上，评价二级指标权重值呈三级分布，＜10%的指标 2 个，＞30%的指标 1 个；＞20%且＜30%的指标 2 个；各指标层次分布科学合理。五个二级指标中，权重值最高的为生态评价指标（31.59%），说明山体公园的整体生态环境是决定山体绿地资源评价结果的重要因素，山体公园开发建设应以自然环境为基础，在保持遗存山体生态价值的基础上发挥其文化和景观、游憩与经济社会价值；景观评价指标（25.36%）与游憩评价指标（23.94%）权重值均在 20%以上，说明丰富的景观类型、独

特的景观特色以及良好的游憩服务设施也是山体公园绿地资源评价较为重要的影响因素；经济评价指标（9.94%）与社会评价指标（9.17%）在 5 个指标中权重值较低，在评价体系中不起决定性作用，也说明建设成本高、难度大与经济效益低以及区位较差等间接因素可能在一定程度上影响山体绿地资源评价。

表 8-2　指标权重一览表

指标	权重比/%
生态评价指标	31.59
景观评价指标	25.36
游憩评价指标	23.94
经济评价指标	9.94
社会评价指标	9.17

由因子层的权重值结果可知（表 8-3），绿化贡献度（15.77%）和可达程度（12.34%）2 个指标权重值占绝对优势。环境自然度（9.13%）、景观独特性（7.26%）、物种珍稀度（8.64%）、区位影响（6.97%）4 个指标权重值也相对较高，表明优越的城市遗存山体自然资源与地理位置、良好的景观与游憩环境是山体公园绿地资源评价的主要影响因子。由于多山城市中绿地资源的植被状况与游憩的便捷程度是周边居民选择游憩地点的重要影响因素，因此这两项指标权重比较高，这也体现了山体绿地资源在生态方面和游憩方面的关键作用。

表 8-3　方案层评价指标总权重一览表

指标层	因子层	权重比/%
生态评价指标	生物多样性	4.01
	群落稳定性	2.68
	环境自然度	9.13
	绿化贡献度	15.77
景观评价指标	景观丰富度	4.32
	景观独特性	7.26
	历史文化性	5.14
	物种珍稀度	8.64
游憩评价指标	游客容量	1.71
	可达程度	12.34
	游憩空间	4.77
	综合设施	5.12
经济评价指标	建设成本	1.28
	建设难度	3.95
	直接效益	0.66
	间接效益	4.05
社会评价指标	区位影响	6.97
	岗位提供	0.75
	科学普及度	1.44

　　在对评价样山各指标赋值时，将每个自然山体的区位、周边用地、山体形态特征（如大小、相对高度）等数据整理为基础信息表。在场地调查时对每个山体拍摄不同角度的照片，并对特殊元素（如观赏性强的裸露岩石、观赏植物以及其他特殊景观）拍摄局部照片，将照片制作成定时播放幻灯片，进行各因子层指标打分，不存在项视为 0 分。为了保证打分结果的客观合理性，所有实例评价打分邀请了风景园林专业的硕士研究生参与，按照学生评分占 40%、项目小组评分占 60%进行分数整合。运用线性加权求和法得出每座山体的综合评价值。依据得分高低来对山体绿地资源和山体公园进行科学考评。

8.3　公园化利用适宜性综合评价

　　评价对象的类型、规模只有足够多样化才能更科学、全面地验证评价指标体系的科学合理性。本次实例评价选择了贵阳市、安顺市两个城区内 9 座不同规模、类型不一、所处环境各异的城市遗存山体绿地资源进行实地调研并建立评价体系。贵阳市中心城区建成区选择秋千山、金鸣山、玉山、电台山、观风山、金谷山和玫瑰山 7 座城市遗存山体，安顺市中心城区建成区选择六沟山、东山 2 座城市遗存山体（图 8-2）。

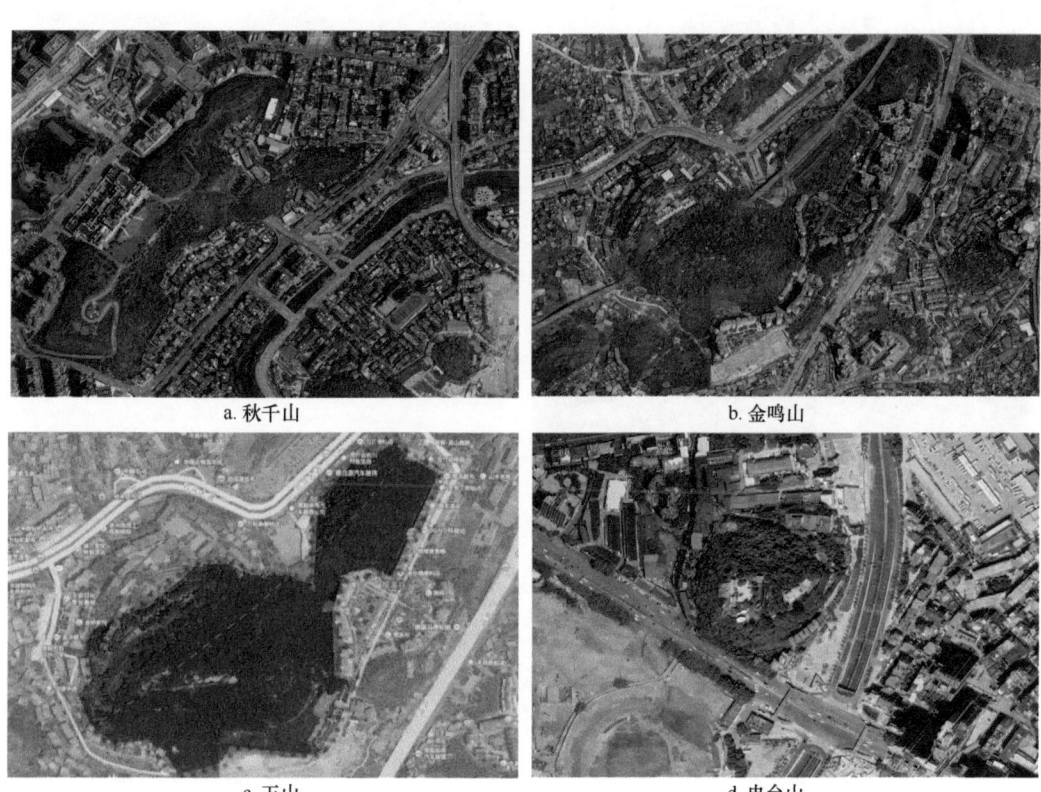

a. 秋千山　　　　　　　　　　　　　　　　b. 金鸣山

c. 玉山　　　　　　　　　　　　　　　　d. 电台山

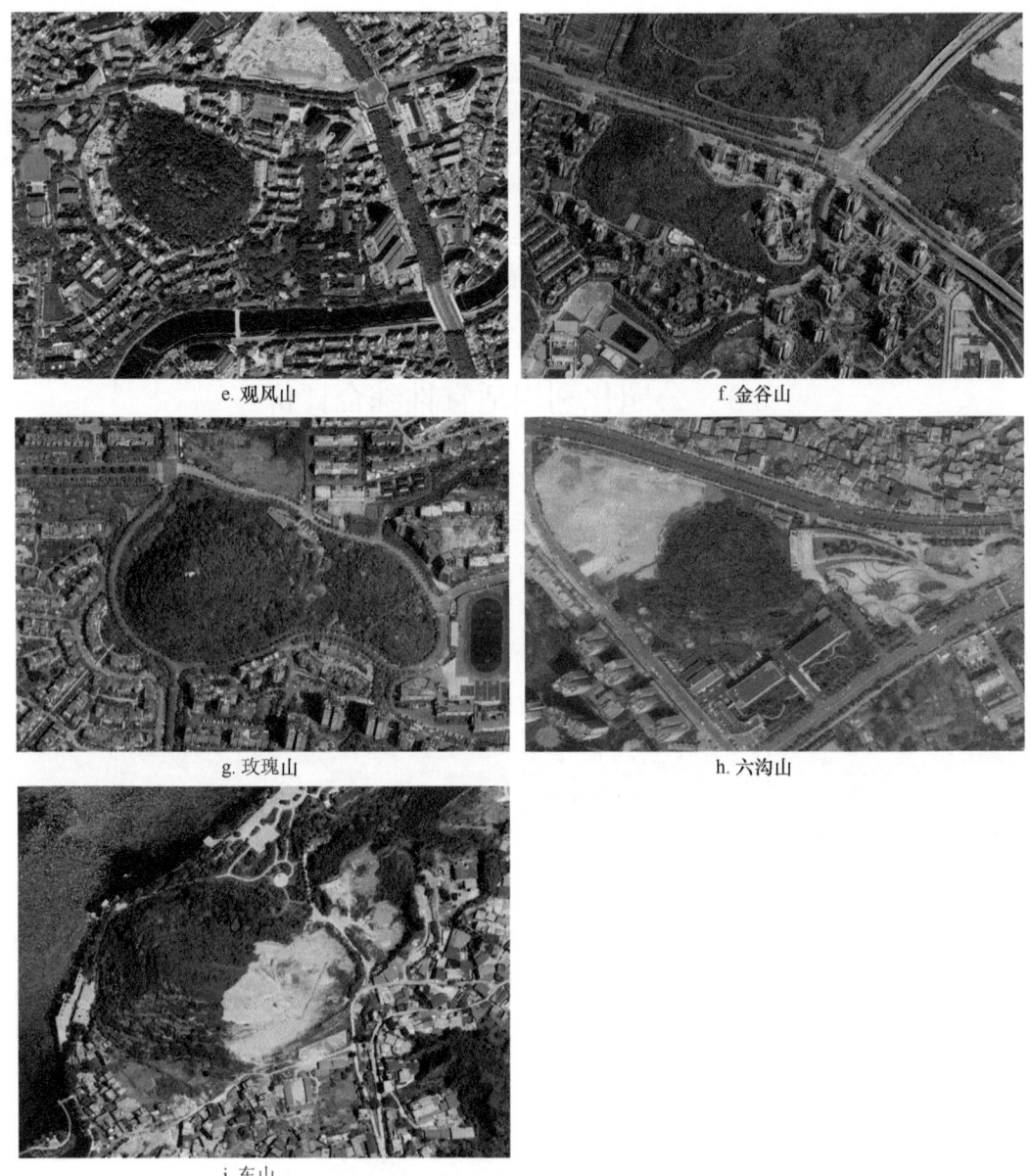

e. 观风山　　　　　　　　f. 金谷山

g. 玫瑰山　　　　　　　　h. 六沟山

i. 东山

图 8-2　各样本山体区位示意图

通过对9个城市遗存山体绿地资源进行实地考察并赋权重值打分后得到指标层与因子层综合评分表（表 8-4，表 8-5）。由表 8-4 可以看出：生态评价指标、游憩评价指标作为山体绿地资源评价体系的主要评价指标，在评分结果中占比较大。这说明山体绿地资源的两大重要功能和山体绿地资源的利用方式为生态环保功能与居民游憩功能。如何选择山体绿地资源的开发方向是决策者需要明确的首要问题，解决该问题是本次研究的目的之一。通过专家征询以及对这9座山体绿地资源的实地考察，确定城市遗存自然山体公园化利用适宜性阈值。①总评分＞6则可进行公园化利用，总评分在5～6则酌情考虑公园化开发建设，总评分＜5则不建议公园化开发利用，若公园化利用严重影响城市山体生态安全则应实行严格保护。②生态评价指标＜游憩评价指标+景观评价指标×0.5，可以适当公园化利用；生态评价指标＞游憩评价指标+景观评价指标×0.5，建议生态保护。

表 8-4　城市山体资源指标层评分表

准则层指标	金鸣山	六沟山	秋千山	东山	玉山	电台山	观风山	金谷山	玫瑰山
生态评价指标	1.80	2.14	2.35	1.06	1.82	1.85	2.13	1.87	2.11
景观评价指标	0.84	0.86	0.87	0.38	0.78	1.02	0.93	0.81	0.58
游憩评价指标	1.67	1.34	2.11	1.21	1.81	1.18	1.75	1.64	1.95
经济评价指标	0.67	0.64	0.74	0.51	0.79	0.48	0.73	0.55	0.64
社会评价指标	0.62	0.62	0.70	0.45	0.64	0.64	0.64	0.62	0.68
总分	5.60	5.60	6.77	3.61	5.84	5.17	6.18	5.49	5.96

表 8-5　城市山体资源因子层评分表

准测层指标	因子	金鸣山	六沟山	秋千山	东山	玉山	电台山	观风山	金谷山	玫瑰山
生态评价指标	生物多样性	0.25	0.31	0.24	0.15	0.22	0.23	0.23	0.29	0.30
	群落稳定性	0.16	0.20	0.18	0.13	0.15	0.17	0.19	0.16	0.18
	环境自然度	0.64	0.74	0.69	0.32	0.67	0.74	0.69	0.63	0.73
	绿化贡献度	0.75	0.89	1.24	0.46	0.78	0.71	1.02	0.79	0.90
景观评价指标	景观丰富度	0.21	0.22	0.19	0.09	0.18	0.26	0.30	0.22	0.20
	景观独特性	0.29	0.27	0.25	0.17	0.28	0.26	0.37	0.43	0.23
	历史文化性	0.12	0.10	0.18	0.03	0.12	0.30	0.11	0.06	0.06
	物种珍稀度	0.22	0.27	0.25	0.09	0.20	0.20	0.15	0.10	0.09
游憩评价指标	游客容量	0.08	0.05	0.13	0.03	0.09	0.00	0.09	0.11	0.11
	可达程度	1.02	0.80	1.21	0.68	1.11	1.06	1.02	1.03	1.09
	游憩空间	0.29	0.24	0.38	0.22	0.31	0.00	0.29	0.30	0.39
	综合设施	0.28	0.25	0.39	0.28	0.30	0.12	0.35	0.20	0.36
经济评价指标	建设成本	0.10	0.09	0.06	0.09	0.11	0.11	0.10	0.09	0.09
	建设难度	0.32	0.30	0.32	0.22	0.34	0.14	0.33	0.27	0.32
	直接效益	0.02	0.02	0.02	0.02	0.02	0.02	0.01	0.02	0.02
	间接效益	0.23	0.23	0.34	0.18	0.32	0.21	0.29	0.17	0.21
社会评价指标	区位影响	0.54	0.55	0.61	0.32	0.57	0.54	0.57	0.57	0.62
	岗位提供	0.03	0.03	0.05	0.02	0.03	0.02	0.03	0.02	0.03
	科学普及度	0.05	0.04	0.04	0.11	0.04	0.08	0.04	0.03	0.03
总分		5.60	5.60	6.77	3.61	5.84	5.17	6.18	5.49	5.96

由表 8-5 可以看出：9 个研究样山在生物多样性、群落稳定性、景观丰富度、景观独特性、历史文化性、物种珍稀度、可达程度、游憩空间、综合设施、建设成本、建设难度、直接效益、间接效益、区位影响、岗位提供、科学普及度等 16 个指标上差异不明显。在可达程度指标中，金鸣山（1.02）、秋千山（1.21）、玉山（1.11）、电台山（1.06）、

观风山（1.02）、金谷山（1.03）、玫瑰山（1.09）7个山体公园评分较高，比东山（0.68）、六沟山（0.80）更具优势；在环境自然度与绿化贡献度指标中，东山（0.32、0.46）评分明显低于其他8座样山，东山游客容量也较低（0.03）。这可能是因为8座山体公园均位于居民区周围或居住区内，具有较大的植被覆盖面积和丰富的生物多样性，服务范围内居住区密度与道路密度较高，能够为周围城市居民提供良好的生态与休闲游憩服务，所以评分较高。而东山位于安顺市城区边缘，距离市区较远，游憩便捷程度较低，山体还遭到大面积人为干扰破坏且未进行绿化修复，整体生态环境受到严重破坏，导致东山在可达程度、绿化贡献度和游客容量上与其他山体均形成了极大的反差。这一评价结果与现场调查的情况以及评价预期基本一致。

依据以上评判标准分别对以上9座城市遗存山体绿地资源进行综合评价得出以下结果。①秋千山、观风山总分大于6，在保护原生自然植被与生态环境的基础上可以进行适当公园化利用；金鸣山、六沟山、玉山、电台山、金谷山和玫瑰山评分在5~6，建议视具体情况酌情开发，其中金鸣山、玉山和玫瑰山可以考虑公园化利用而六沟山、电台山则建议以生态保护为宜；东山总分小于5，不建议开发利用。②通过对9座城市遗存山体绿地资源的实例评价及分析，认为山体绿地资源评价指标体系能够客观反映各评价对象的真实情况，从而也验证了本研究所构建的城市遗存山体绿地资源评价指标体系的科学性、合理性和可操作性，使得该评价体系可以在未来多山城市遗存山体绿地资源公园化利用实践中进行推广应用。

8.4 本 章 小 结

黔中地区城市遗存山体是人工建成环境中非常珍贵的自然资源，具有非常重要的生态系统服务功能和价值，长期以来在经济驱动的发展模式下，呈岛屿或类岛屿状存在的自然或近自然的遗存山体持续受到城市建设的破坏、蚕食，植被衰退、石漠化加剧。对于土地资源紧张的多山城市，在生态环境恶化与居民绿色休闲空间需求的双重压力下，突出生态保护优先和绿色发展理念，对建成区内遗存自然山体资源进行优化配置，提高城市山体绿地资源利用集约程度，实现节约型园林建设和山体资源的高效综合利用与效益最大化，是扬长避短的城市发展之路。适宜性评价是实现城市山体资源优化配置和公园化利用的基础。由当前的城市山体公园化利用现状来看，存在盲目开发和粗放建设的问题，导致出现城市山体生态资源破坏而公园化利用效益低下等现象。

当前城市发展由粗放向精明化和集约化转型阶段，国家提出了城市生态环境建设的新要求，以满足城市居民对美好宜居环境的需求。在生态文明视角下，重新审视城市遗存自然山体的生态、社会和经济价值，对于新一轮城市国土空间规划具有非常重要的意义。精明规划、科学保护、合理开发和永续利用城市遗存自然山体，必须对其进行科学、全面的评价，本章运用德尔菲法结合实地调查和问卷调查对城市遗存自然山体公园化利用适宜性进行初步综合性评价。建议对城市遗存自然山体的植被群落、生态系统及其生态系统服务价值等方面开展系统深入的研究，揭示其城市人工环境中长期干扰的响应和维持其生态过程的机理。在其基础上有针对性地开展生态安全、生态健康、生态系统服务价值等专项评价，通过评价制定保护和利用策略，为提升黔中多山城市品质与生态环境质量提供科学依据。

　　城市遗存喀斯特自然山体的公园化利用，必须运用生态设计理念，强化设计前期分析、设计过程，组成有生态学、植物学、地质地貌学、城乡规划学、风景园林学、园林工程学、景观游憩学等多学科背景的专业设计团队，并采取开放设计原则，使公众参与设计过程，通过增加设计过程的工作量来减少对生态本底的破坏，实现对景观与空间的最大化利用。

第9章 黔中城市喀斯特山体公园游人容量研究

黔中典型多山城市贵阳市和安顺市分别于 2007 年、2017 年先后成功创建"国家园林城市"。为了增加城市居民的公共休闲空间，提升城市园林绿化的质量，不断满足市民对美好居住环境的需求，2015 年贵阳市开始实施"千园城市"建设项目，2017年安顺市成为"城市双修"第二批试点城市。时代背景和现实需求推进了黔中地区多山城市喀斯特山体公园的建设步伐。虽然遗存于城市建成环境中的自然山体具有较好的绿化基础，可以公园化利用以节约城市建设用地，但城市遗存喀斯特自然山体生态系统脆弱、山体空间形态单一、游憩服务设施要求高、可进入性低等一系列限制因素，导致喀斯特山体公园实际游憩获得性差，另外公园化利用可能会引起山体生态衰退。而影响这一切的关键因素是公园化利用的游人容量，如果喀斯特山体公园规划建设前不对山体游人容量进行合理测算，贸然对山体自然绿地资源进行公园化利用，一方面会因游憩获得感和体验感差而无人问津，另一方面游人过多会导致对山体脆弱生态环境的破坏。所以，科学测算喀斯特山体公园游人容量，是保护城市遗存自然山体绿地资源和科学推进喀斯特山体公园建设的前提与基础。目前，关于喀斯特山体公园游人容量的研究非常薄弱，而常规地貌公园的设计规范及相关游人容量的测算，在指导喀斯特山体公园规划设计及游人容量测算时，存在实际运用不足、指导性和操作性不强等问题。

因此，为了更好地进行科学判断，合理选择城市山体资源进行公园化利用，提高喀斯特山体公园的建设质量，让其最大限度地发挥游憩娱乐作用，同时实现生态、经济和社会效益最大化，本章针对黔中地区喀斯特山体公园开展以下研究：①自然山体用地特征及公园化后喀斯特山体公园的特征；②分析已建成的喀斯特山体公园游人容量现状；③进行喀斯特山体公园游人容量预测。既可以丰富喀斯特山体公园规划设计理论，又有利于解决黔中地区喀斯特山体公园化利用的现实需求。

9.1 喀斯特山体公园基本特征及游人游憩特征

9.1.1 研究对象、数据采集与研究方法

1. 研究对象

在研究区内（贵阳市、安顺市中心城区）已建成的喀斯特山体公园中，选取已建成、可进行游憩活动的山体公园，共计 58 个调查样本，其中贵阳市调查公园 30 个、安顺市调查公园 28 个；包含纯山体、山体+平台、山体+平台+水体三大类喀斯特山体公园，规模涵盖小型公园（<20hm²）、中型公园（20～100hm²）、大型公园（>100hm²）。

2. 数据采集

本章研究数据主要分为以下几种类型。

1）相关规划资料：《贵阳市绿地系统规划（2015—2020 年）》《安顺市绿地系统规划修编（2016—2030 年）》《贵阳市公园城市建设总体规划（2015 年）》和《贵阳市中心城区山体保护利用专项规划（2016—2030 年）》，以及从贵阳市千园城市建设办公室获取的《贵阳市"千园城市"建设成果公园明细统计表（2017 年）》，旨在了解黔中地区喀斯特山体公园规划建设的现状、存在的问题以及未来的发展趋势，为编制黔中喀斯特山体公园游憩机会谱提供理论依据。

2）遥感影像：贵阳市、安顺市建成区范围的遥感图像，来源于 2018 年 2 月的法国 Pleiades 卫星影像（0.5m 空间分辨率）。

3）公园管理数据：视频摄像数据、出入园人数统计数据由黔灵山公园管理处提供，选取公园内 27 个高清摄像头（4m 云台、8m 云台），涵盖园内游人主要游览的景点及游憩场所。

4）实地调查数据：现场调查、问卷调查和访谈调查的统计数据，旨在说明喀斯特山体公园游憩方式及游人容量的特殊性，为喀斯特山体游人容量的测算及优化提供科学的数据支撑。

3. 研究方法

（1）空间分析结合实地考察法

对所选的 58 个山体公园基于叠加数字高程模型的遥感影像进行三维空间观察分析，记录每座山体的形态特征和空间形式。在实地考察过程中对照实际情况修正观察结果。

（2）跟踪访谈法

在调查的样本公园中，随机选取（1～2 组）游人跟踪观察并记录入园后的游览路线、游憩方式、休息次数、游览或停留的时间，结合深度访谈了解游人对园内游憩空间的需求及游憩特征。

（3）卡口观测法

选取 30～50m 的山体园路样本路段统计 10min 内双向经过的游人人数，测量样本路段的坡度、游人行走速度、游人行走间距、已建成山体线性空间（园路）的长度，统计各类园路样本（坡道、台阶）路段数据；采取随机访问法，针对山体园路拥挤度和山体交通的限制因素进行调查。

（4）驻点观察法

分别在山脚、山腰、山顶等游人停驻的各处选取可供游人进行游憩活动的集散场地、景观平台、游憩场所作为调查样本，每个样本场地统计场地内原始活动人数及 30min 内出入场地的游人人次，两者之和为 30min 内使用活动场地的游人总数。观察游人在活动场地内主要的游憩方式及人群聚集度，运用随机访问法获取游人在场地使用过程中的拥挤感知度及场地使用时间。

（5）大数据观察分析法

调取黔灵山公园的云台监控数据，慢速播放，反复观察并记录视频数据中不同时段各个摄像头覆盖范围内游憩人数、游人组成、游憩行为等信息。

9.1.2 公园空间类型

1. 空间分类

按空间的可进入性喀斯特山体公园空间可分为积极空间和消极空间。道路、硬质铺装场地是游人易进入的积极空间，多分布于山脚地带，也是喀斯特山体公园的主要活动场所，其主要特征是场地内游人密度大，停留时间长。山坡绿地、游人难进入或较少进入的空间称为消极空间，喀斯特山体公园约有80%的空间属于消极空间，游憩人数少，停留时间短，多分布于山腰、山顶处。

按公园地形因素喀斯特山体公园分为纯山体、山体+平台、山体+平台+水体三大类，黔中地区喀斯特山体公园日常使用状况见表9-1。同一类型的山体公园线面比值越大（积极空间占比越大），则公园游人容量的等级越高（实际游人数量越大）。活动空间面积越大的山体公园游人数量越大，人均游憩占有面积越小，纯山体类公园人均游憩占有面积为$20.13m^2$，山体+平台类为$8.25m^2$，山体+平台+水体类为$4.65m^2$。整体来看，同等情况下游人优先选择线面值比较大（积极空间较大）的山体公园开展游憩活动，山体+平台类山体公园线面比平均值为3.70，大于纯山体类线面比平均值2.35，除武马山和龙头山山体公园中无游人，容量等级为1外，其余山体+平台类山体公园容量等级为高等级（4级、5级）。山体+平台+水体类公园是依托喀斯特山体建设的综合性公园，实际游人数量大、人均占有面积仅为$4.65m^2$，积极空间的占有率不是最高的，但是公园规模均>200hm²，属于大型公园，游憩空间数量、空间丰富度、游人数量、游人容量等级以及场地使用频率、游憩停留时间都高于其他两类公园。

表9-1 不同空间类型喀斯特山体公园使用状况

类型	名称	规模/hm²	线面比	活动场地人均占有面积/m²	容量等级	所在城市
纯山体	观风山山体公园	5.09	1.69	12.30	3	贵阳
	云山山体公园	2.95	0.13	8.13	2	贵阳
	将军山山体公园	6.03	2.81	18.80	3	贵阳
	金牛山山体公园	8.39	0.29	58.00	1	安顺
	金钟山山体公园	11.77	7.64	8.13	3	安顺
	南山山体公园	19.30	1.52	15.4	2	安顺
山体+平台	塔山公园（白云）	2.00	2.90	12.20	4	贵阳
	大人山公园	6.24	4.01	7.50	5	贵阳
	登高云山公园	135.80	3.95	6.20	5	贵阳
	塔山公园（西秀）	2.09	9.90	7.10	5	安顺
	武马山山体公园	15.82	0.53	—（公园无游人）	1	安顺
	龙头山山体公园	5.50	0.90	—（公园无游人）	1	安顺
山体+平台+水体	黔灵山公园	337.03	2.38	4.10	5	贵阳
	狮子山山体公园	224.21	0.80	5.20	4	安顺

2. 空间类型与游憩形式

不同的山体空间类型对应不同的空间布局（表 9-2），纯山体空间的游憩形式以线性游览、爬山、观景为主，游憩类型较单一，停留时间短，转换率高，游憩限制因素最大，实际游人数量最低。山体+平台类公园的山脚地带活动形式以晨间健身为主，因此山脚地带游憩场地的游人密度最高，山顶、山腰平台以观景为主，因山体园路（垂直交通）限制因素大，所以山腰、山顶游憩场所的游人密度最低。山体+平台+水体类多为群峰组成，空间类型变化多样，山体、水体均可提供游憩场地，景观类型多元化，包含山地景观、水文景观、城市景观，部分喀斯特山体公园有宗教景观、生物景观等特殊景观类型，景观效益大于其他两类山体公园。此类喀斯特山体公园规模大、数量少、游人数量大、服务设施齐全、游憩类型选择多。因此，喀斯特山体公园的空间类型直接决定游人的游憩形式。

表 9-2　喀斯特山体公园空间特征

空间类型	公园名称	活动空间布局	活动形式
纯山体	南山游园、东山山体公园、跳花坡游园、王家小坡游园	山顶为主	山脚：无 山腰：线性游览、休憩 山顶：观景、寺庙活动、休憩
山体+平台	塔山公园（安顺）、塔山公园（贵阳）、大人山公园、登高云山公园、金钟山山体公园等	以山脚、山顶为主	山脚：健身、休闲活动 山腰：线性游览 山顶：观景、其他活动
山体+平台+水体	黔灵山公园、狮子山公园	山脚、山腰、山间	山脚：休闲活动、聚集活动 山腰：休憩、静态休闲 山顶：观景

3. 空间类型与拥挤度

通过访谈调查，对山体公园不同场地类型的拥挤度分析结果如表 9-3 所示，受访者认为喀斯特山体公园拥挤度一般和不拥挤的比例达 68.5%，而 31.5%的受访者认为拥挤或很拥挤。各种活动场地中游人认为拥挤度最高的是园路（18.1%），较高的有卫生间（14.7%）、活动场地（14.3%）和观景处（13.8%）。不同年龄段游人与拥挤场地类型的交叉分析结果（表 9-4）可以看出，不同年龄段的游人对各类场所的拥挤体验有差异，整体上 19～44 岁年龄段的人对山体公园的游憩空间要求较高，拥挤感强烈的受访者占该年龄段的 53.8%，且主要集中在园路、活动场所和卫生间等场地；71 岁及以上的老年人中认为拥挤的受访者占比最低，仅占 6.3%，60～70 岁游人的拥挤感也较低。这种现象可能跟各年龄段的人群入园的时间差异有关，老年人休闲时间充裕，他们一般错开拥挤时段入园和在园活动，而 19～59 岁的上班族一般在周末和节假日入园休闲，在时间和空间上重叠度高，所以会有拥挤感。

表9-3　喀斯特山体公园不同场所的拥挤度调查

拥挤程度	拥挤度/%								
	园路	休息处	观景处	活动场地	山顶景观	卫生间	广场	其他	综合
很拥挤	4.6	2.6	2.5	4.2	1.3	3.8	4.2	0	7.6
拥挤	13.5	5	11.3	10.1	4.2	10.9	5.5	0	23.9
一般	15.6	9.2	7.6	11.4	4.2	11.4	2.5	4.2	42.4
不拥挤	5	1.3	2.5	6.7	2.1	6.3	0.4	6.7	26.1
总计	38.7	18.1	23.9	32.4	11.8	32.4	12.6	10.9	100

表9-4　不同年龄段游人与拥挤场所交叉分析

年龄段	交叉比例/%								
	园路	休息处	观景处	活动场地	山顶景观	卫生间	广场	其他	综合
0～18岁	4.2	2.5	3.8	4.6	0.8	2.9	0.8	0.4	14.3
19～44岁	21	8.9	12.6	16.9	8.5	16.4	4.6	4.6	53.8
45～59岁	8.9	2.5	4.2	4.6	1.7	7.6	3.8	2.5	16.8
60～70岁	2.9	2.9	2.5	4.2	0.8	3.8	2.6	1.7	8.8
71岁及以上	1.7	1.3	0.8	2.1	0	1.7	0.8	1.7	6.3
总计	38.7	18.1	23.9	32.4	11.8	32.4	12.6	10.9	100

4. 游憩方式与游憩场所的耦合性

　　游憩方式与场所的耦合性是指游憩活动体系和场所环境体系之间相互作用、相互影响，形成互动关系，以及内在机制互为作用，并且互相依赖、协调的动态关联，其动态联系包括：设施联系、环境联系、交通联系。如图9-1所示，场所的地形、地貌因素是活动方式的决定因素，而游憩方式对场所具有选择性。山脚平地及山脚平缓地带是最能满足游人各类游憩活动需求的积极游憩空间，当地形因素限制较小、满足游人的各类游憩需求时，游憩场所环境友好性（服务设施、安全设施）则成为游憩活动的耦合因子，服务设施（座椅、照明灯具、垃圾桶等）齐全、安全设施（护栏、警示标志、指示标志等）完善可提升游憩方式与场所的耦合度。当前调查数据显示，喀斯特山体公园游憩方式与游憩场所的耦合度较低，具体表现为以下几个方面。

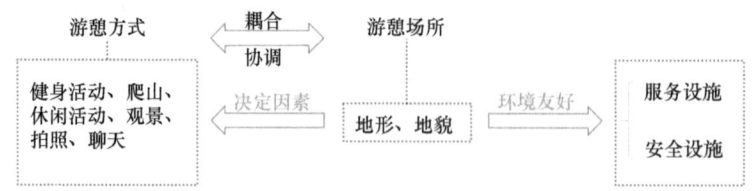

图9-1　游憩方式与场所耦合分析（作者自绘）

　　交通因素。垂直交通是喀斯特山体游憩空间使用的最大限制因素，特别是对老年群体及特殊群体的限制性更加明显；随着山体海拔的逐渐增加，游憩场所的使用频率、使用时间不断降低，导致游憩方式与游憩场所的耦合度逐渐下降。

　　设施因素。山腰、山顶游憩场所的服务设施种类及密度明显小于山脚地带游憩场所，同时，随着山体海拔增加，游憩场所的设施维护力度逐渐下降，游人密度、游人数量也在降低，导致游憩方式与游憩场所的耦合协调度降低。

环境因素。喀斯特山体的地形、地貌因素决定了喀斯特山体公园的游憩方式，喀斯特山体平缓的面状游憩空间较少、规模较小、分布零散，导致园内不能进行较大规模的聚集游憩活动，如晨间集体健身活动，受场地制约只能分散式小规模进行。

综上，喀斯特山体公园游憩方式与场所的耦合度较低，游憩场所的地形限制了喀斯特山体公园的游憩方式，当游憩场所地形满足游憩方式时，场所环境与游憩方式形成耦合关系。特殊的地形、地貌既是喀斯特山体公园的特色，也限制了公园的游憩方式，服务设施缺乏、安全设施不完善也是喀斯特山体公园游憩的限制因素，导致了喀斯特山体公园的游憩耦合度较低。

9.1.3　公园游人游憩特征

1. 游憩需求

随着社会经济的快速发展，人们对生活品质的需求越来越高，休闲游憩的需求度增加就是城市居民生活品质提高的直接表现。休闲游憩是休闲活动的重要组成部分，可获得锻炼身体、亲近自然、增进情感等多层次的身心体验。喀斯特山体公园不仅是喀斯特多山城市居民重要的游憩场所，还发挥着涵养水土、维护多山城市生态安全的重要生态职能。多山城市居民对山体公园游憩场地的需求是喀斯特山体公园开发建设的主要驱动因素，也是喀斯特山体公园游人容量测算研究及开发建设的前提。

喀斯特山体公园是多山城市中重要的绿色基础设施，也是重要的生态斑块，因其生态环境的脆弱性，在一定程度上应限制游人的部分游憩行为。在调查分析中发现，游人对喀斯特山体公园的游憩意愿主要有五大类：运动健身、休闲娱乐、爬山、观景、家庭活动（按需求强度从小到大排序）。针对喀斯特山体公园这一特殊的公园类型，不同游憩活动所需的游憩尺度不同（表 9-5）。同行人员的群体活动宜保持在 0.75~1.45m 的亲密交流游憩间距，单独入园游人则与其他游人保持 2.15~7.6m 互相不影响的社交游憩距离。喀斯特山体公园的社交距离在 1.2~7.6m，而常规地貌公园是 2.5~15m，常规地貌公园中的社交距离是喀斯特山体公园社交距离的两倍。受自然环境条件的约束，喀斯特山体公园的游憩空间尺度小于常规地貌公园的游憩空间尺度，明确了喀斯特山体公园游人容量的计算有别于常规地貌公园。

表 9-5　喀斯特山体公园游憩空间尺度感

	距离/m	类型	适宜活动
亲密距离	0~0.45	亲密距离	关系亲密的聊天、静态休闲活动
	0.45~0.75	个体距离	关系亲密的聊天、团体休闲娱乐活动
	0.75~1.2	同行人员交流距离	同行人员活动距离
社交距离	1.2~1.45	同行人员距离	游人较多时面状空间活动距离
	2.15~3.7	陌生交流距离	面状空间各类活动距离
	<7.6	陌生交流距离	各类游憩活动互不影响

2. 游憩行为特征

分析喀斯特山体公园游人游憩行为特征，合理引导游人在山体空间的游憩路线及游憩行为，可以减小人为干扰因素对喀斯特山体生态环境造成的影响。喀斯特山体公园游人游憩行为特征包括游憩目的、结伴人数、游憩时间、游憩频率、游憩体验满意度、游憩限制因素、安全隐患等（图 9-2）。

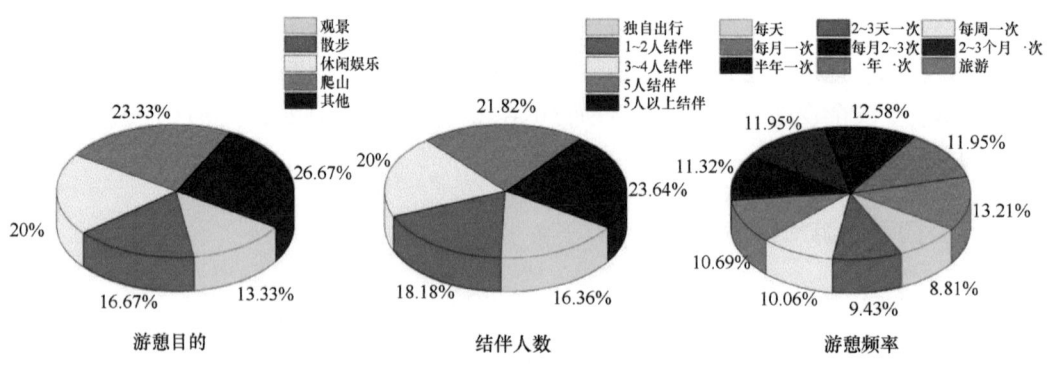

图 9-2 喀斯特山体公园游憩行为特征

由图 9-2 可见，喀斯特山体公园游憩目的主要分为爬山、休闲娱乐、散步、观景四大类，游憩形式单一化、以线性空间游览为主。游人入园的主要形式是结伴入园，占入园总数的 83.64%，其中，18.18% 是 1~2 人结伴、20% 是 3~4 人结伴、21.82% 是 5 人结伴、23.64% 是 5 人以上结伴，出行结伴对象是朋友、家人或旅行团。从游憩频率来看，每天入园人群占入园总量的 8.81%，经常性入园（2~3 天一次、每周一次）的群体占 19.49%，58.49% 的人群随机入园（入园时间、周期不固定），外地旅游人群占 13.21%。近一半的游人一个月中多次到喀斯特山体公园游憩，平均游憩时间 1~2 小时，上午时段游憩时间比下午时段的游憩时间长，入园形式多为结伴游憩。这表明喀斯特山体公园在喀斯特多山城市中的社会职能日益凸显。

3. 游人热点分布

通过空间分析法将喀斯特山体公园工作日、周末游人数量等级可视化，结果如图 9-3、图 9-4 所示。贵阳市中心城区内喀斯特山体公园总体使用频率高于安顺市中心城区内的喀斯特山体公园，安顺市中心城区内喀斯特山体公园游人容量等级较低（1 级、2 级）的公园占总量的 90%，贵阳市中心城区内喀斯特山体公园游人容量等级较低的公园占 46.7%。游人容量等级适宜（3 级）或较高级（4 级、5 级）的喀斯特山体公园主要分布在中心城区、建成时间较长、非纯山体类型的喀斯特山体公园。

其中，贵阳黔灵山公园、贵阳登高云山公园及安顺塔山公园，这三座喀斯特山体公园的游人使用频率最高。究其原因主要有以下几个方面：①地理位置优越，交通条件方便；②园内各类服务设施比较齐全；③为非纯山体类山体公园，山间或山脚地带面积较大，拥有平坦、开阔的积极游憩空间，能给游人提供充裕的游憩活动空间；④游憩类型丰富，对中老年、幼儿、特殊群体的游憩限制力度较小。

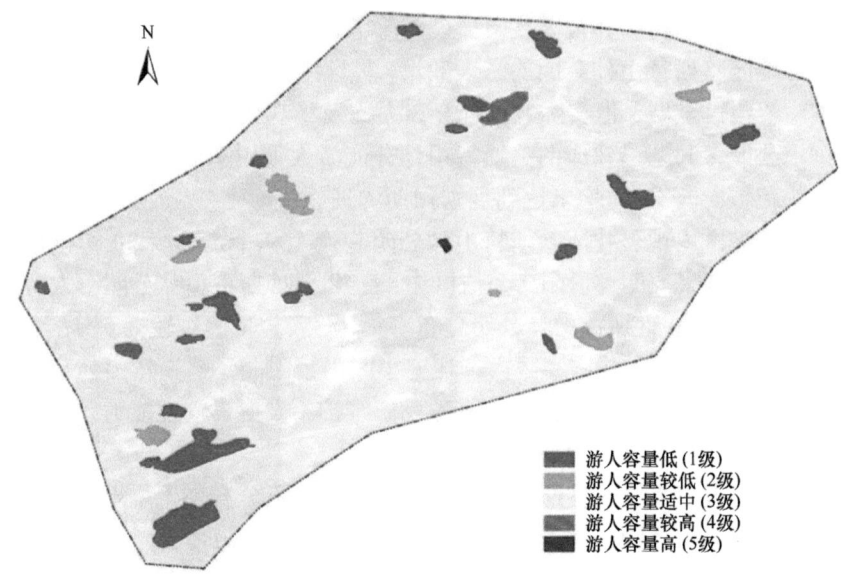

图 9-3　安顺喀斯特山体公园非节假日游人热点分布

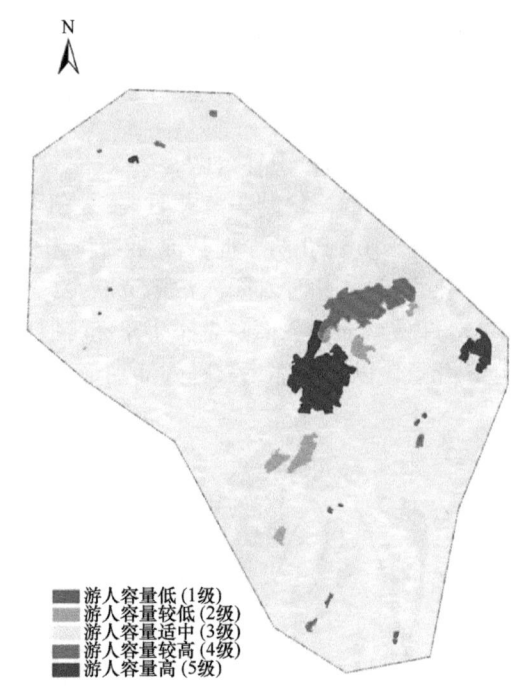

图 9-4　贵阳喀斯特山体公园非节假日游人热点分布

　　实际游人数量趋近零的喀斯特山体公园则位于市郊,多为纯山体类型公园。主要原因为:①山体公园规模较小,大部分山体规模小于20hm²;②提供给游人的活动场所较少;③游憩类型单一化;④服务设施不完善;⑤入园限制力度较大(坡度大、台阶陡、道路条件较差)。

　　安顺市中心城区喀斯特山体公园游人热点分布不均衡,28 个调查公园中仅 3 个喀斯特山体公园游人容量等级适宜,近一半喀斯特山体公园实际游人数量为零。安顺市中心城区西部为新建成喀斯特山体公园，山体公园服务设施欠缺、服务半径受限，游人数量明显低于中部地区喀斯特山体公园的游人数量，城区中部建成时间较长的喀斯特山体公园服务范围广，覆盖全城，但实际发挥社会、人文及景观效益的仅有塔山公园、狮子山公园、金钟山公园，其余已建成的喀斯特山体公园游人使用率低（如五马山山体公园、南山游园、跳花坡游园等），均未达到规划预期的理想值。

贵阳市中心城区内现已建成喀斯特山体公园共计 109 个，选取 30 个喀斯特山体公园进行实地调查。结果表明：贵阳市建成区中部、北部喀斯特山体公园游人容量等级较高，南部较低；城区中心喀斯特山体公园分布密集，游人容量等级较高（均在 3 级以上）；30%的喀斯特山体公园位于住宅小区内，住宅小区门禁限制了喀斯特山体公园的服务范围及服务对象，同时居住区山体公园的服务设施维护不及时，管理能力差，景观类型单一，导致其缺乏观赏性和吸引力。

安顺市、贵阳市中心城区喀斯特山体公园的游人热点分布都不均衡，除名声较大的综合性公园（如黔灵山公园、狮子山公园）外，其余喀斯特山体公园实际游人数量均未达到预期规划的理想值。喀斯特山体公园规划设计前期缺乏对游人容量的客观研究及科学预测，导致已建成的喀斯特山体公园游人数量不高，没有发挥喀斯特山体公园的社会、人文及生态效益。

4. 游憩时段

通过实地观察记录法，统计各喀斯特山体公园一天之中各个时段的游憩行为，计算各个时段各类游憩行为的相对使用量，绘制了游憩行为日变化特征曲线。从图 9-5 中可知，7：00～10：00、14：00～16：00 两个时段是喀斯特山体公园的入园高峰；10：00～11：00 是晨练人群的出园高峰，此时入园人数迅速减少；12：00～14：00 是午休时段，园内在园人数极少，下午高峰时段入园总量小于早高峰时段；14：0～16：00 时间段的主要入园群体是青年、儿童，以小群体、家庭式活动形式为主，冬季下午时段在园游人数量趋于零。

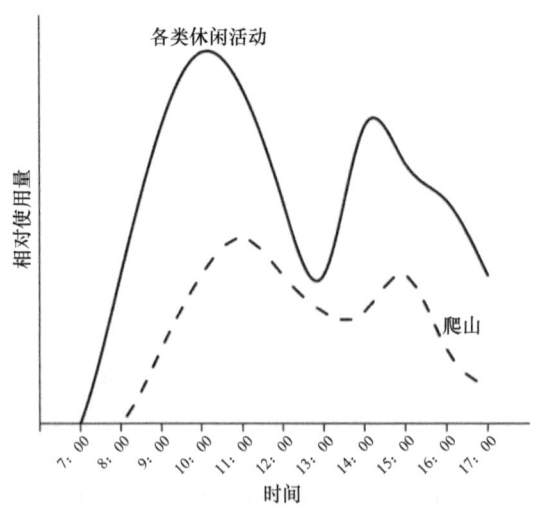

图 9-5　各时间段游憩活动相对使用量

　　山体游憩的高峰时段比入园高峰晚 1 个小时左右，9：00～11：00、14：00～15：00为山体游憩高峰期，11：00～13：00、15：00 后是下山高峰时段，游人活动由山体转向山脚地带，16：00 游人逐渐离园，17：00 后园内基本无在园游人。周末和节假日期间入园数量会出现大幅度增长，游憩时间的变化时段基本相同，但是园内各游憩场所游人密度增大，在园内停留的时间较工作日长，入园高峰时段也比工作日长。

　　各时间段爬山者百分比如图 9-6 所示。由图 9-6 可见，爬山活动相对使用量只有一个游憩高峰，12：30 后上山游憩的游人数量逐渐减少，下午时段山体游憩游人数量少于上午时段，14：00 为下午下山高峰，大部分山体游憩场所 14：00 后结束各项山体游憩活动，山体游憩的高峰时段开始比入园高峰晚、结束比出园高峰早。所以喀斯特山体公园的游憩特征表现为：当积极空间的游人密度大于游人心理容量的承受阈值时，游人退出积极空间，逐渐转移到山体游憩空间，游人在山体游憩场所的停留时间比在山脚活动场所的停留时间短。游憩活动结束时，游人逐渐从山体游憩场所过渡到山脚活动场所，最后离园。

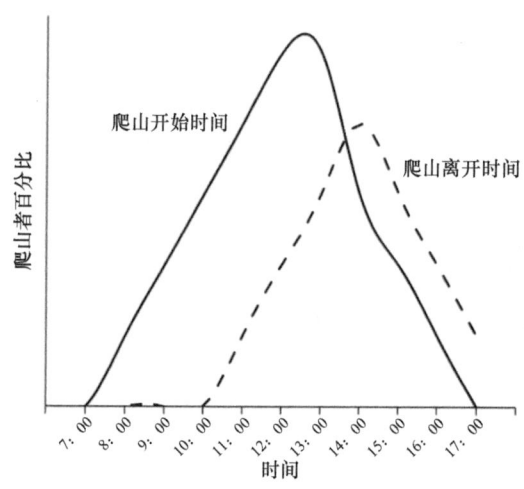

图 9-6　各时间段爬山者百分比

　　喀斯特山体公园入园存在明显季节差异，如表 9-6 所示。从中可以看出不同季节各个时段游人在园的游憩行为、游人数量的差异性。具体来看，夏季游人数量、游人密度最大，游憩类型最丰富，游人在山体活动空间的游憩时间最长，7：00～17：00全时段公园内都有游人在园（午休时段 12：00～14：00 除外）。春、秋季游人数量次之，16：00 后游人开始陆续离园，17：00 后基本无游人在园，春、秋两季游人在园游憩时间比夏季短。冬季游人数量最小，游憩类型仅有集体晨练，下午时段极少有游人入园，实际游人容量趋近于零（市中心的大型山体公园除外）。各喀斯特山体公园上午游憩方式以文娱活动和健身为主，下午以观光和线性游览为主，健身、文娱活动是参与力度最大的游憩活动。

表 9-6　非节假日喀斯特山体公园游憩行为的时空特征

时间	喀斯特山体公园游憩行为			
	春	夏	秋	冬
7：00～9：00	晨练者多，中老年为主；以健身、文娱活动、散步等群体活动为主	入园高峰，以爬山、广场群体活动为主	晨练者较多，部分爬山、群体活动较多	入园以固定入园晨练为主，人流量小
9：00～10：00	入园人数减少，活动方式增加	入园高峰，活动类型增多，以爬山、锻炼为主	入园人数减少，部分人离园	晨练人群开始离开
10：00～11：00	早高峰入园人群开始离园，群体活动减少，以线性游览为主	入园人数较少，晨练人群离园，文娱活动较多	出园人数多，群体活动较少	入园人数少，群体活动少
11：00～13：00	园内停留人数少，以静态活动为主，服务设施使用频率增加	入园人数减少，以静态活动聊天、休憩为主	入园人数少，活动区域游人密度小	游憩空间游人密度小
13：00～14：00	入园人数增多，以线性游览、群体活动为主	入园人数增加，以文娱活动、游览观赏为主	以线性游览为主	入园人数很少或没有
14：00～16：00	第二次入园高峰，以静态休闲为主，休息设施使用率最高	第二次入园高峰，活动类型多样化	入园人数较多，以爬山、休憩为主	入园人数很少或没有
16：00～17：00	园内游人少，出园人数多	出园人数多，园内游人以线性游览为主	人数少于夏季同一时段，以线性活动为主	全园无游人

5. 活动空间

受地形、地貌等因素制约，喀斯特山体公园的活动空间多为半封闭空间，规模小、分布零散，导致集体活动（健身运动等）场地较少。游人在喀斯特山体空间的活动主要为动态游览，缺乏进行集体活动、停留休憩的面状活动空间。山体游憩场所的转换率高、游人停留时间短，山体服务设施相对使用率较低；山腰和山顶的观景平台、活动空间、休憩空间多为消极空间（正常情况下游人不进入或极少进入的空间），使用频率低或常年无游人使用；山间或山脚地带的集散广场是游人游憩偏好的积极空间。大部分山体公园属于纯山体类型，活动场所较少是导致喀斯特山体公园游人数量较低的主要原因。

9.1.4　小结

喀斯特山体公园自身限制因素多，后期维护、管理力度不够，导致实际游人使用量低、自然山体环境被污染、山体绿地资源被破坏、石漠化等环境问题。在调查中发现安顺市中心城区喀斯特山体公园使用率为 71.4%，贵阳市中心城区为 83.3%。其中，游人经常性入园游憩的喀斯特山体公园在安顺市中心城区仅占公园总数的 10.7%，在贵阳市中心城区占 33.3%，经常性入园游憩公园主要为市级综合性质的喀斯特山体公园，如黔灵山公园、狮子山公园，以及建成时间较长的金钟山公园、东山公园等。

喀斯特山体公园的空间布局分散、服务设施缺乏、管理维护不当，都是造成公园使用率低的原因。大部分喀斯特山体公园未达到预期规划的社会效益，安顺市中心城区89.2%、贵阳市中心城区 53.3%的喀斯特山体公园每日游人数量仅为 0～30 人次，这与前期喀斯特山体公园建设的投入不成正比。最重要的原因是建园之初没有对喀斯特山体公园的游人容量进行合理测算，导致大部分喀斯特山体公园建成后无游人使用，造成山体绿地资源浪费。

9.2　黔中城市喀斯特山体公园游人容量影响因素

从上述分析可以看出，喀斯特山体公园游人容量的影响因子众多。所以，游人容量的测算模型不是单一的、静态的，而是一个动态的综合测算模型。为了提高喀斯特山体公园游人容量测算的科学性与精准度，将喀斯特山体公园游人容量分为园路容量（RrCC）、活动场地容量（RgCC）、水体生态容量（EwCC）、水体游憩容量（RwCC）、设施容量（RiCC）五个分容量计算。动态容量的计算则需分别计算出最大容量、最佳容量、最小容量，基于生态优先、协调保护和喀斯特山体公园化利用原则，喀斯特山体公园的游人数量应不超过其最大容量，但游人容量也不能长期处于最小容量阈值。通过合理计算得到喀斯特山体公园的 3 个游人容量，可以科学指导拟建喀斯特山体公园的规划建设。

9.2.1　游人容量的限制因素

1. 生态环境因素

贵州省是我国喀斯特地貌最发育的省份之一，是典型的喀斯特生态环境脆弱区域。随着 20 世纪 80 年代生态旅游的兴起，当地开始以自然生态、自然资源为取向，建设各类自然保护区和公园以获得一定的社会、经济、景观价值（苏维词等，2001）。黔中山区具有生态环境敏感度高、生态环境容量低、抗灾能力弱、稳定性差等生态环境特征（苏维词和朱孝文，2000）。人为干扰因素过大会加剧生态环境的脆弱度，是喀斯特山体生态环境恶化的主要原因（苏维词，2000）。喀斯特山体的脆弱性主要表现在植被脆弱和人文环境脆弱两方面（熊康宁和池永宽，2015），当人为干扰因素过多时，植被类型会向次生林转变，导致山体植被丰富度下降、生物多样性丰富度下降、景观效果变差；发展速度缓慢及不合理的人群活动方式会加剧喀斯特生态环境的破坏程度（包维楷和陈庆恒，1999；苑涛和贾亚男，2011）。喀斯特生态环境被破坏后极难恢复，直接影响到喀斯特山体绿地资源公园化的利用，所以，喀斯特山体绿地资源的开发与利用必须在生态安全的前提下，合理管控游人容量，保护喀斯特山体的生态安全。

2. 地形因素

黔中地区喀斯特山体公园的地形起伏度大、坡度变化大，导致山体园路的宽度、山体活动场所的大小、园林建筑的形态布局均易受限制。活动场所多集中在坡度较小的山间、山脚地带和山顶地带，分布零散，形态大小依据实际情况而定。喀斯特山体园路以台阶形式为主，部分坡度较小的路段是坡道形式，台阶高度随坡度变化而变化，坡度较大的路段台阶高度大于 18cm。增加了上山游憩的困难度。地形是限制游人上山游憩最重要的原因。在地形条件的限制下，喀斯特山体公园无法设置无障碍步道，给老年群体及特殊群体上山游憩带来较大的困难，使得老年群体、特殊群体对山体场所的使用频率及游憩时间大幅度下降。同时，喀斯特山体公园的园路没有明确的道路分级，园路宽度均在 0.8~1.5m（一人或两人并排行走的宽度），部分路段宽度甚至不足 0.8m。喀斯特山体园路规划没有形成完整的环线系统，无法将游人合理引导至山腰、山顶的私密或半私密静态游憩空间。地形因素也制约了喀斯特山体公园的游憩方式，山体的平缓游憩空间较少，导致山体游憩活动仅局限于观景、休憩、聊天等人均占有面积较小的单一性游憩活动。健身、文娱活动等人均占有面积较大、对场所环境有一定要求的游憩活动受限，导致游人多集中于山脚地带，山腰、山顶地带的游憩空间无人问津，被动成为消极游憩空间。

3. 空间特征因素

地形因素不仅制约了山体园路的走向、类型、宽度，还制约了山体活动空间的布局形式（图 9-7）。纯山体（孤峰或小峰丛）类型的山体活动空间较小、游憩面积有限，空间类型单一且主要分布在山脚或山顶区域，山顶游憩场所多设置园林建筑（一般以凉亭为主），是喀斯特山体公园的标志性景观。山体+平台类型（多为孤峰）在山脚或山顶坡度较平缓的区域会设置面积较大、平坦、开阔的游憩活动场所，供游人集散或者进行集体活动，山腰活动平台、山顶观景平台游人使用频率低，山脚地带的活动场所使用频率最高。山体+平台+水体是喀斯特山体空间类型最丰富的一类，群山相连、山体空间变化多样，易于形成开敞、半开敞、封闭的各类活动空间，能满足游人的各项游憩需求。这类山体公园山脚地带开敞性游憩空间数量多、面积大，山顶视线焦点处设置标志性景观构筑物，如黔灵山公园的筑瞰亭、狮子山公园的忆湖楼等，增大山体游憩吸引力、增加上山途中的休息场所使用频次，但山腰的活动场所空间较小且使用率低于山顶和山脚的活动场地。

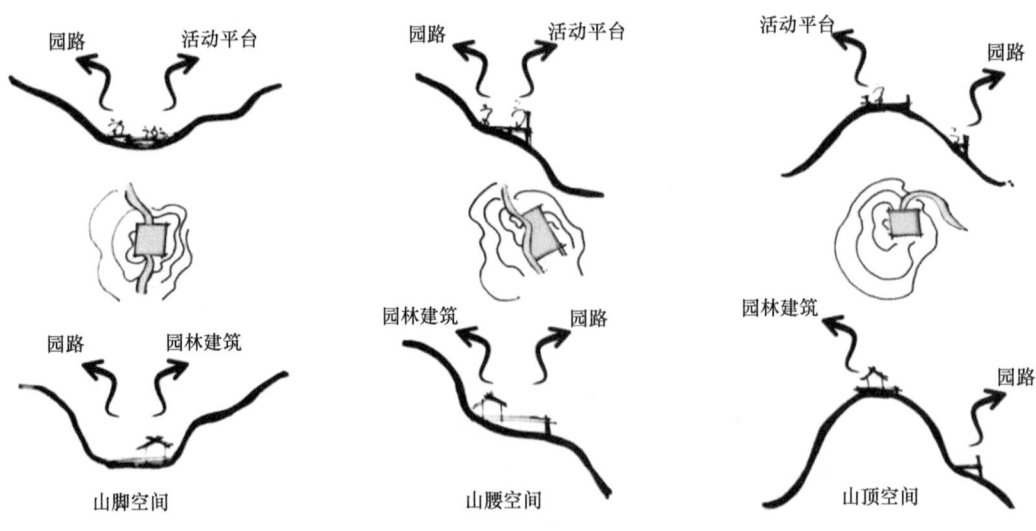

图 9-7 喀斯特山体公园活动场地布置

4. 游憩行为与活动场地因素

黔中地区喀斯特山体公园的游憩活动大致分为以下四类：运动、休闲、观景、主题。

如表 9-7 所示，运动、休闲、观景是黔中地区喀斯特山体公园的主要游憩方式，喀斯特山体公园游憩活动种类较少，受活动场地影响不能进行大规模聚集类活动和人均游憩需求面积较大的活动。不同年龄段游人的游憩方式、活动特征、游憩场地特征有所不同，游憩活动围绕山体进行，以线性动态游览为主。中年群体的游憩活动类型最丰富，主要进行小规模聚集的健身活动、娱乐休闲活动或静态观景娱乐；青年群体以动态线性游览为主，在山腰、山顶的活动场所停留时间短；喀斯特山体公园缺乏适宜幼儿的游憩活动方式，上山交通限制度大、安全隐患多，幼儿群体的游憩方式仅局限于有家长陪伴下的休闲和主题活动。一般情况下，山体游憩活动空间少、山体空间资源可利用率不高、游人容量低、可达性差，导致游人游憩呈阶段性聚集（某一时段集中入园游憩）。

表 9-7　喀斯特山体公园主要游憩活动类型

项目	具体内容	活动特征	参与主体	场地特征
运动	爬山、散步、球类活动、广场舞、健身等	以群体活动为主	中年、老年	开敞、地势平坦
休闲	遛鸟、野餐、棋牌、书法、唱歌、聊天等	活动形式丰富、参与群体多样化	老年、中年、青年、幼儿	半封闭、服务设施齐全
观景	登高观景	爬山	中年、青年	线性园路、山腰、山地
主题	亲子活动、团体活动、摄影等	服务设施使用概率大	老年、中年、青年、幼儿（群体为主）	游人密度较小的场所

5. 山体服务设施因素

喀斯特山体公园活动场地布局、大小影响着游人的游憩偏好选择，不同的游憩人群对场地的需求程度也有所不同。当游憩场所的地形满足游人的游憩需求时，活动场所的环境友好性（服务设施、安全设施）则成为吸引游人在场所内停留、进行相关活动的因素，若缺乏服务设施、安全设施不完善或设施维护力度不够都会导致喀斯特山体活动场地被迫成为消极空间，使用频率及周转率都会下降。将已建成的喀斯特山体公园现有服务设施、现状管理条件与综合公园进行对比（表 9-8，表 9-9）可以发现，喀斯特山体公园缺乏必要的解说系统服务设施（公园简介、植物介绍、相关景点来源及解说）、医疗服务设施（医疗服务站、急救设施）等，对现有的服务设施维护、管理、设置不当，使得各类服务设施损坏严重、使用频率下降，上山园路不是全路段设置护栏，存在安全隐患的区域缺乏安全警示牌等。综合性公园的游憩方式与游憩场所的耦合性明显高于喀斯特山体公园，各项服务设施的种类、布局、数量、维护管理力度都优于喀斯特山体公园。完善、良好的服务设施是游人使用游憩场所的前提，也是游人在游憩场所内停留时间长短的重要影响因素。

表 9-8　喀斯特山体公园管理条件与水平因子

日常管理		环境保护		解说系统		资源管理	
管理制度	*	人员维护力度	**	植物标识牌	*	植物管理	*
管理人员	**	垃圾清理	**	指示牌	*	设施管理	*
管理处	*	垃圾箱分布	**	公园概况	*	医疗服务	—

*代表低，**代表中等，"—"代表缺乏

表 9-9　综合公园管理条件与水平因子

日常管理		环境保护		解说系统		资源管理	
管理制度	＊＊＊	人员维护力度	＊＊＊	植物标识牌	＊＊	植物管理	＊＊
管理人员	＊＊＊	垃圾清理	＊＊＊	指示牌	＊＊	设施管理	＊＊＊
管理处	＊＊＊	垃圾箱分布	＊＊＊	公园概况	＊＊＊	医疗服务	＊＊

＊＊代表中等，＊＊＊代表高

9.2.2　游人游憩影响因子重要性分析

针对喀斯特山体公园游憩限制因子进行重要性分析，在调查问卷、访问调查中设置喀斯特山体游憩对游人的相关限制因素等问题，获取更多的游人游憩信息。根据游人选择游憩的限制因子，找到喀斯特山体公园对不同年龄段人群的主要限制原因，归纳总结喀斯特山体公园游人容量的影响因子，为未来喀斯特山体公园游人容量优化提供相关的理论支撑。

1. 分析数据获取与分析

在每个样本公园中随机选取进入山体游憩场所的游人进行深度访谈，通过一系列试探性的、开放式的问题，了解受访者在喀斯特山体公园的游憩过程中对游憩场所的选择偏好及相关限制因素，包含喀斯特山体公园游人的个人信息、游憩时间（入园时间、出园时间、在山体空间的停留时间等）、游憩方式等有效信息。访谈主要在具有经常性入园游憩活动、有一定游人基数的 4 个喀斯特山体公园（狮子山公园、塔山公园、黔灵山公园、大人山公园）进行，并在安顺市和贵阳市中心城区分别选取最具代表性的喀斯特山体公园（狮子山公园和黔灵山公园）进行问卷调查，旨在了解被调查群体对喀斯特山体公园游憩场所的意见及其游憩体验。

将问卷调查的信息以编码的形式录入 Excel 表格中，年龄{1, 5}分别对应游人的五个年龄段：“1”为 0～18 岁，“2”为 19～44 岁，“3”为 45～59 岁，“4”为 60～70 岁，“5”为 71 岁及以上；限制因子集合{1, 7}分别对应设置的七个游憩限制因子：“1”为无，“2”为上山交通不便，“3”为山体空间缺乏游玩价值，“4”为人身安全顾虑，“5”为山体缺乏服务设施，“6”为带小孩不便，“7”为其他。编码共计八位，第一位为年龄编码，后七位为限制因子编码（不足位的编码后位以“0”补齐）。再将已录入数据导入 SPSS 软件中，运用多选交叉分析法，分析限制因子的重要度并进行排序。

2. 影响因子重要度排序

根据 SPSS 软件的多选交叉分析可以得到表 9-10。从表 9-10 中可以看出，山体缺乏服务设施、上山交通不便、山体空间缺乏游玩价值，这三类因素是导致喀斯特山体公园游人数量低的主要影响因子；其中，51.3%的游人认为喀斯特山体公园缺乏服务设施，认为上山交通不便的占 34.1%，25.2%的游人觉得喀斯特山体空间缺乏游玩价值。喀斯特山体园路缺乏无障碍游览步道让游人在选择游憩场所时容易放弃山体游憩空间，选择限制力度小的山脚积极空间（开阔、半私密的平地空间）。喀斯特山体缺乏服务设施导致山体游憩吸引力不足，缺乏山体空间游玩价值反映出喀斯特山体公园景观类型单一、景观观赏性差、缺乏标志性景观。

表 9-10　限制因子重要度排序　　　　（%）

年龄	无	上山交通不便	山体空间缺乏游玩价值	人身安全顾虑	山体缺乏服务设施	带小孩不便	其他	综合
0～18 岁	0.4	5.5	4.6	2.1	6.3	0.0	0.0	14.3
19～44 岁	2.9	18.1	12.6	10.5	28.2	5.05	5.5	53.8
45～59 岁	2.5	5.9	5.5	1.3	8.4	0.4	0.8	16.8
60～70 岁	0.4	2.5	2.1	1.7	4.2	0.8	0.8	8.8
71 岁及以上	0.0	2.1	0.4	0.8	4.2	0.0	0.0	6.3
总计	6.2	34.1	25.2	16.4	51.3	6.25	7.1	100

这三种限制因素相互作用、相互影响，当三种限制因素存在一种或几种时，会导致喀斯特山体公园游人数量下降；当三种限制因素同时不存在或影响力度很小时，喀斯特山体公园游人数量才会达到或最接近预期规划的理想值。只有降低喀斯特山体公园游憩限制因素的影响力，才能从本质上解决游人数量不足的问题，达到优化喀斯特山体公园游人容量的目的。未来提升喀斯特山体公园的游人容量需要从增加山体服务设施、提升山体游憩吸引力、减小上山的限制力度三个方面入手。

3. 城市喀斯特山体公园游人容量的影响因子

通过上述对喀斯特山体公园游人容量影响因子进行分析，发现游人容量的影响因子众多，并且每个因子之间相互影响、相互作用，形成动态关联的体系，但是主要的容量影响因子可以归结为以下四类：环境影响因子、游憩影响因子、规划影响因子、社会影响因子。

（1）环境影响因子

地形、地貌是喀斯特山体公园有别于常规地貌公园的最大特征，同时制约了游憩方式及游憩规模；喀斯特山体公园的交通以垂直交通（台阶、坡道）为主，绝大多数喀斯特山体公园没有便捷的垂直交通代步工具（索道、观光电梯等），限制了中老年群体、幼儿群体和特殊群体上山游憩。自然环境导致山体缺乏游憩积极空间，加上地形、地貌、垂直交通的制约，导致山体游憩空间吸引力不足，游人容量处于最低状态。

（2）游憩影响因子

地形、地貌决定喀斯特山体公园的游憩方式，当前已建成的喀斯特山体公园游憩方式呈现单一化、同质化特征。与常规地貌公园相比，喀斯特山体公园对中老年、幼儿、特殊群体的游憩限制力度较大，游憩活动只能小规模、分散式进行，不能满足大部分游人上午集体晨练或游憩等占有面积较大的文娱活动，致使山体游憩类型单一、游憩吸引力不足、使用时间短、游人密度极低。

（3）规划影响因子

现阶段的喀斯特山体公园化利用都是在山体绿地覆盖的基础上增加园路系统、游憩空间、游憩设施、服务设施，达到一般公园的游憩、服务功能，但是总体规划建设的景观效果、游憩功能呈同质化。在喀斯特山体公园规划设计之中并未解决垂直交通、游憩吸引力、游憩类型等限制因素，只完成了初级公园化利用，未真正体现出喀斯特山体公园的优势，故没有从本质上解决喀斯特山体游人容量不足的问题。

（4）社会影响因子

目前，黔中地区喀斯特山体公园只完成初步建设，后期的公园服务及管理还未形成完善的体系。加之对已建成的喀斯特山体公园宣传力度不足，常规地貌的公园影响力大于山体公园，导致山体公园整体的社会影响力不高，同等情况下，游人多选择常规地貌的游园进行游憩活动。后期管理力度不够致使不能及时进行山体服务设施的维护、垃圾转运，都给喀斯特山体公园的游人容量带来一定的影响。

9.3 黔中城市喀斯特山体公园游人容量测算模型的构建

游人容量的测算是一个综合、复杂的过程，在多个影响因素相互作用、相互影响的情况下，游人容量处于一个动态变化的阈值范围中。但是，在一定时间、一定活动范围内，游人容量是在一个较小的阈值范围内变化的（可视为一个时间段内的容量相同）。当前大部分喀斯特山体公园的游人容量都在最小容量的阈值，黔灵山公园、塔山公园、狮子山公园在最大容量的阈值，为了提高游人容量测算的精确性，先将现场调查得到的喀斯特山体园路、活动场所的游人数量进行线性回归分析，拟合喀斯特山体公园道路最大、最小、最佳行走间距、活动场所面积和人均游憩占有面积的计算方程，得到喀斯特山体公园适宜的游憩空间尺寸；再根据游人容量的测算原则分别测算每个分容量，得到喀斯特山体公园最佳游人容量阈值总和。

9.3.1 游人容量测算原则

喀斯特山体公园特殊的地形、地貌环境，使得游人容量测算所遵循的原则与常规地貌公园的有所不同，具体原则如下。

1. 生态性原则

特殊的地貌环境导致喀斯特山体公园的生态环境脆弱度、敏感度、异质性高，喀斯特山体生态敏感度分析是自然山体绿地公园化的前提。对于敏感度较高区域应加大保护力度或划为生态保护区（封山育林）、减小开发力度，而敏感度较低区域可硬化作为喀斯特山体公园活动场地，以此增加喀斯特山体公园游憩场地的面积。

2. 游憩需求原则

在喀斯特山体公园建设之初，要对喀斯特山体公园的游憩需求、使用需求、人身安全需求等信息进行大量实地走访调查，客观地分析喀斯特山体公园的游憩特征，并对相关游憩需求做出精准预测，为喀斯特山体公园游人容量测算提供有效信息。

3. 社会效益原则

喀斯特山体公园游人容量的测算就是为了评估自然山体绿地是否具备公园化利用的条件，同时衡量喀斯特山体建园的社会效益。若山体游人容量阈值过低、社会效益与建园投资不成正比，则不适宜建园；当游人容量、社会效益达到一定量时，喀斯特山体具备建园条件，可进行适度开发、建设品质优良的喀斯特山体公园；当游人容量阈值超过喀斯特山体的生态负荷时，就会对喀斯特山体生态环境造成一定的破坏，需要采取人工手段限流，控制区域内的游人数量，减少人为干扰对山体生态环境的影响。

9.3.2 生态敏感度分析

生态敏感度是指人类活动干扰和环境变化的反映程度，表示喀斯特山体活动区域生态环境问题的难易度及可能性，生态敏感度是对现状山体自然环境潜在的生态环境问题进行辨识，并落实到具体的活动空间。喀斯特山体公园是依托镶嵌在多山城市中心及周边的自然山体绿地建设的公园，但是，自然山体绿地肩负维护喀斯特多山城市生态安全的生态职能。所以，应从生态优先的角度出发，对喀斯特山体进行生态敏感度分析，增强游人容量测算模型在喀斯特多山城市的适用性。以黔灵山公园为例，分析喀斯特山体公园的生态敏感度，预防未来山体绿地公园化利用过程中可能出现的生态安全问题。

1. 生态敏感度分析方法

借助 ArcGIS 10.2.2 采用生态要素加权的评价方法，构建喀斯特山体公园生态敏感度指标，计算指标权重，进行空间叠加分析（韩贵锋等，2008；宋姣姣等，2017）。结合实地调研分析黔灵山公园自然环境的生态要素，选取坡度、高程、水体缓冲区、土地利用类型、植被类型，共 5 个生态因子。通过德尔菲法（专家调查法）对各类因子进行等级划分，确定各个生态因子的敏感等级：一级敏感、二级敏感、三级敏感、四级敏感、五级敏感（杨启池等，2017），依次对应赋值 1、2、3、4、5，如表 9-11 所示。

表 9-11 公园生态因子等级赋值

赋值	坡度/(°)	高程/m	水体缓冲区/m	土地利用类型	植被类型
1	<8	1091~1150	>200	硬质铺装	非绿地
2	8~15	1151~1200	150~200	建筑	人工草本
3	15~25	1201~1250	100~150	公园绿地	人工乔灌
4	25~45	1251~1300	50~100	山林地	山地灌草
5	>45	1301~1352	<50	水体	山林地

注：坡度 8°~15° 和 15°~25° 为下含上不含；水体缓冲区范围均为下含上不含

运用层次分析法（AHP）请专家进行单因子权重打分，通过因子权重打分建立判断矩阵，计算排序，进行一致性检验。公式如下

$$f(r_i, r_j) = C_{ij} = C_b^{(r_i - r_j)/R} \tag{9-1}$$

$$R = r_{max} - r_{min} \tag{9-2}$$

$$C = (C_{ij})n \times n = C \times W^T \tag{9-3}$$

式中，$f(r_i, r_j)$ 为第 j 等级、第 i 个生态因子的综合敏感度；r_i 为生态因子敏感度；r_j 为生态因子敏感等级；C_{ij} 为综合敏感值；C_b 为常数；R 为极差；$r_{max}=\max\{r_1, r_2, \cdots, r_n\}$；$r_{min}=\min\{r_1, r_2, \cdots, r_n\}$；$C$ 为生态指标；n 为矩阵阶数；W^T 为权重；T 为第 n 个因素对某个因素影响程度的权值。通过式（9-1）构造判断矩阵，式（9-2）的极差表示重要性程度，式（9-3）为一致性检验。

利用 ArcGIS 10.2.2 空间叠置分析得出黔灵山公园生态敏感度评价指标体系，对每个因子生态敏感等级进行划分，得到不同因子、不同级别的生态敏感区域。

2. 生态敏感度分析结果

将喀斯特山体公园生态敏感度指标体系中的影响因子进行分解组合为：坡度、高程、水体缓冲区、土地利用类型、植被类型。为了表明各因子间的关系，结合德尔菲法和层次分析法计算出各个影响因子的权重，如表 9-12 所示。

表 9-12　生态敏感因子权重表

生态因子	权重值
坡度	0.20
高程	0.17
水体缓冲区	0.14
土地利用类型	0.27
植被类型	0.22

AHP 确定的生态敏感因子权重表明，土地利用类型和植被类型的生态敏感因子权重值较高，分别为 0.27 和 0.22，说明土地利用类型和植被类型对喀斯特山体公园生态敏感度有较大的影响力。自然环境因子中坡度的权重值最高，为 0.20，说明坡度对山体区域的生态敏感度影响最大，坡度权重值越大的区域生态敏感度等级越高。水体缓冲区和高程相对其他 3 种生态因子权重值较低，分别为 0.14 和 0.17，说明在生态因子权重分析中，水体缓冲区、高程对山体生态环境的影响力较小。

对已选定的生态因子运用 ArcGIS 10.2.2 空间叠置分析法进行单因子评价、多因子叠置分析后得出：黔灵山公园区域内山体敏感度评价值在 1.41～4.36，如表 9-13 所示。

表 9-13　黔灵山公园敏感度分级面积

生态敏感度等级	山体敏感度评价值	面积/hm²	面积占比/%	分布情况
一级敏感	1.41～2.00	10.73	3.19	主要活动广场、功能性建筑（硬化场地）
二级敏感	2.01～2.60	13.25	3.93	园路、弘福寺、麒麟洞（硬化场地）
三级敏感	2.61～3.20	38.08	11.29	黔灵湖、公园绿地、部分山体
四级敏感	3.21～3.80	213.15	63.21	山体绿地（山体人工林）
五级敏感	3.81～4.36	61.99	18.38	山体绿地（山体人工林）
总计		337.20	100	

综合上述对各个生态因子的分析结果，将单因子叠加分析，计算出公园内每个斑块的山体敏感度评价值，将其分为 5 个生态敏感等级，如图 9-8 所示。结果表明：黔灵山公园的自然景观总体处于生态敏感度较高的水平，81.59%的区域生态环境敏感度等级较高（四级、五级），分别位于狮子岩、白象岩等自然山体区域，该区域为保育区山林地；生态敏感度中等（三级）的区域占 11.29%，是黔灵湖水域、公园人工绿地及中部动物园等区域；生态敏感度一级、二级（低等级）的区域分别占全园面积的 3.19%、3.93%，主要分布在各个广场、功能性建筑、园路及周围的景点区域。

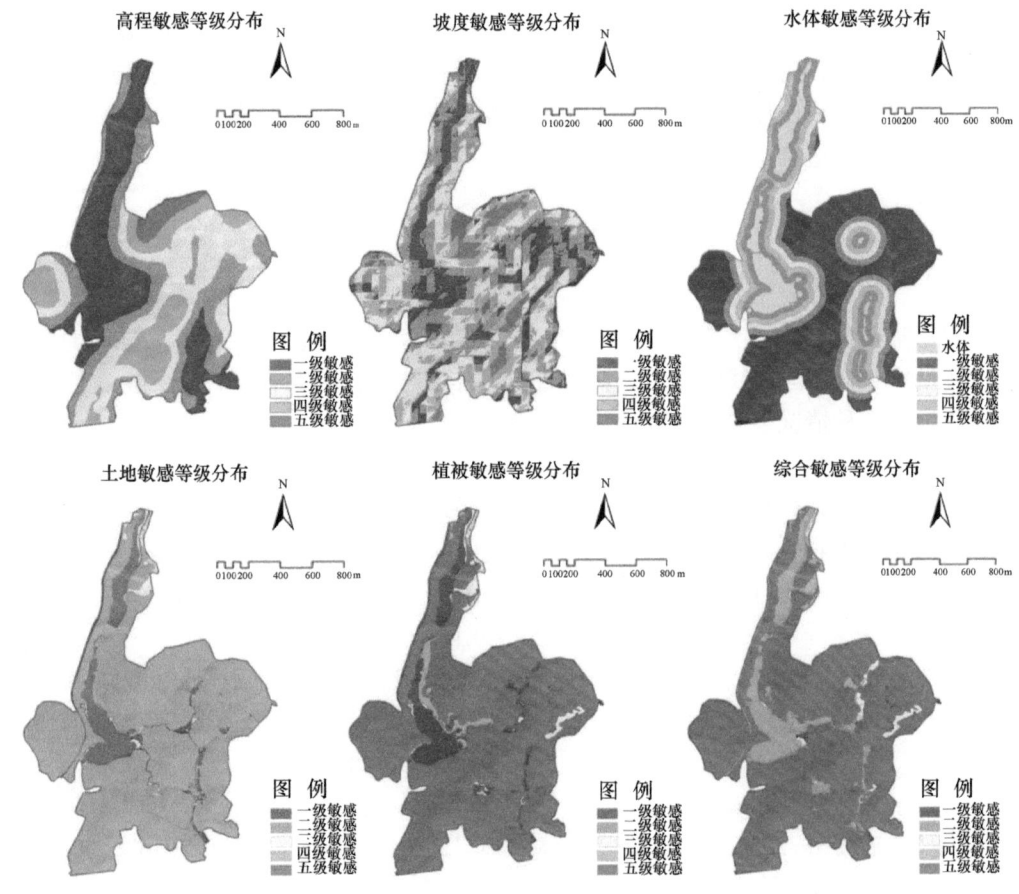

图 9-8 黔灵山公园生态环境敏感度分析

综合分析黔灵山公园的 5 个生态因子，山体绿地生态敏感度最高，水体次之。因山体绿地是黔灵山公园的主要用地类型，占全园面积的 84%，所以黔灵山公园整体的生态敏感度较高，各类开发建设给山体自然环境带来的影响较大。硬质铺装场地敏感度最低，建筑景观次之，硬质铺装和建筑景观场地是游人聚集度最大的场地。对于已建成的喀斯特山体公园来说，扩大硬化场地面积是提高游人容量最直接的方法，但不是最有效、最可行的方法。若无限制扩展活动空间、延伸建筑景观空间，会使山体生态环境遭到严重的破坏，削弱山体绿地的生态效益、景观效益。硬化场地扩展游憩空间要在山体生态环境可承受的生态安全阈值范围内，对于山林地、水体等自然资源应加大保护力度、限制开发力度。未建成的喀斯特山体公园规划时应慎重开发山体，游憩空间的布置应随地形走势而变化，减少或杜绝山体挖、填方，降低人类活动给山体生态环境带来的干扰。

9.3.3 游人容量测算模型的构建

由前述分析可知喀斯特山体公园游人数量的时空变化特征，不同活动空间的游憩时间和游人容量具有差异性。根据公园游客管理的需要，将喀斯特山体公园游人容量分为最大游人容量、最小游人容量和最佳游人容量。其中游人容量是一个警示阈值，各个时段的入园人数不同，当游人数量超过最大游人容量阈值时就会对山体生态环境造成破坏，同时降低游人在园的游憩体验；当游人数量长期处于最小游人容量阈值时，则说明对城市遗存喀斯特山体资源公园化利用的效果并不理想，需要分析其设计与管理模式，进而提出设计改造策略。

1. 各类空间容量测算

（1）园路容量

根据喀斯特山体公园实际（规划）园路长度、游人行走速度，结合喀斯特山体公园的实际游客数量，运用线性回归分析拟合出山体道路最大游人容量、最小游人容量、最佳游人容量三种情况下游人在园路中的行走间距，公式如下

$$y = -4.215 + 0.02x + 1.953x^2 \tag{9-4}$$

式中，当 $y=0$ 时，$x \approx 1.46$，即喀斯特山体公园园路达到最大游人容量时，游人在园路中的行走间距为 1.47m。在山体园路游人荷载较大的情况下还能满足同行游人 1.2～1.45m 的正常社交距离，此时人均园路占有面积为 1.18～2.21m^2。

$$y = -17.259 - 0.17x + 1.631x^2 \tag{9-5}$$

式中，当 $y=0$ 时，$x \approx 3.31$，即喀斯特山体公园园路容量在最小阈值时游人在园路中的行走间距为 3.3m，达到陌生人 2.15～3.7m 的正常社交距离，人均园路占有面积为 2.8～5.25m^2。

$$y = -153.414 - 0.91x + 19.936x^2 \tag{9-6}$$

式中，当 $y=0$ 时，$x \approx 2.80$，即在喀斯特山体公园园路（台阶、坡道）行走时，游人之间相互保持前后 2.8m 的距离是喀斯特山体公园园路的最佳间距。喀斯特山体公园园路宽度在 0.8～1.5m，人均园路占有面积为 2.44～4.20m^2。

由上述公式推导得出喀斯特山体公园园路最大游人容量（RrCC$_{max}$）、最小游人容量（RrCC$_{min}$）和最佳游人容量（RrCC）[公式见第 7 章式（7-1）～式（7-5）]。

（2）活动场地容量

由喀斯特山体公园实际（规划）活动场地面积大小，结合游憩方式、游憩密度等实际游憩情况，运用线性回归拟合在最大游人容量、最小游人容量、最佳游人容量三种情况下喀斯特山体公园场地的人均游憩占有面积，公式如下

$$y = -148.235 + 0.02x + 17.551x^2 \tag{9-7}$$

式中，当 $y=0$ 时，$x \approx 2.91$，即喀斯特山体公园活动场地容量为最大阈值时，游憩场所中

的人均游憩占有面积为 2.91m^2。

$$y = -159.139 + 19.76x - 0.19x^2 \tag{9-8}$$

式中，当 $y=0$ 时，$x \approx 8.80$，即喀斯特山体公园活动场地容量为最小阈值时，游憩场所的人均游憩占有面积为 8.80m^2。

$$y = -475.268 - 0.392x + 17.744x^2 \tag{9-9}$$

式中，当 $y=0$ 时，$x \approx 5.19$，即在喀斯特山体公园活动场地最佳游人容量下，活动场所中进行各项游憩活动的最佳人均游憩占有面积为 5.19m^2。

经上述公式推导出喀斯特山体公园活动场地最大游人容量（RgCC$_{max}$）、最小游人容量（RgCC$_{min}$）和最佳游人容量（RgCC）[公式见第 7 章式（7-6）～式（7-9）]。

（3）水体生态容量

部分喀斯特山体公园中有水体景观，若景观水体只具有观赏性、不可进行游憩活动，则景观水体的生态容量计算参照《地表水环境质量标准》（GB 3838—2002）关于地表水水域环境功能和保护目标，景观娱乐用水属于 V 类用水，主要适用于农业用水区及一般景观要求水域。V 类用水涉及 24 项质量标准，作为景观观赏水体，水体的颜色、透明度、味道为最重要的三个指标，其余的水质指标根据环境部门提供的实时检测数据进行测算，非游憩类景观水体生态容量（EWCC）计算模型如下

$$EwCC = \frac{A \times V}{a} \tag{9-10}$$

式中，A 为水体自净化的需氧量（g/L）；V 为景观水体体积（L）；a 为人均生化需氧量 [g/（人·d），$a=40$g/（人·d）]。

（4）水体游憩容量

若山体公园内的景观水体可进行水上游憩活动（游船），如黔灵山公园、狮子山公园的游船均为小型船只（<5 人/船），则参照《公园设计规范》（GB 51192—2016）中的水体游憩容量设计进行计算。

水体游憩容量（RWCC）计算模型如下

$$RwCC = \frac{S_水}{s} \times d \tag{9-11}$$

$$d = \frac{T}{t_{游船}} \tag{9-12}$$

式中，$S_水$ 为可游憩景观水体面积（m^2）；s 为人均水域游憩面积（m^2），参照《公园设计规范》取值为 150～250m^2；d 为游船周转率（次/d）；T 为喀斯特山体公园游憩时间（7:00～17:00，共计 10h）；$t_{游船}$ 为游船活动平均游憩时间（1～2h）。

（5）设施容量

座椅、垃圾桶、公共厕所、指示牌、安全设施五类服务设施对喀斯特山体公园中游人容量有较大影响，其中座椅、垃圾桶、公共厕所、安全设施为必要服务设施。喀斯特

山体公园服务设施容量计算以 4 种必要服务设施为基础，根据山体公园实际情况增加服务设施种类。服务设施容量计算模型如下

$$RiCC = \sum_{i=1}^{x} N_i \times d \tag{9-13}$$

$$d = \frac{T}{t_{使用}} \tag{9-14}$$

$$RiCC_{总} = \min\{R1CC, R2CC, R3CC, \cdots, RiCC\} \tag{9-15}$$

式中，x 为服务设施的种类数；N_i 为某一种服务设施的数量；d 为服务设施使用周转率（次/d）；T 为喀斯特山体公园游憩时间（7：00～17：00，共计 10h）；$t_{使用}$ 为设施平均使用时长（h）；RiCC 为第 i 种服务设施容量，第 i 种服务设施容量根据山体公园中服务设施种类的实际情况进行计算；$RiCC_{总}$ 为所测算的山体公园范围内所有设施容量实际总和。

2. 城市喀斯特山体公园总游人容量模型

将上述各分容量的公式整合分别得到喀斯特山体公园的最大游人容量、最小游人容量、最佳游人容量三个游人容量的测算公式。基于生态环境保护喀斯特山体公园的游人数量要控制在最大容量阈值范围内；为了提升山体公园化利用的效率，就要将入园人数控制在最佳容量的阈值范围内；若入园人数长期处于最小游人容量阈值，周末、节假日等入园高峰期在园人数变化不大，则山体公园化利用效率低，山体公园的社会效益、景观效益达不到规划的期望值。

$$KMPTCC_{max} = RrCC_{max} + RgCC_{max} + EwCC + RwCC + RiCC_{总} \tag{9-16}$$

$$KMPTCC_{min} = RrCC_{min} + RgCC_{min} + EwCC + RwCC + RiCC_{总} \tag{9-17}$$

$$KMPTCC = RrCC + RgCC + EwCC + RwCC + RiCC_{总} \tag{9-18}$$

式中，$KMPTCC_{max}$ 为喀斯特山体公园最大游人容量（人/hm²）；$KMPTCC_{min}$ 为喀斯特山体公园最小游人容量（人/hm²）；$KMPTCC$ 为喀斯特山体公园最佳游人容量（人/hm²）。

3. 喀斯特山体公园游人容量模型的使用

喀斯特山体公园游人容量有三个，即最大游人容量、最小游人容量、最佳游人容量，周末、节假日等入园高峰期为最大游人容量，当游人数量超过最大容量阈值时需要采取相关的限流措施，否则人为干扰因素过大会对山体生态环境造成破坏；冬季、天气状况不佳等时期为喀斯特山体公园最小游人容量，当公园入园人数长期处于最小容量阈值时，表明山体公园化利用率不高，需要进行容量优化，使容量达到最佳阈值，增大喀斯特山体公园化利用的社会效益、景观效益。

本节将喀斯特山体公园游人容量测算拆分为 5 个分容量，根据建成或拟建成公园实际情况选择计算的分项，若园内没有景观水体，则不计算水体生态容量、水体游憩容量；若景观水体不可进行水体游憩活动，则只计算水体生态容量；若景观水体可进行水上游憩活动，需要计算水体生态容量、水体游憩容量，当水体生态容量小于或等于水体游憩

容量时，水体容量大小取水体生态容量的最大值。已建成公园的设施容量根据公园实际设施数量进行计算，若设施数量与公园实际容量不匹配，则需增加相应的服务设施数量；在计算拟建成山体公园设施容量时，可根据园路、场地、水体总体容纳量的人数量反向计算出相关设施的数量，使得设施容量符合公园游人容量规模。

9.3.4　小结

目前，相关行业规范中关于游人容量的测算模型适宜风景区、森林公园等大规模自然生态保护区游人容量确定，对于中小尺度的地形、地貌特殊性较强的喀斯特山体公园不具普适性。所以，依据上述关于喀斯特山体公园的相关分析内容，结合喀斯特山体公园的限制因素和生态环境敏感度分析，尝试建立喀斯特山体公园游人容量测算模型。依据各个时段游人在园的游憩特征构建喀斯特山体公园游憩机会谱，游憩项目对应游憩时段、游憩频率、游人密度、参与方式、设施使用情况等信息可反映出游人实时在园情况。以期能丰富游人容量测算中关于喀斯特山体公园测算的研究，为今后喀斯特山体公园游人容量的优化提出理论依据。

9.4　黔中城市喀斯特山体公园游人容量优化策略

9.4.1　公园化利用的利弊因素

喀斯特山体绿地是分散镶嵌在喀斯特多山城市中的宝贵的自然资源，既是多山城市的生态屏障，又是多山城市居民的游憩场所。山体绿地公园化利用有诸多利弊因素，故在提出喀斯特山体公园游人容量的优化策略前，应先对喀斯特山体绿地公园化利用的利弊因素进行分析，从而有效规避弊端因素影响，协调喀斯特山体生态保护和公园化利用的矛盾。

1. 有利因素

（1）生态环境良好

黔中地区处于西南岩溶区域的中心腹地，喀斯特山体、丘陵面积占比大，生态环境优良但脆弱度高。喀斯特山体绿地生态优美、植被覆盖度高、可调节城市微气候，良好的生态环境有助于维护人体身心健康，在多山城市中是休闲、游憩的绝佳场所，也是多山城市生态廊道建设的基础。

（2）缓解多山城市用地紧张

利用中心城区及周边山体绿地建设喀斯特山体公园，不占用平地资源，可以缓解多山城市用地紧张的问题，不仅给多山城市的居民提供更多休闲娱乐的活动场所，还能优化城市中心及周边的生态环境。

（3）构建"城山一体化"城市景观观赏体系

喀斯特多山城市岩溶发育、山峦众多，形成了"城在山中、山在城中、城山一体化"

的独特多山城市景观风貌。城市中心及周边的自然山体绿地是多山城市景观的重要组成部分，公园化利用的同时建立中心城区"山观城"的城市景观眺望体系，可以多角度观赏喀斯特多山城市的景观风貌。

（4）加大山体绿地保护力度

山体绿地是构建喀斯特多山城市稳定生态体系的重要载体，山体绿地公园化利用可将部分景观资源较好的山体绿地划入规划保护范围中，是保护山体绿地资源的有效方式之一，可避免山体绿地遭到破坏和侵蚀，同时为贵阳市打造"千园城市"、安顺市建设"城市盆景"的区域特色提供有效保障。

2. 不利因素

（1）游憩活动空间不足

大部分已建成的喀斯特山体公园存在游憩空间不足的缺点，特别是依托单体山峰或小峰丛建设的纯山体类公园，游憩空间不足是最明显的劣势。受地形因素限制，喀斯特山体公园活动空间面积小、分布零散，人均游憩面积较大的游憩方式被限制，从而导致喀斯特山体公园实际游人数量少，部分喀斯特山体公园甚至没有游人。

（2）人为干扰因素大

喀斯特山体生态环境敏感度大、异质性高。人类活动会对山体生态环境造成一定的干扰，当游人活动干扰性大于山体生态环境的自我修复能力和环境承载力时，会造成山体生态环境不可逆的破坏。为了保护喀斯特山体生态环境，应限制游人过度活动，减小人为因素对山体生态的干扰度。

（3）山体规模小

黔中地区山体资源丰富，山体广泛分布在城镇中，但城市中心山体分布零散、规模较小，多以孤峰或小峰丛为主。黔灵山公园、狮子山公园、登高云山公园等游人容量较大的喀斯特山体公园，都是由规模较大的群山组成，进而形成封闭、半开敞或开敞的多样化游憩空间。然而大部分山体规模较小，山体空间单一，游憩空间不足，山体绿地公园化利用后实际游人数量趋近于零。所以，当山体规模达不到喀斯特山体公园的建园标准时不适宜公园化利用。

（4）垂直交通限制游人上山游憩

台阶是喀斯特山体公园主要的交通形式，绝大多数喀斯特山体公园均没有便捷代步上山的交通工具。垂直交通对中老年人、残障人士、婴幼儿群体上山游憩的限制力度大，故需要改进喀斯特山体公园上山的交通方式，依据山体实际情况考虑建造观光梯、索道等便捷上山的交通方式，减小垂直交通带来的游憩限制。

9.4.2　公园游人容量优化策略

1. 喀斯特山体公园游憩机会谱

基于已构建的喀斯特山体游人容量测算模型，结合喀斯特山体公园游憩特征、时空变化趋势、设施使用频率等相关分析，建立喀斯特山体公园游憩机会谱。喀斯特山体公园的各项游憩项目对应的游憩时段、游憩人群、游憩频率、人群参与方式及相关设施的使用如表 9-15 所示。

表 9-15　喀斯特山体公园游憩机会谱

游憩项目		时段	人群	频率			游人密度			参与方式		设施使用			
				偶尔	经常	阶段性	低	中	高	个人	群体	座椅	垃圾桶	指示牌	公共厕所
运动类	爬山	9:00~11:00 14:00~16:00	中年、青年			*	*	*		*	*	*	*	*	*
	球类	7:00~11:00	中年、老年		*			*	*		*	*	*		*
	广场舞	7:00~11:00	中年、老年		*				*		*	*	*		*
	武术类	7:00~11:00	中年、老年		*			*			*	*	*		*
观光类	观景、踏青	7:00~16:00	老年、中年、青年、幼儿	*				*		*	*	*	*	*	*
休闲类	遛鸟	9:00~11:00	中年、老年		*		*				*	*	*		*
	唱歌	7:00~10:00 14:00~16:00	中年、老年	*	*			*			*	*	*		*
	书法	8:00~11:00	中年、老年		*	*		*		*		*			
	棋牌	8:00~11:00 14:00~16:00	中年、老年	*	*			*			*	*	*		*
	野餐	11:00~16:00	中年、青年、幼儿	*			*				*	*	*		*
	聊天	7:00~10:00 14:00~16:00	中年、老年、青年	*				*			*	*	*		*
主题活动类	摄影	7:00~10:00 14:00~16:00	中年、老年	*			*			*		*	*		*
	家庭活动	7:00~10:00 14:00~17:00	老年、中年、青年、幼儿	*			*				*	*	*		*

*表示活动发生

休闲和主题活动类游憩对服务设施的使用频率较高；中老年群体经常性入园游憩，有固定入园时间段、固定的游憩方式及场地；球类运动、广场舞游人密度较高，其余游憩活动参与人数较少；喀斯特山体公园游憩活动的参与方式以群体为主；座椅、垃圾桶、公共厕所在喀斯特山体公园的使用频率较高。

建立喀斯特山体公园游憩机会谱，是为了科学指导喀斯特山体公园的规划，同时，让游人根据自己的需求选择何时入园以及入园后的游憩方式。喀斯特山体公园游憩机会谱可以为后期的相关管理及游人容量管控等提供参考。

通过对黔中地区喀斯特山体公园游人容量的研究，可以更加科学、合理地选址建设喀斯特山体公园，从整体式全面建设转化为点状式精品建设，从增加山体活动场所人均占有面积转化为建设高品质喀斯特山体公园，同时协调喀斯特山体生态保护和公园化利用的矛盾。根据喀斯特山体公园游人容量测算将城市中心区域及周边的山体绿地资源进行等级划分，山体资源等级分为：①一级山体，规模较大、生态环境良好且人文价值、景观价值较高（黔灵山、登高云山等），该类山体需要严格控制山体保护范围、开发规模和强度，以生态保护为主开展生态游憩项目，突出生态职能；②二级山体，规模较小、植被覆盖度一般（主要分布在中心城区内），城市中大部分山体在确保城市生态格局和地理环境特征的前提下，可适当加大山体开发力度，延展山体游憩空间，促进喀斯特山体与城市景观的融合发展，强化喀斯特山体的社会职能和景观价值；③三级山体，规模小、植被覆盖度差或已遭破坏（采矿、采石严重破坏的山体），对山体破损区域进行景观整合和生态修复，加大利用程度，因地制宜建设矿山公园。等级越高的山体可开发程度越高，基于山体资源现状控制各个等级山体开发强度及范围，既能保障山体生态环境安全又可合理利用山体资源。针对已开发的山体或游人容量达到建园标准、可开发程度较大、未公园化利用的山体，提出优化喀斯特山体空间、丰富山体游憩项目、增设山体服务设施三种游人容量优化措施，以期提高喀斯特山体公园的建设品质和空间承载力。

2. 已建成喀斯特山体公园游人容量优化策略

针对已完成初步建设及需要提升改造的喀斯特山体公园优化游人容量，解决拓展山体游憩空间成本过高、游憩项目单一化，导致游憩时间短、服务设施不足，使得游人容量过低等问题。已建成喀斯特山体公园需要将游人容量管控在合理阈值范围内，减少对山体生态环境的干扰，游人容量优化策略从拓展山体游憩空间、增加平均在园游憩时间、减少游憩限制因素三个方面入手。

（1）优化已开发的山体空间

山体空间既是喀斯特山体公园优良环境、丰富景观的贡献者，又是游憩活动的主要限制因素。现有的喀斯特山体公园游憩空间多位于山脚地带，山腰、山顶游憩空间不足，利用现代技术和先进的景观生态规划理念、按照低影响开发原则，延伸喀斯特山体游憩空间是解决这一矛盾的有效途径。一方面，在山腰、山顶原有活动空间的基础上，保留山体的乔灌植被，采取架空的形式扩充现有的游憩空间，或依照山体地形走势建造台地架空式游憩平台，如图9-9所示；另一方面，解决垂直交通的限制，采取索道、观光电梯、架空栈道和休息平台结合等方式，加密山体园路、休息平台等交通设施，优化喀斯特山体空间的游人容量，满足多山城市居民日益增长的游憩需求。

（2）丰富山体公园游憩项目

依托自然山体建设公园是多山城市居民回归自然、亲近自然的资源优势，可促进自然、环境、生态教育等游憩项目与喀斯特山体景观有机结合，寓教于乐，将提升喀斯特

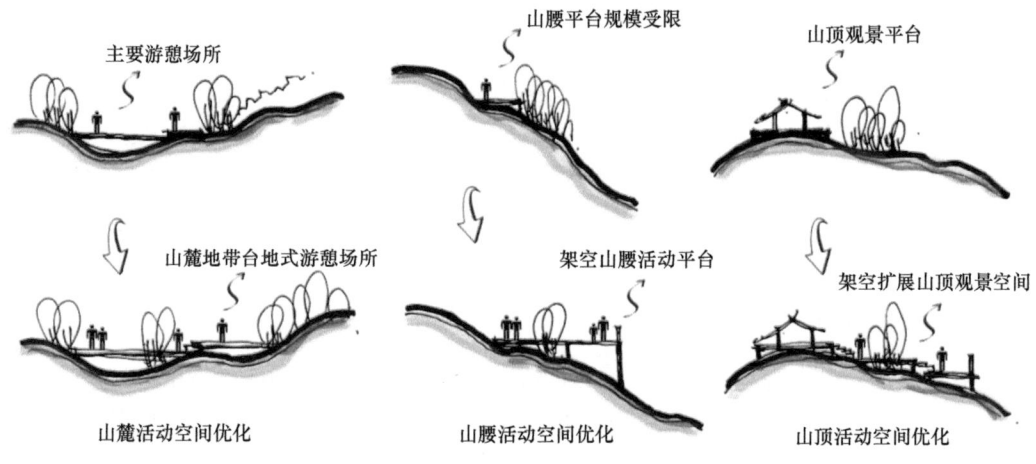

主要游憩场所　　　　山腰平台规模受限　　　　山顶观景平台

山麓地带台地式游憩场所　　　架空山腰活动平台　　　架空扩展山顶观景空间

山麓活动空间优化　　　　山腰活动空间优化　　　　山顶活动空间优化

图 9-9　喀斯特山体公园空间优化方式

山体公园的游憩获得感，扩充喀斯特山体公园游憩体验的维度。现阶段喀斯特山体公园山体游憩方式单一，平均山体游憩时间只有 30～45min，而山脚地带活动场所的平均使用时间可达 60～120min。根据喀斯特山体的实地情况，适当开发部分山体开展攀岩、户外拓展、家庭主题活动等适宜不同年龄段游人的游憩项目，加大山体游憩吸引力，延长游人在山体公园的游憩时间，可提高喀斯特山体绿地资源的使用率，缓解游人热点分布不均衡的问题。

（3）增加山体公园服务设施

与常规地貌公园相比，喀斯特山体公园的地貌复杂性增加了游人的游憩趣味。但是，对喀斯特山体公园服务设施的种类及数量的要求都高于常规地貌公园。因此，应在喀斯特山体公园游憩行为特征的研究基础上依据"三适"原则设置相关服务设施，具体如下。

适宜原则。根据喀斯特山体公园的特征设置适宜的服务设施种类，例如：在山体园路、山体活动场地设置栏杆、安全警示标识等安全服务设施，减少山体游憩的安全隐患；在分岔路口处设置地图、区位示意图等导视设施，可合理引导游人在山体空间活动，避免迷路等安全问题。

适地原则。服务设施的布置需要遵循一定的布局原则。例如：座椅、垃圾桶要放置在游人易发现的地方，并且不影响游人的正常行走和活动；标识、警示牌要设置在最显眼的位置，才能发挥指示的作用。

适用原则。服务设施是为游人游憩服务的，设施的设置不是种类越多越好，而是以适用为主。例如：游人在上山途中需要克服自身重力做功，行走消耗的能量比在平地行走多，所以座椅成为山体线性游览中最适用的服务设施；在面状游憩空间，座椅及游憩设施就成为最适用的设施。

在不同的空间、不同的活动场所内，游客对服务设施的需求也有所不同。根据喀斯特山体公园的游憩特征，结合场地性质，遵照"三适"原则合理布置各类服务设施，以期改善喀斯特山体公园的服务水平，提高喀斯特山体游憩空间的使用率。

3. 拟建喀斯特山体公园游人容量优化策略

黔中地区山体资源丰富，但不是每一座山体都适宜建造山体公园，应通过游人容量测算合理选择适宜公园化利用的山体，并满足一定服务区域内的公园数量及游人容纳数量。适宜建造公园的山体需要在低影响开发的前提下，科学规划布局、挖掘山体潜力，提升山体绿地的社会效益、景观效益、服务效益，拟建成喀斯特山体公园游人容量的优化应从以下几个方面入手。

（1）合理布局

喀斯特山体的山脚地带、山腰、山顶的游憩限制力度不同，山顶游憩限制力度最大、山腰次之。随着游憩限制力度的增大，应加大山腰、山顶活动场地的游憩吸引力，在山顶活动场地增加相应的游憩设施，使山体游憩不仅局限于观景和休憩，应提供有别于山脚地带的公共空间，建造半私密的适宜家庭活动、交谈的空间，营造良好的游憩氛围。

（2）提高公园建设品质

喀斯特山体公园建设不应停留于完成公园初步建设的阶段，要从全面建设转向高品质公园建设，由"量"向"质"转换，提升喀斯特山体公园的景观品质、游憩品质、整体建设品质，从而增加山体游憩吸引力、提高游人的游憩体验。

（3）满足游人的入园需求

优化山体公园游人容量的本质是使山体公园的场地、服务设施能满足游人的游憩需求，在建园前应对山体公园进行合理定位，明确公园的服务人群。通过前期大量走访调查了解游人的入园游憩需求，即山体公园的活动场所可以满足游人的哪些游憩方式，降低游人入园游憩的限制力度，最大限度地满足游人入园的游憩需求。

第10章 黔中城市喀斯特山体公园游憩空间效能

随着城市化水平提升和人口增长，城市向外扩张的同时内部呈现致密化，居民对城市内部绿色空间与生态产品的需求日益强烈（Chiesura，2003），绿色基础设施的重要性愈发突出。公园是生态系统服务功能最多样、获取最直接的绿色空间，与城市生态环境和居民福祉紧密相关（李小马和刘常富，2009）。公园游憩空间服务水平关系着居民享用绿色基础设施的社会公平性，是城市居民对美好居住环境的根本需求，也是城市生态系统规划的重要依据（Koprowska et al.，2020；Cristina et al.，2019）。研究表明，游憩空间服务是指在不破坏自身系统稳定性、不降低服务质量的前提下能提供游憩服务的程度（李晟等，2020）。城市化快速发展对多山城市游憩空间提出了更高的要求，充分发挥其服务于人的价值理念，为居民提供亲近自然的游憩环境与游憩体验，是城市游憩空间的重要属性，也反映出城市人居生活品质。面对多山城市建设用地内部游憩空间局促的现状，提升山体公园的游憩空间服务效能对于优化多山城市的绿色开放空间质量、提升多山城市的人居环境具有重要意义（李华，2015）。

现有的非喀斯特地区城市公园游憩空间相关研究成果、理论和技术，在喀斯特城市山体公园建设高使用率游憩空间、完善游憩管理体系、空间效能测算和评价中明显存在不适应状况。未能有效解决游憩需求增长与游憩空间不足或利用不合理、自然资源开发利用与可持续发展和保护之间的矛盾，在指导城市山体公园的规划时不能有效提高公园利用率、游览量以及服务质量，使其游憩空间资源无法得到最大化合理利用从而增加群众游憩获得感。因此，当前关于喀斯特地形地貌山体公园游憩空间方面的研究已经成为城市环境规划建设的热点，但现有的研究成果无法指导本研究相关内容，因此急需在喀斯特城市山体公园游憩空间服务效能研究中进行相关补充，以期为未来城市山体公园规划提供指导和依据。

10.1 城市喀斯特山体公园游憩空间体系与分布特征

10.1.1 研究对象、数据采集与研究方法

1. 研究对象

本章以贵阳市中心城区建成区为研究区，选择其中具有典型性和代表性的 6 个公园作为研究对象，其基本情况见表 10-1。

2. 数据采集

以贵阳市 2018 年 Pleiades 高分辨率卫星影像图（0.5m 空间分辨率）为基础数据源。在 ArcMap 10.2 中，利用遥感影像和目视解译法，通过现场调查对黔灵山公园、花溪公

表 10-1　城市喀斯特山体公园属性表

公园编号	公园名称	公园区域	公园建立时间	公园面积/hm²	山体面积占比/%	公园类型	空间类型
YY1	黔灵山公园	云岩区	1957 年	426	58	城市公园	山体+平台+水体
HX1	花溪公园	花溪区	1949 年	50.10	7	湿地公园	山体+平台+水体
NM1	南郊公园	南明区	1966 年	20	3	社区公园	山体+平台
WD1	登高云山公园	乌当区	2016 年	135.8	18	森林公园	山体+平台
BY1	泉湖公园	白云区	2016 年	64.8	9	城市公园	山体+平台+水体
YY2	南垭山公园	云岩区	2016 年	42	6	山体公园	纯山体

园、南郊公园、泉湖公园、登高云山公园和南垭山公园共 6 个山体公园进行公园游憩空间分类，并提取贵阳市城市交通主体和链接中心城区与外围组团区域的道路交通用地信息，以及公园绿地内交通用地信息，其中包括各种景点内 2m 及以上宽度独立游览道路，但不包括横穿各类广场或者活动空间的游览道路。在 ArcMap 10.2 中进行相关分析处理，再通过人工解译及 AutoCAD 处理成 .dxf 文件，导入空间句法软件 UCL Depthmap 10，得到 6 个公园游憩道路轴线模型（图 10-1）。以供空间句法相关指标测定。

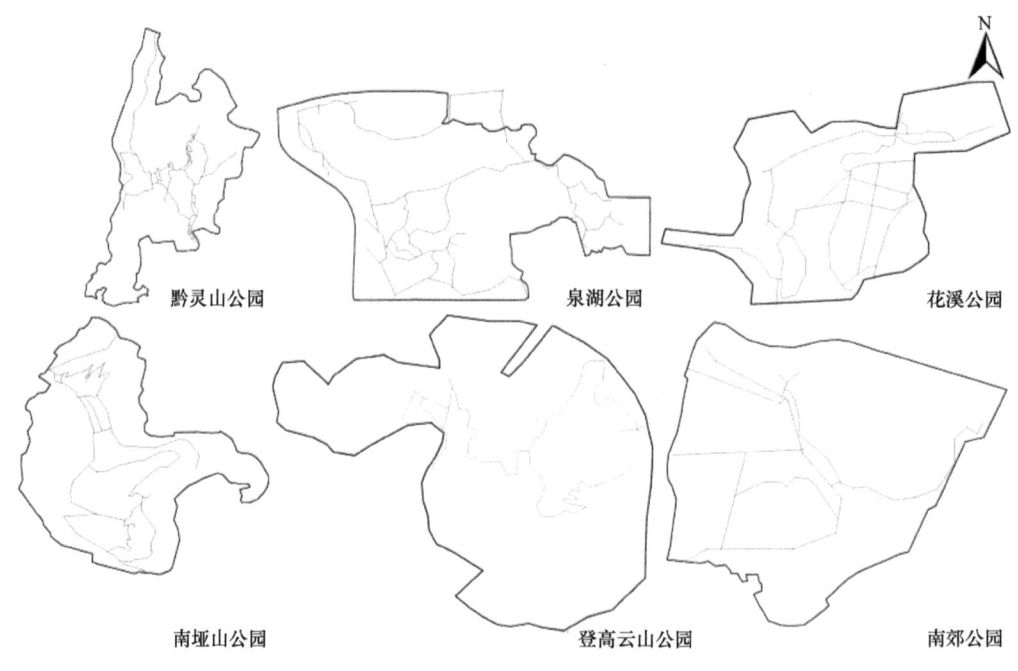

图 10-1　城市喀斯特山体公园轴线模型

3. 研究方法

（1）空间句法

空间句法用于表征空间及其组织与人类社会之间相互影响、相互作用的关系，也用于建筑、聚落、城市甚至景观在内的人居空间形态结构的量化描述（比尔·希列尔和盛强，2014）。本章借用空间句法中的轴线法对山体公园进行空间形态认知上的分析，将公园活动场所划分为实体边界的空间，用轴线表示空间，使空间结构转译成轴线图，通过轴线图分析自然与环境因素的关联性和可持续性。选取空间句法指标来探明城市山体公园游憩空间分布特征与公园景点的相互影响。句法参数指标如下。

连接度：表示直接相交的空间个数，在实际的空间中，一个空间连接度越高，表明该空间渗透性越好。

整合度：表征研究区域整体的空间属性、空间或整体空间之间的关系，反映空间的可达性，空间整合度越高，其可达性越高。

可理解度：表示局部整合度与全局整合度之间的关系，反映局部空间结构与整体空间结构的耦合程度，可理解度越高，局部空间与整体空间一致性越高，越容易被认知理解。

平均深度值：指某一空间节点与系统其他空间节点深度的平均值，平均深度值数值越大，表明该空间节点的便捷程度越低。

选择度：反映某个空间出现在系统中其他任意两个空间的最短路径上的次数之和，最短路径是指空间中任意一个元素到另一个元素的最短路径。

控制值：反映整体与局部空间之间的聚集程度。

利用空间句法分析软件（UCL Depthmap 10）建立公园内的轴线模型，重点通过空间结构的连接度、整合度、平均深度值、选择度和控制值等指标的分析，总结局部空间之间，以及局部空间与整体空间之间的特性。

（2）跟踪记录法

对 6 个山体公园的游客进行跟踪记录，共得到 180 组跟踪数据，运用 Excel 2019 和 ArcMap 10.2 软件进行录入与分析，记录访谈游人的游憩需求及游憩行为特征。对不同人群的行为活动、游览路径、游憩方式、休息景点等进行分类分析，根据游客游览公园景点的活动情况判断该景点为经过型（标记 1）或停留型（标记 2），跟踪记录得到各公园实际景点如下：黔灵山公园 23 个景点、花溪公园 36 个景点、南郊公园 22 个景点、登高云山公园 27 个景点、泉湖公园 31 个景点、南垭山公园 21 个景点。最后将人群在景点上的行为活动进行数量叠加，分析公园景点的分布合理性、景点集中范围、景点间分散布局、景点与园路的重叠程度是否影响游客的游憩行为等情况；并按照游客属性分析不同年龄层次游客游览路径的区别。

10.1.2　游憩空间体系

1. 游憩空间组合方式

在山体公园植物组合的空间中，通过对贵阳市 6 座山体公园共 303 个空间进行现场调查。以植物作为视觉要素，从视觉性和物质性 2 个不同层面对空间组成进行分析（李雄，2006），将视觉性 3 种可能性与物质性 2 种可能性进行两两组合，在 6 座山体公园中实际存在 5 种空间组合方式，即视觉完全封闭物质性封闭、视觉完全开敞物质性封闭、视觉部分封闭物质性封闭、视觉部分封闭物质性开敞、视觉完全开敞物质性开敞，如图 10-2 所示。

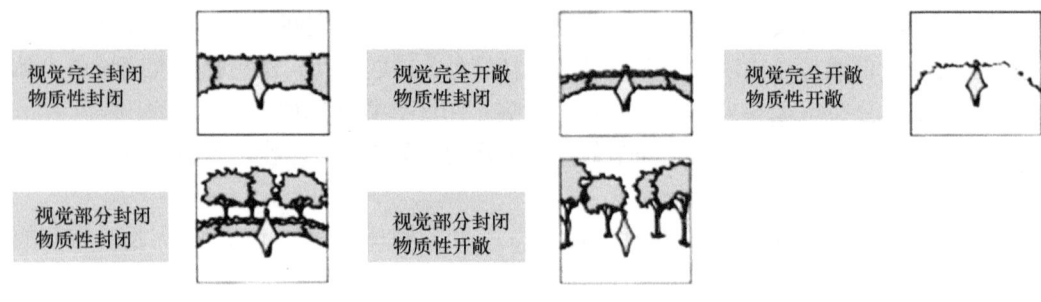

图 10-2　空间组合方式

由城市山体公园游憩空间组合方式汇总表 10-2 可知，游憩空间数量从大到小依次为黔灵山公园 109 个，花溪公园 63 个，泉湖公园 52 个，登高云山公园 29 个，南垭山公园 25 个，南郊公园 25 个。从空间位置、功能实用性和空间使用情况等方面对空间组合方式进行分类，空间数量和占比从高到低依次为视觉部分封闭物质性开敞 84 个（占27.7%）、视觉完全封闭物质性封闭 69 个（占 22.8%）、视觉部分封闭物质性封闭 61 个（占 20.1%）、视觉完全开敞物质性封闭 45 个（占 14.9%）、视觉完全开敞物质性开敞 44个（占 14.5%）。公园空间组合方式数量从大到小依次为黔灵山公园、花溪公园、泉湖公园、南郊公园、登高云山公园、南垭山公园。

表 10-2　城市山体公园游憩空间组合方式

公园名称	空间组合方式/种	空间数量/个	视觉完全封闭物质性封闭/个	视觉完全开敞物质性封闭/个	视觉部分封闭物质性封闭/个	视觉部分封闭物质性开敞/个	视觉完全开敞物质性开敞/个
花溪公园	5	63	24	11	4	20	4
南郊公园	4	25	8	1	3	7	6
泉湖公园	5	52	9	9	9	16	9
黔灵山公园	5	109	23	24	28	21	13
登高云山公园	4	29	2	0	12	10	5
南垭山公园	3	25	3	0	5	10	7
合计	26	303	69	45	61	84	44

2. 游憩活动类型与空间类型

在景观学中，空间范围内长时间发生、滞留的活动为公共空间的活动类型，以自发性活动与社会性活动为主（屠荆清，2017）。本研究将空间中的活动分为两大类，即静态活动和动态活动。通过山体公园功能使用情况可将动态活动类型分为三大类，即竞技型、锻炼型、休闲型，静态活动类型可分为两类，分别为非社交型和社交型。根据山体公园使用者和活动类型关系细分为 17 个小类，如图 10-3 所示。

山体公园游憩空间形态主要受到空间组合方式和使用功能不同的影响，根据活动类型及使用者关系结合景点使用情况将空间类型分为 9 类，分别为硬质节点空间、硬质交通空间、广场活动空间、亲水休憩空间、绿地活动空间、林下活动空间、构筑休憩空间、水体空间、其他空间（图 10-4）。其中，黔灵山公园有 9 类，花溪公园有 9 类，南郊公园有 7 类，登高云山公园有 7 类，泉湖公园有 9 类，南垭山公园有 6 类。硬质交通空间、水体空间为线性的绿化带或依据河流、湖水形态围合而成的空间，硬质节点、绿地活动、林下活动等空间形态多为组团式或块状式，以便形成驻留空间的视线通廊。

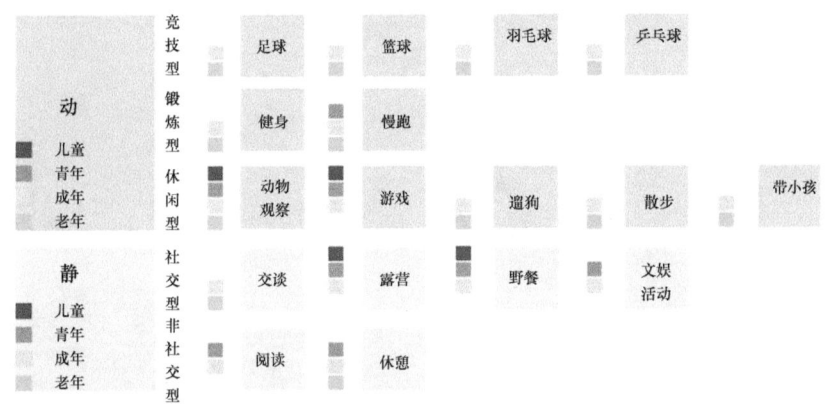

图 10-3　城市山体公园使用者与活动类型

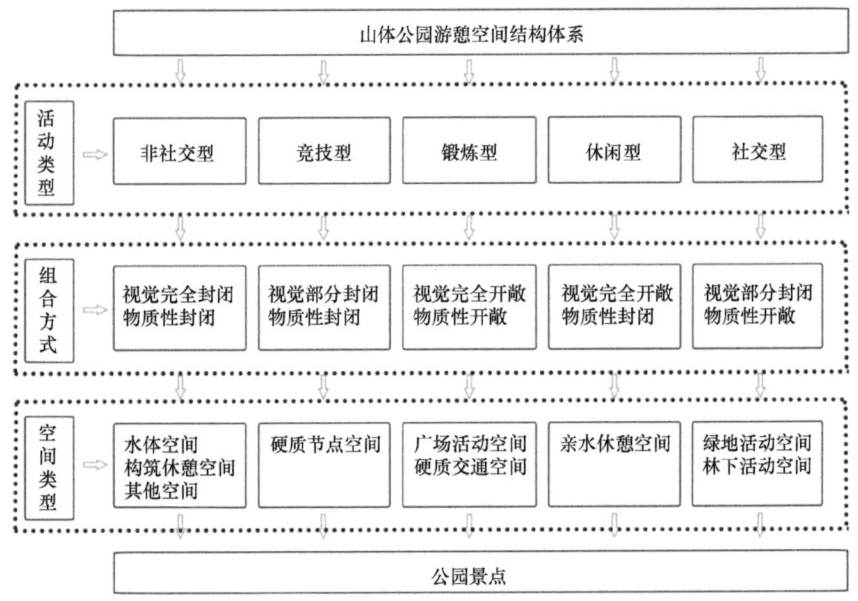

图 10-4　城市山体公园游憩空间结构体系

3. 山体公园游憩空间分布

由图 10-5 可知，6 个城市山体公园游憩空间分布差异显著。图 10-5 中颜色越靠近红色表示该空间的进入性越强，活动范围越广，地势越平坦，越适宜游客游憩；颜色越接近蓝色表示该空间进入性越弱，空间越具有封闭性，对外开放性越弱，危险系数越高，越不适宜游客游憩。登高云山公园、南郊公园、南垭山公园、黔灵山公园的其他空间（包括不可进入的空间、科研基地、野生保护动物饲养基地、未开发森林等）面积较大但可供游人游憩活动的范围相对较小，现有的游憩活动空间往往不能满足参观人员的需求，说明山体公园功能空间规划受喀斯特地貌限制，游憩空间类型缺乏。黔灵山公园、南垭山公园和登高云山公园的空间呈线性分布,以登山园路或栈道为主要游览路径,以此进行空间划分。南垭山和登高云山公园依托水体建设的亲水休憩空间景点吸引力不大,导致亲水休憩的水体空间游览人数极少;这两个公园空间类型较为单调,进入性不强,空间封闭、宜游性不高。

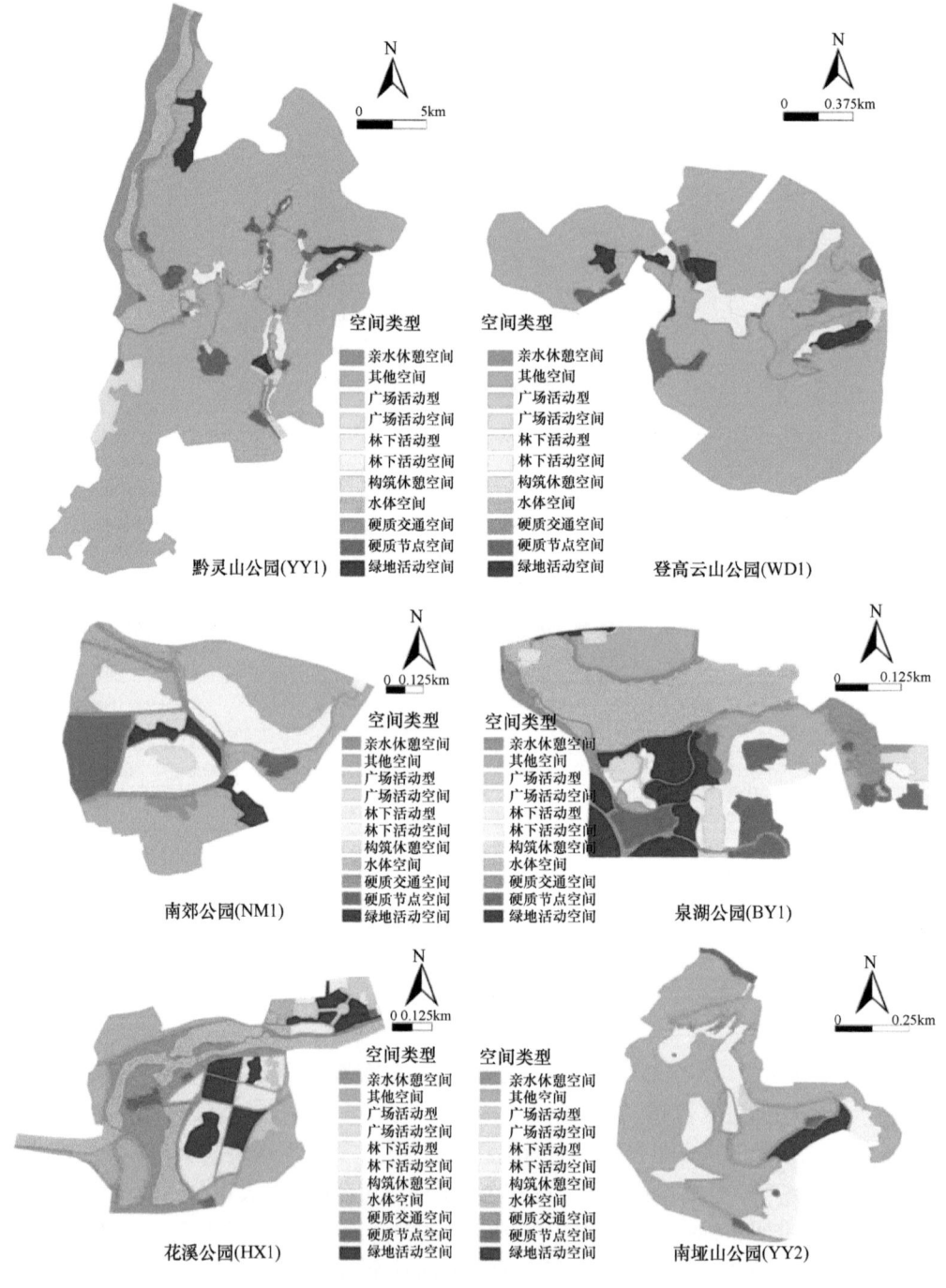

图 10-5　城市山体公园游憩空间分布图

贵阳市城市老公园——黔灵山公园、花溪公园、南郊公园等公园规模大、用地类型较多，公园的空间丰富、类型多样，空间的进入性强，活动范围广，可以较好地满足各种游憩活动需求，活动形式更为丰富，公园吸引力较大，能够吸引周边居民和其他区域市民多次游玩；作为"千园之城"示范园的泉湖公园，山体周边配套有一定规模的平坦地形，空间类型变化丰富，类型居多，公园游憩情况良好，也较适宜城市居民的游憩需求。

图 10-6 表明，游憩空间数量较多的公园是黔灵山公园，其次是花溪公园和泉湖公园，其他公园游憩空间个数大部分处于[3，8]。值得关注的是，其他空间类型单一，但占地面积较大，处于公园边界，多为陡坡，地形崎岖复杂，环境隐蔽，具有一定危险性，多为自然状态的山坡丛林或者森林，不适宜大面积开发建设成为公园游客游憩活动范围。

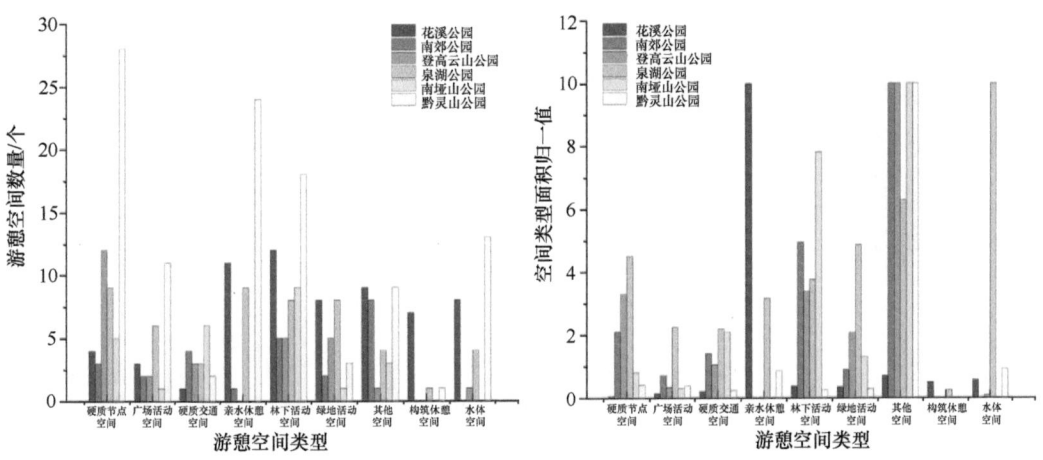

图 10-6 城市山体公园游憩空间类型面积与数量统计图

10.1.3 游憩空间分布特征

1. 基于游客游憩行为的活动类型与空间特征

通过问卷调查数据统计分析得到不同群体在各公园中游憩体验的基本信息情况，如图 10-7 所示。从性别分布图可以看出，山体公园游客中男女比例相对均衡，男性游客占 49.27%，女性游客占 50.73%。其中，南郊公园的男性游客最多（53.8%），登高云山公园的男性游客最少（37.1%），登高云山公园的女性游客最多（62.9%），南郊公园的女性游客最少（46.2%）。年龄段构成中黔灵山公园和花溪公园 18～28 岁年龄段的占比较高（49%和 50%），其次是登高云山公园中 60 岁以上受访者占比较高（47%），然而 18岁以下的受访者在泉湖公园占比最高（8%），其次是南郊公园、黔灵山公园、南垭山公园和花溪公园，而登高云山公园几乎为零。游客学历分布中，6 个公园初高中学历比例均较高，本科及以上的学历均较低，其中南垭山公园初高中学历以 50%的比例位于榜首，登高云山公园本科及以上学历占据 4%，为最低。游憩主要目的调查结果表明：南垭山公园 74%的受访者以锻炼身体为主，登高云山公园锻炼身体的为 69%，其次是南郊公园、泉湖公园、黔灵山公园、花溪公园；受访者进行游憩活动最多的是花溪公园，最少的是南垭山公园；寺庙祈福的公园有黔灵山公园、登高云山公园、泉湖公园、花溪公园，其受访者以泉湖公园的最多，其次是黔灵山公园、花溪公园、登高云山公园。游玩频率中6个公园在一周内多次游玩的比例较多，在调查公园游玩频率中只去过一次或者大于半年一次的较少。在游玩时间上，6个公园的受访者大部分只游玩3h内，6h以上的最少。在游玩时间段分布中，6个公园的受访者大部分集中在8：00～10：00、10：00～12：00进行游玩，而在20：00以后进行游玩的占极少数，其次是在8：00以前和16：00～20：00时间段游玩的受访者。

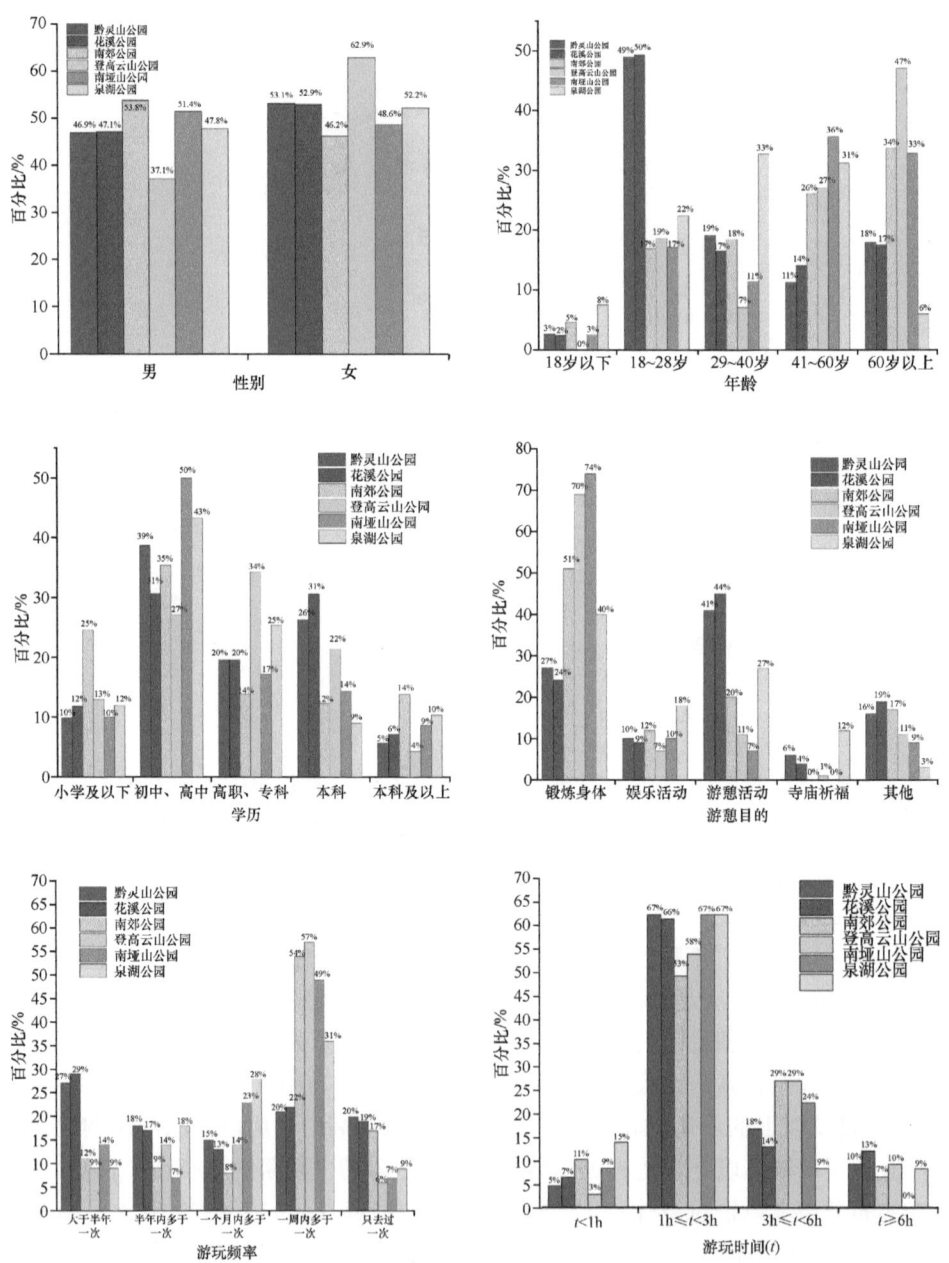

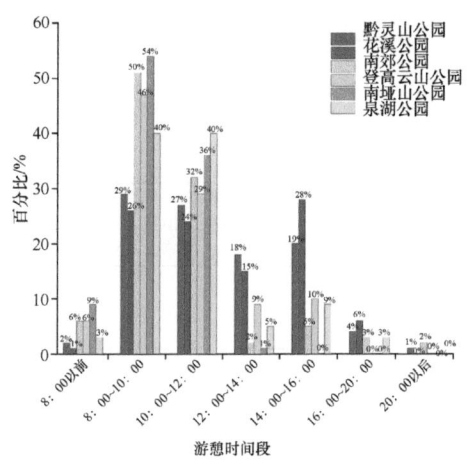

图 10-7　城市山体公园受访者游憩基本信息特征

　　总体上看，不同年龄段、文化背景、游园频率、游憩目的都有相对应的受访者，且都具备代表性。主要体现为各个公园的服务功能和特色不同，使得公园游玩体验的差异性明显，如 4A 级旅游景点的黔灵山公园，其主要服务对象不仅仅是周边居民，还有慕名而来的外地游客。园中的景点较为出名，功能丰富，极具吸引力，从而使得公园的价值得以提升。周边居民常以聚集性活动方式在山体公园中活动，如泉湖公园，大部分游憩活动地势较为平坦，园中景点以水体为中心设置，此类宽广的场地将为青少年游玩提供最佳活动场所，从而使得其活动类型丰富。因此，山体公园游憩行为活动受场地限制，空间活动形式交通限制度大、安全隐患多，游客仅围绕山体进行线性游览。

　　通过问卷访谈结合实地观察总结得到公园游憩空间活动类型。由表 10-3 可见，喀斯特公园游憩活动因山体高度而不同，在山顶、山腰和山脚的游憩活动有较大差异，在山顶的游憩活动中，大部分游憩人群常怀有放松心情、锻炼身体、特殊兴趣、学习新东西、冒险刺激和宗教信仰等游憩意向；在山腰游憩人群多以线性游览、静态打坐、观景、锻炼和丛林探索等游憩活动行为为主，适宜人群在青少年到中老年之间；在山脚处及平坦场地的使用人群和活动形式较为丰富，适宜绝大多数人的游憩需求，游憩行为多倾向于聚会、棋牌、展览、表演性活动、锻炼、放松心情、社交和怀旧等。

　　综合分析游憩空间不同群体游憩特征，由表 10-4 可看出，在各空间进行游憩的不同群体在不同的时间段表现出不同的游憩需求，游人会根据自己特定的游憩偏好在不同的时间段选择不同的空间进行不同的游憩活动。

　　林下活动空间、广场活动空间、硬质节点空间和硬质交通空间对全龄段人群的游憩时间需求表现出了高匹配度。广场活动空间、硬质节点空间和硬质交通空间在傍晚时游憩人群多为中老年，其活动形式以静坐、聊天和带小孩为主；亲水休憩空间游憩活动类型最少，以聊天和散步为主。游憩活动类型越丰富则说明空间越能满足城市居民的游憩需求，根据空间匹配度从高到低排序为：广场活动空间＞硬质节点空间＞林下活动空间＞绿地活动空间＞硬质交通空间＞亲水休憩空间＞构筑休憩空间＞水体空间。

表 10-3 城市山体公园游憩空间活动类型

空间类型	山顶	山腰	山脚
绿地活动空间	观景、休憩、寺庙祈福、登高、攀岩、观光赏月 适用人群：青年、中年、老年	休憩、静态休闲、线性游览、拍照、登高、观景、打坐 适用人群：青年、中年、老年	休憩、游览、健身、散步、观看公园节日活动、棋牌、带小孩、拍照、购物、慢跑、聊天、打球、跳绳、打太极、轮滑、看书 适用人群：儿童、青年、中年、老年
林下活动空间	线性游览、登高、观景 适用人群：青年、中年、老年	线性游览、丛林探索、登高探索、锻炼、休憩、拍照 适用人群：青年、中年、老年	聚会、聊天、带小孩、看书、拍照、听音乐、唱歌、跳舞 适用人群：儿童、青年、中年、老年
亲水休憩空间			观景、拍照、静坐、带小孩、散步、慢跑、跳舞、聊天 适用人群：儿童、青年、中年、老年
广场活动空间			静坐、观景、拍照、带小孩、跳舞、棋牌、展览、轮滑、聚会、遛狗 适用人群：儿童、青年、中年、老年
硬质交通空间	攀登、线性游览 适用人群：青年、中年、老年	散步、登高、锻炼 适用人群：儿童、青年、中年、老年	跑步、散步、线性游览、打太极、聊天、遛狗 适用人群：儿童、青年、中年、老年
硬质节点空间	观景、休憩、寺庙祈福、登高、观景 适用人群：青年、中年、老年	休憩、购物、静态运动 适用人群：儿童、青年、中年、老年	休憩、游览、健身、散步、观看公园节日活动、棋牌、带小孩、拍照、购物、慢跑、聊天、打球、跳绳、打太极、轮滑、看书、跳舞、听音乐 适用人群：儿童、青年、中年、老年
水体空间			划船 适用人群：青年、中年
其他空间		丛林探索、公园管理 适用人群：青年、中年	丛林探索、公园管理 适用人群：青年、中年
构筑休憩空间	登高、观景、休憩 适用人群：儿童、青年、中年、老年	静坐、聊天、休憩、棋牌、锻炼、拍照、观景、唱歌 适用人群：儿童、青年、中年、老年	休憩、聊天、棋牌、看书、听音乐、看书、静坐、唱歌、锻炼、带小孩 适用人群：儿童、青年、中年、老年

表 10-4 城市山体公园空间游憩类群

空间类型	游憩类群							
	8:00以前	8:00~10:00	10:00~12:00	12:00~14:00	14:00~16:00	16:00~18:00	18:00~20:00	20:00以后
绿地活动空间	▲ □	▲ □	● ▲	● ▲ □	● ▲ □	▲		
林下活动空间	▲ □	▲ □	● ▲	● ▲ □	● ▲ □	● ▲ □		
亲水休憩空间	▲ □		● ▲	● ▲	● ▲	● ▲ □		
广场活动空间	▲ □	● ▲	● ▲ □	● ▲ □	● ▲ □	● ▲ □	● ▲ □	● ▲ □
硬质交通空间	▲	● ▲	● ▲	● ▲	● ▲	● ▲	● ▲ □	
硬质节点空间	▲ □		● ▲	● ▲ □	● ▲ □	● ▲	▲ □	
水体空间			●	▲				
构筑休憩空间	▲ □	●	● ▲	● ▲ □		▲ ●		

注：●表示青年，▲表示中年，□表示老年

2. 基于空间句法的游憩空间分布特征

各山体公园空间分布特征的空间句法分析结果如图 10-8 所示。6 个公园整体空间形态结构特征迥异，主要表现为黔灵山公园和花溪公园全局整合度呈双核心不规则向外发散的分布特征，黔灵山公园的双核心是以猕猴观赏园、瞰筑亭、弘福寺为中心的区域以及小关湖往北门方向的游览区域；花溪公园的双核心主要是以音乐广场为中心的休憩场所以及以碧桃园为中心的休闲广场。泉湖公园、南垭山公园、南郊公园和登高云山公园呈现出单核心分布特征，核心区域分别为以活动大草坪、全民活动区、活动广场和凝园亭为中心的景点，给公园的游憩空间带来了更大的活力，对公园整体空间的连接和激活起到举足轻重的作用。主要原因在于各公园的核心空间与公园的出入口交通便捷，与城市的连接顺畅，空间通透。由全局整合度结果可知，全局整合度较低的大部分空间分布在各公园的边界处、空间隐秘处和交通不便捷地的场地，主要是因为公园功能空间规划建设受到了地形地貌的影响，使公园整合度高的空间呈带状分布，故而整体性较差，整合度较低。南郊公园尽管为老城区公园绿地，但在城市中的地位逐渐下降，因为公园内部空间结构较简单、生态环境受到人为干扰较大以及基本设施缺乏，与城市吸引力连接度较差。以上整体反映出公园的双核心结构以及公园整合度较低的现象，凸显出城市山体公园空间结构受到山体自然环境影响较大的特点。

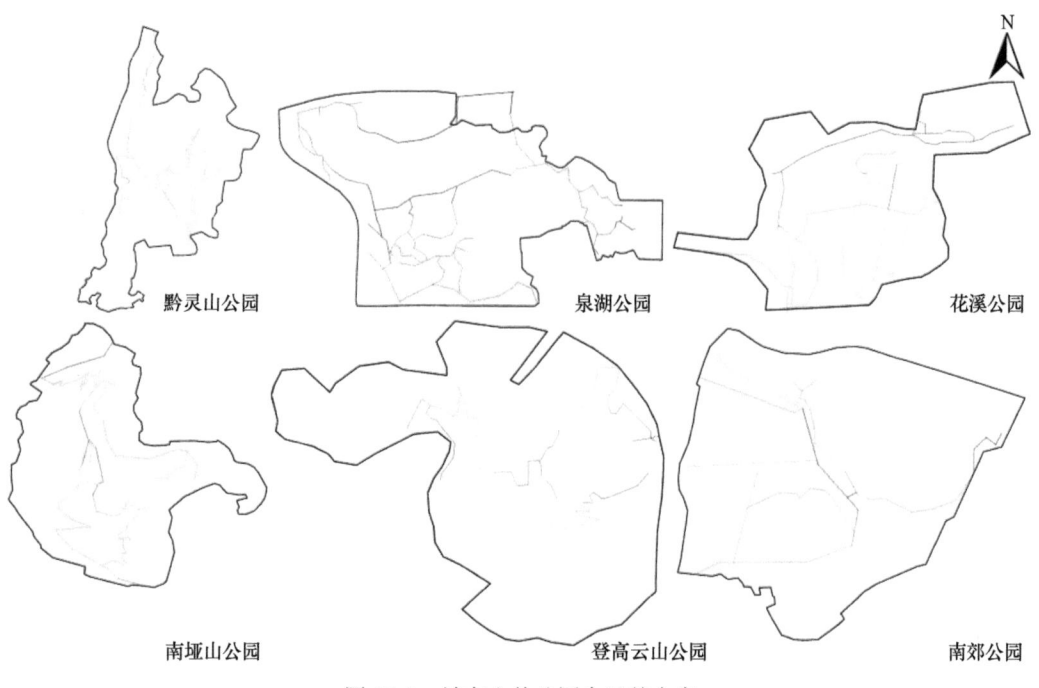

图 10-8　城市山体公园全局整合度

根据空间句法的原理，全局整合度和局部整合度的关联中 R^2 表示空间的拟合度，值越高则该方程预测的散点图和实际情况就越准确。当 $R^2<0.5$ 时，横轴与纵轴不相关；当 $R^2>0.5$ 时，横轴与纵轴之间显著相关；当 $R^2<1$ 时，空间聚集性较低，可达性不高（张亚丽，2020）。图 10-9 整合度分析结果显示，位于中心城区的南郊公园拟合度系数最高，R^2 约为 0.589，说明全局整合度与局部整合度之间显著相关，公园整体空间关系的协同度较高。空间关系越简单，空间越容易被认知，喀斯特山体公园空间复杂多样，其自身形态特征限制了公园内部的道路走向以及活动空间的规划和布局，由此形成了变化多样的、复杂的自然和社会融合的空间网络，导致聚集性较低。

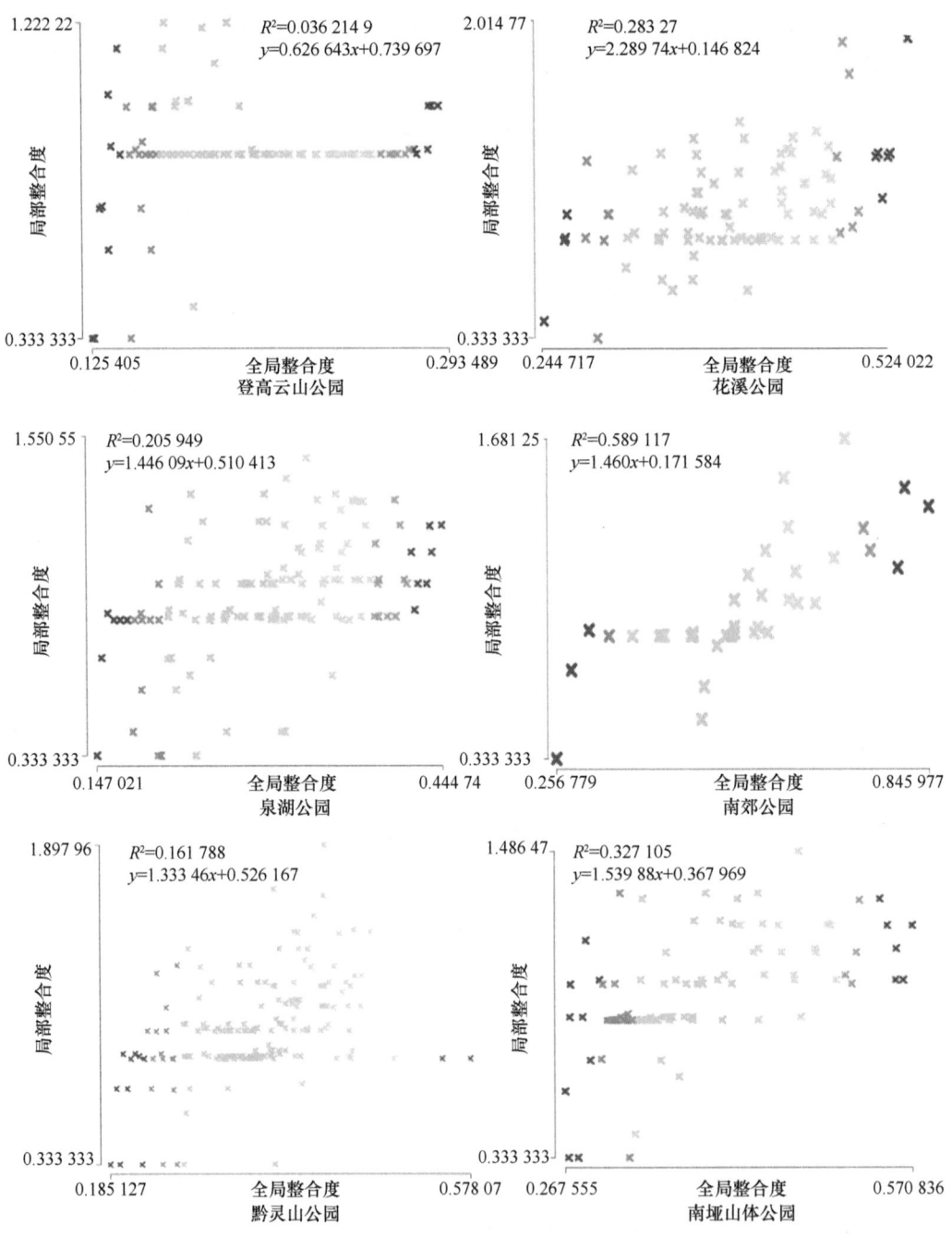

图 10-9　城市山体公园整合度分析图

　　南郊公园的整合度相比其他公园较高，局部空间结构有助于提高对整个空间系统的理解程度，即局部与整体空间较为关联和统一。由拟合结果可知，登高云山公园的图像近乎直线，拟合度不高，由此反映出空间之间的联系程度不紧密，空间的可达性和渗透性不够，空间吸引外部的潜力不够，公园与城市融合度较差，不易被城市居民感知。故聚集程度从高到低排序为：南郊公园（0.589 117）＞南垭山公园（0.327 105）＞花溪公

园（0.283 27）＞泉湖公园（0.205 949）＞黔灵山公园（0.161 788）＞登高云山公园
（0.036 214 9）。

考察公园中空间出现在最短拓扑路径上的次数目的是为了了解山体公园空间交通
潜力大小。连接度结果如图 10-10 所示，从高到低排序为：黔灵山公园＞泉湖公园＞花
溪公园＞南垭山公园＞登高云山公园＞南郊公园。其主要原因跟公园面积有关，面积大
的公园其交通路网多，空间的连接度更高，表明空间的渗透性更好，更容易满足城市居
民就近游憩的需求，更易受到城市居民的青睐。选择度反映空间中的路径次数，由高到
低排序为：黔灵山公园＞泉湖公园＞登高云山公园＞南垭山公园＞花溪公园＞南郊公
园，局部选择度依次为黔灵山公园＞泉湖公园＞花溪公园＞登高云山公园＞南垭山公
园＞南郊公园。综合得知，花溪公园的交通路网适宜各空间的衔接，局部和整体较为统
一，公园的核心带动了公园各空间活力的提升。各公园平均深度值结果由高到低排序为：
黔灵山公园＞泉湖公园＞南垭山公园＞花溪公园＞南郊公园＞登高云山公园，可以看出
公园空间深度值越大，该空间节点的便捷程度越低。其原因是公园的服务功能单一简化，
游憩目的、游憩行为活动受到公园服务的定向管理及其他限制，故而丰富多样化的公园
便捷程度低。

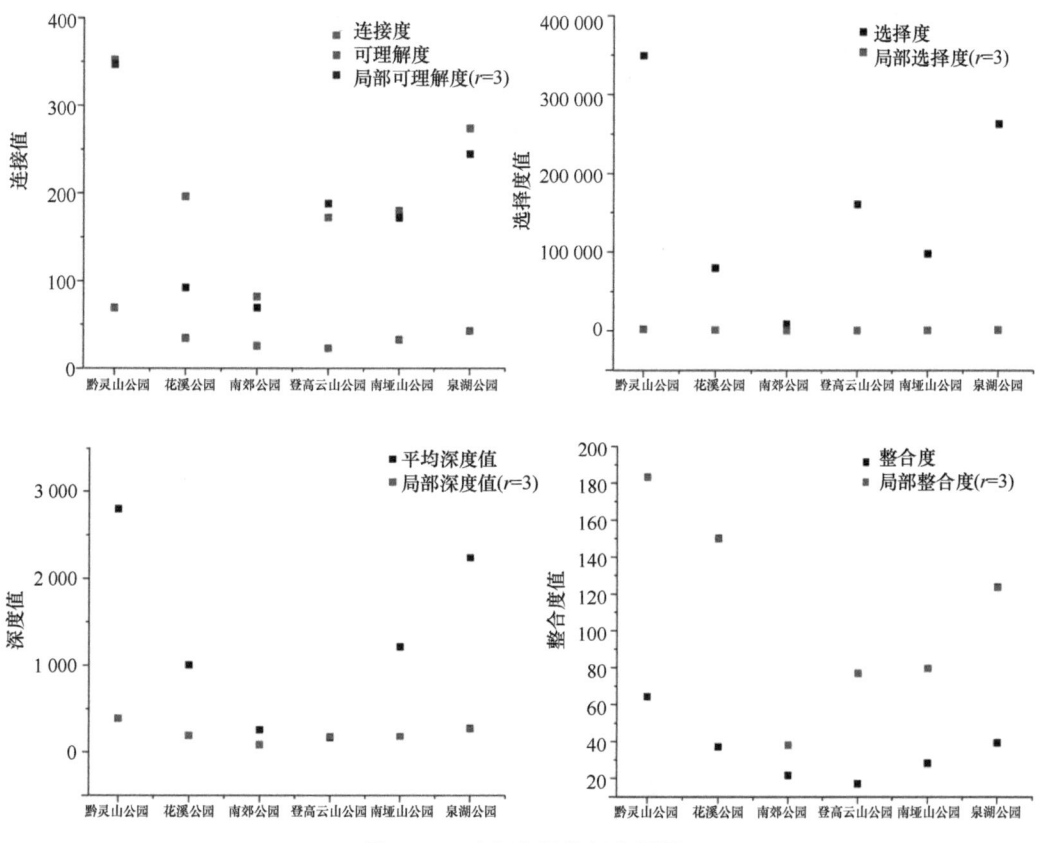

图 10-10　空间句法指标分析图

综上所述，基于空间句法的山体公园整体空间形态结构特征研究显示，黔灵山公

园和花溪公园游憩空间呈双核心不规则向外发散的分布特征，泉湖公园、南垭山公园、南郊公园和登高云山公园 4 个公园呈现出单核心由中心向外发散的分布特征。黔灵山公园的可理解度数值相比其余 5 个公园较高，即局部和整体空间较为关联和统一，空间易达，与城市融合度较好。黔灵山公园空间连接度最高，主要跟公园面积有关，面积大、交通路网多，空间之间相交个数变多，空间的渗透性好，更容易就近满足游憩的需求。选择度反映空间中的路径次数，黔灵山公园选择度最高，交通路网适宜空间衔接，整体与局部统一，核心带动各空间活力的提升。黔灵山公园平均深度值最高，便捷程度最低。

3. 基于行为认知地图的游憩空间分布特征

经实际游览路线与游客认知地图整合得到轴线模型，与实际景点分布进行叠加分析，按照空间类型进行逐一编号和划分类型，由此来判断各类空间与公园内部交通路网分布情况及重叠度（图 10-11）。图 10-11 中公园的轴线图像颜色越暖表明其越为公园的核心、公园的聚集场所，越受到城市居民的青睐，用不同颜色表示公园景点所属的空间类型。由图 10-11 可以看出，花溪公园、泉湖公园、黔灵山公园的轴线模型与公园景点重合度较高，图像由内向外均由暖色变冷色；公园较密集的场所和景点大部分是活动草

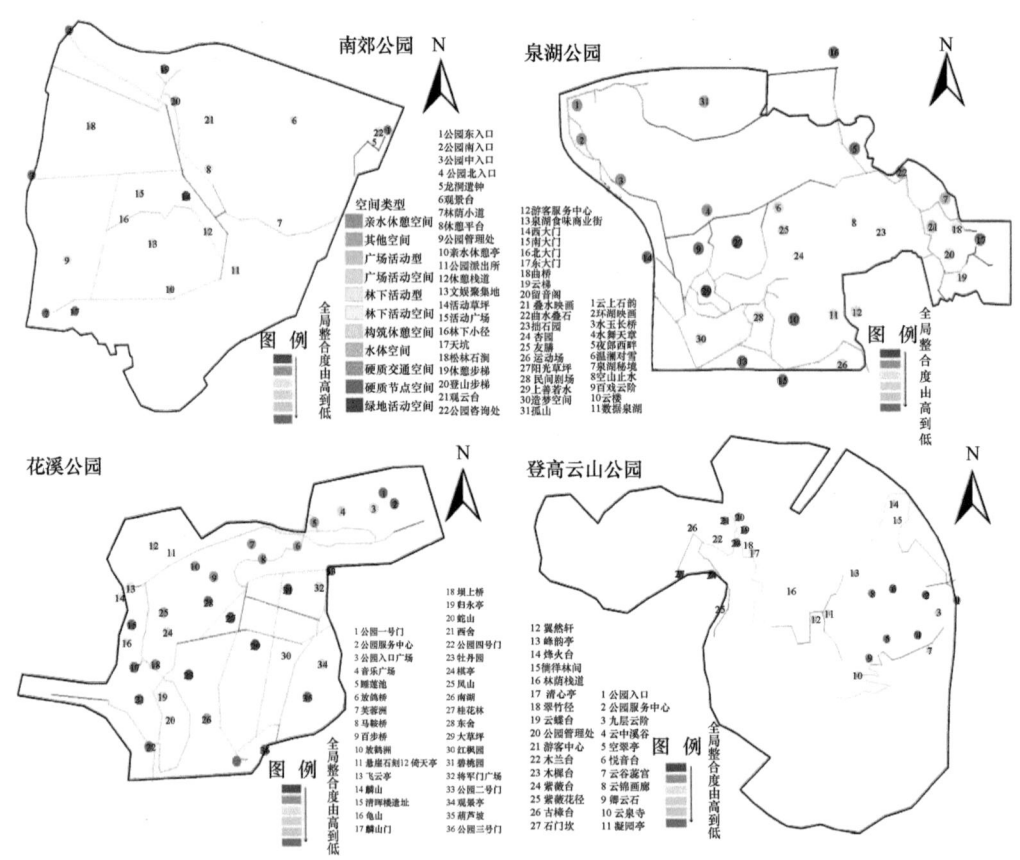

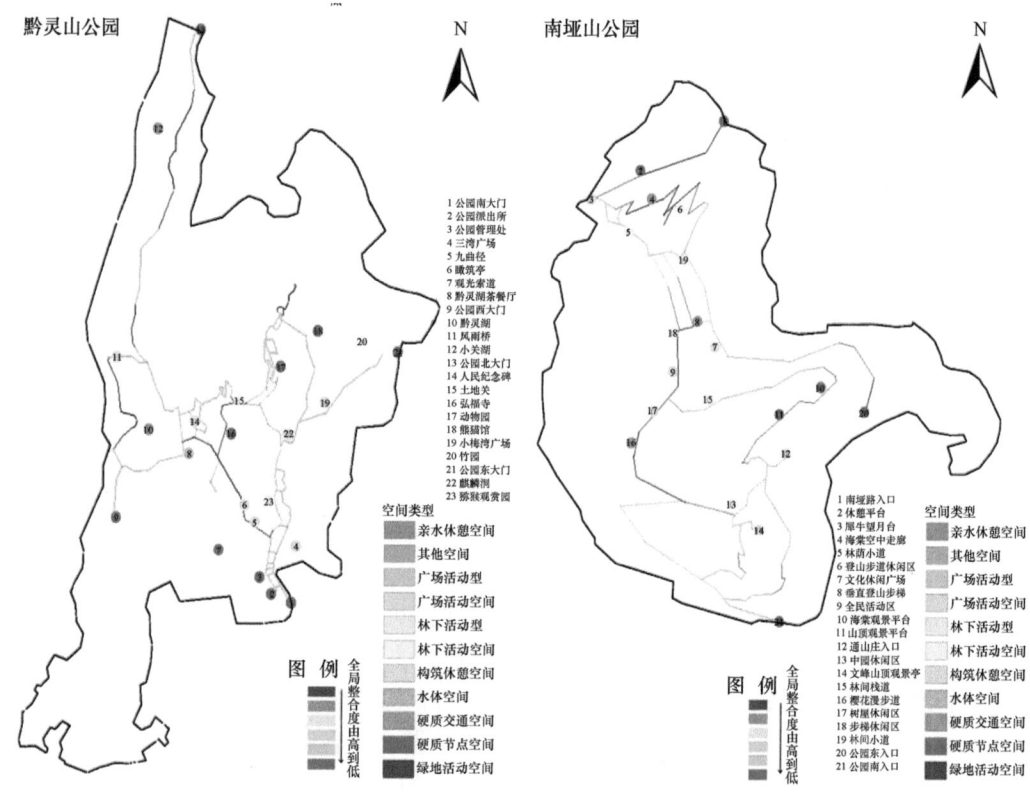

图 10-11　城市山体公园轴线模型与景点叠加分析

坪（可踩踏）、活动广场、休憩构筑物、观赏园和活动花园等宽敞聚集地，这些景点包括硬质节点空间、休憩活动空间、广场活动空间、绿地活动空间、亲水休憩空间、构筑休憩空间等。其余几个公园硬质节点的活动场地都处于公园的边界处，尽管交通便捷，也存在林下活动空间、构筑休憩空间、硬质交通空间，但景点总分布不聚集，而景点聚集的地方不够便捷，导致公园的吸引力不够，游憩体验减低，城市居民的游憩服务得不到满足，公园绿地的服务价值降低。

　　统计分析游客游憩行为和游览景点总数，按照不同年龄段的人群游览景点的情况判断公园景点是停留型景点还是经过型景点，并将景点按空间类型进行归类，由此以空间景点的个数和景点的重合度来反映公园中使用者的分布情况与公园景点的分布情况，公园空间个数越多，表示景点重叠度越高，游览次数越多，该景点属于公园的重要景点和游览核心。研究将不同年龄段和不同地区的人群划分为四类，分别是本地游客、外地游客、青年人和老年人。由图 10-12 的结果分析可以明显看出，黔灵山公园的各类人群停留型景点的重叠数几乎一致。花溪公园、泉湖公园的停留型景点中本地游客和老年人活动景点重叠数接近，说明公园中的活动人群主要为本地的老年人。南郊公园、南垭山公园、登高云山公园的人群经过型的景点重叠趋势一致，说明公园的活动人群游憩方式趋于相同，公园的景点个数较少。而花溪公园的青年人景点重叠最少，这是因为青年人活动形式多变，不固定，往往进行探索性游览，类似的公园有南垭山公园、泉湖公园。其他公园不同类群的景点重叠度近似平行，说明公园中的景点服务功能设计较合理，适于不同的人群，综合排序为：花溪公园＞泉湖公园＞登高云山公园＞黔灵山公园＞南郊公园＞南垭山公园。

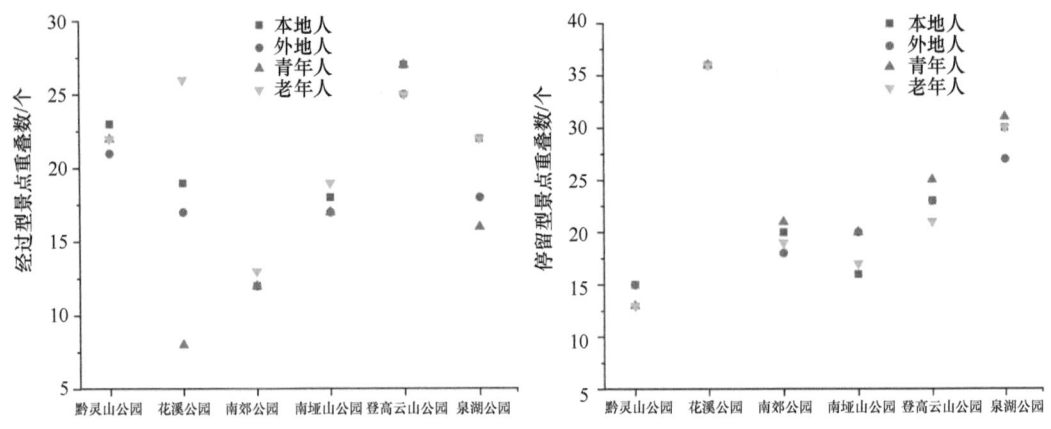

图 10-12　公园景点重叠数

综合以上公园景点重叠数分析结果，停留型和经过型的游览情况差异明显。由图 10-13 可以看出，6 个公园停留型景点均在空间中的有硬质节点空间、构筑休憩空间、林下活动空间；6 个公园经过型景点均在空间中的有构筑休憩空间、硬质节点空间、林下活动空间、广场活动空间和绿地活动空间。本地游客更青睐公园中的广场活动空间、林下活动空间、硬质节点空间和绿地活动空间，其原因是本地游客每天进出公园进行游憩的活动场所固定，多以散步、娱乐活动、放松心情、健身为主。

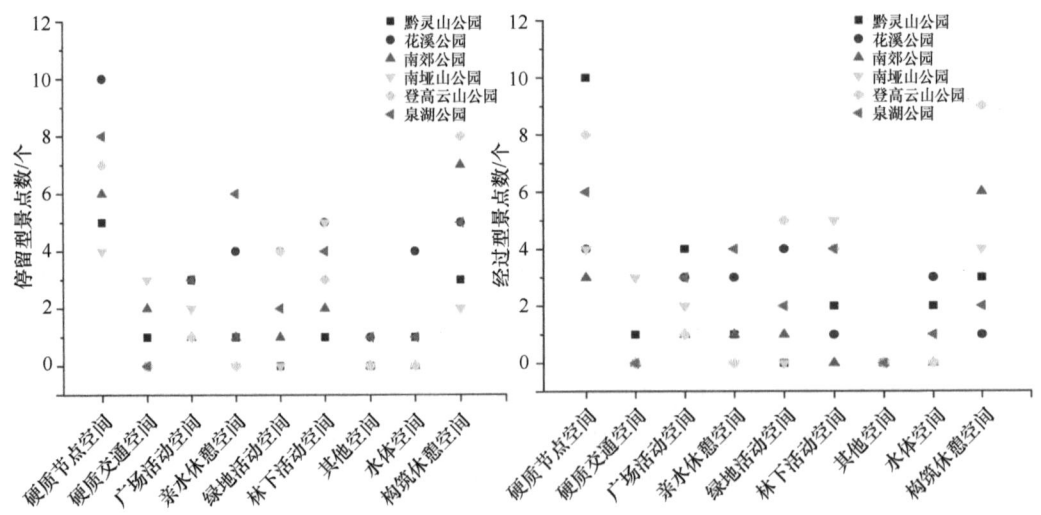

图 10-13　本地游客空间景点数

外地游客与本地游客的停留型和经过型游览情况略同，根据图 10-14 的图像结果可知，公园的硬质节点空间、林下活动空间、广场活动空间和构筑休憩空间受到外地游客的关注与游憩更多，相比于本地游客，外地游客对公园的游憩行为略显单一，其游憩方式以参观游览公园的著名景点、观园打卡和休憩活动为主。

青年人在游憩活动空间中的行为较简单，由图 10-15 中停留型和经过型的景点个数结果可知，青年人大多都在硬质节点空间、林下活动空间和构筑活动空间进行以交友聊天、观景及打卡为主的游憩活动。与青年人相比，老年人大多数选择公园广场、景点区域较大的、宽敞舒适、遮雨的场所进行集中活动。图 10-16 显示，老年人大多倾向于林下活动空间、构筑休憩空间和广场活动空间，其活动范围较为固定，活动的行为方式丰富多样，主要有棋牌、打太极、打球、跳各类舞蹈、唱歌、聊天、跑步、散步、静坐等活动方式。从整体图像结果上分析发现，在不同群体的公园空间，游览停留型和经过型的景点个数大多处于[1，4]，综合来看，景点重叠度从高到低排序为：花溪公园＞泉湖公园＞登高云山公园＞黔灵山公园＞南郊公园＞南垭山公园，公园游憩对象的本地游客大多为退休的老年人，主要目的是强身健体、修身养性，而外地游客大部分是青年人，大多以旅游观景为主。

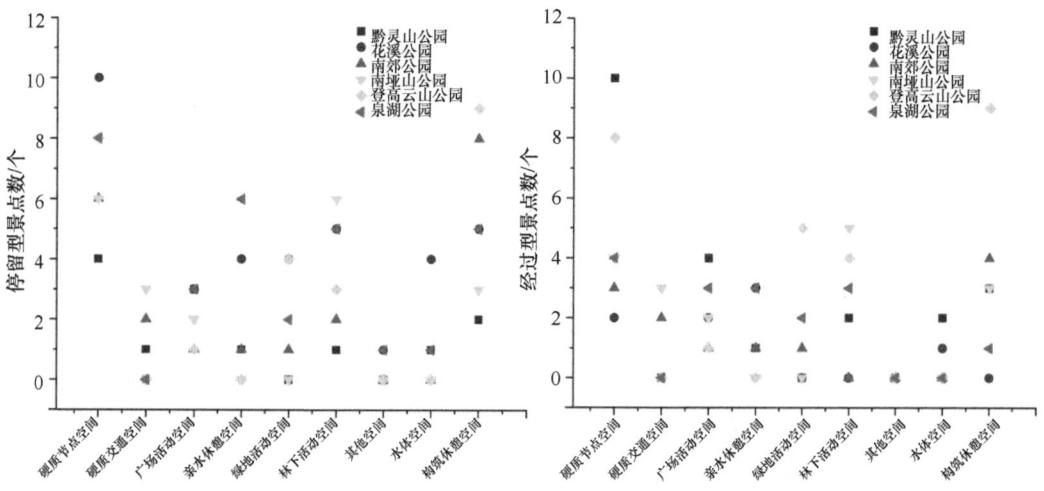

图 10-14　外地游客空间景点数

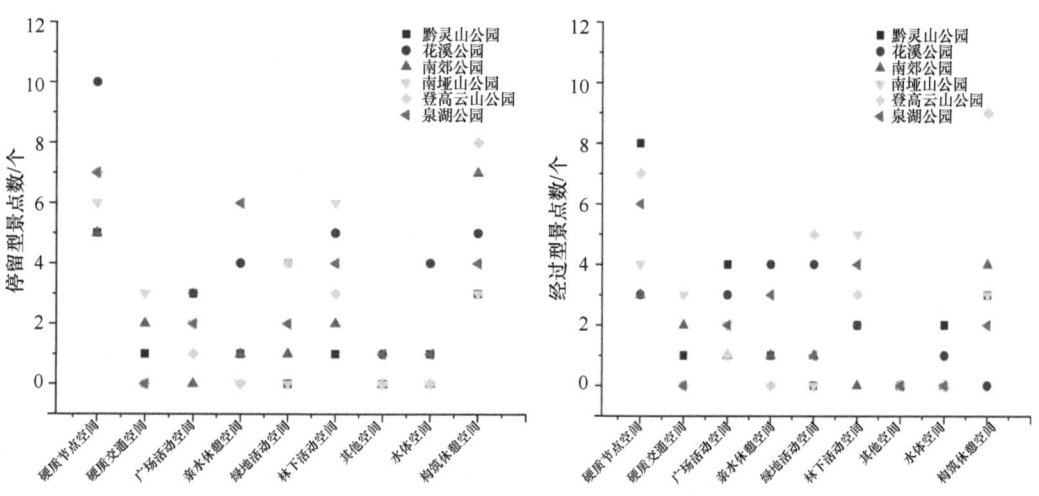

图 10-15　青年人空间景点数

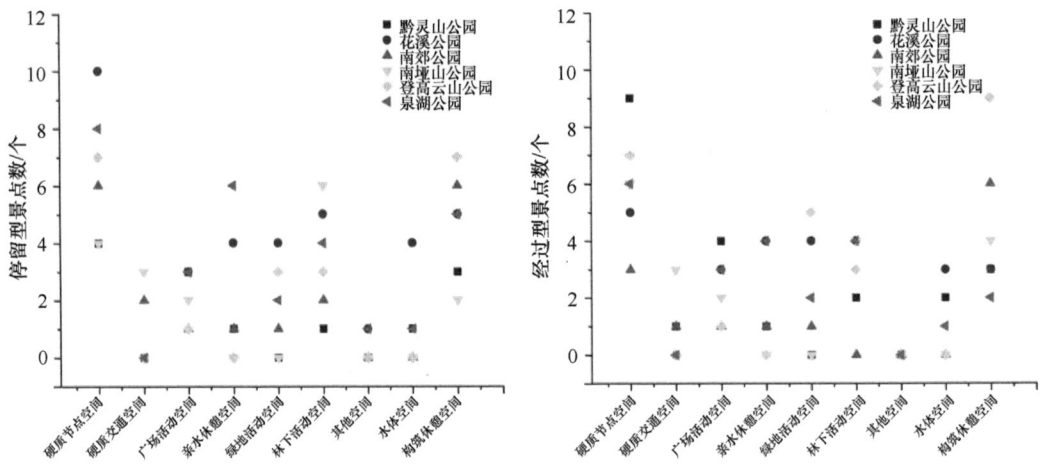

图 10-16　老年人空间景点数

10.2　城市喀斯特山体公园游憩空间效能测算与分析

因为地形地貌和生态环境的约束,当前关于城市公园游憩服务方面的研究成果无法直接用于探讨喀斯特城市山体公园游憩空间效能。依托城市遗存山体自然绿地资源,在保护生态环境和游憩功能场所健全的前提下,提升登山健身、休闲娱乐、观赏景观等游憩功能的公共空间策略研究较少,且未形成系统的理论和方法。参考前人的成果和分析角度,从不同人群在不同空间需求方面开发空间使用效能最大化的角度出发,以公园内部服务因素和外部服务因素两个方面分析公园游憩空间整体布局特征,并根据不同效能指标,分析游憩空间效能和游憩者之间的相关性,为城市山体公园游憩空间效能相关研究提出改进建议。其研究成果与方法对于我国城市山体公园游憩空间相关研究具有一定的理论支撑作用和参考价值。

10.2.1　测算方法

1. 城市山体公园游憩空间容量测算

在游憩空间研究基础上,对公园采集的数据进行数据处理和统计分析,分析山体公园的游憩空间容量、空间承载强度和游憩可获得性的特征,并测算游憩空间容量、空间承载强度和游憩可获得性,为城市山体公园游憩空间相关研究提供理论支撑和科学依据。具体方法如下。

在已有山体公园游人容量测算结果(张瑾珲等,2020)基础上,结合研究对象实际情况将山体公园的游憩空间容量分为游憩场地容量、游憩空间服务设施容量两部分。游憩场地容量测算模型分为最大、最小、最佳游人容量三种情况,根据喀斯特山体公园实际(规划)和游憩特征差异情况,选取最佳空间容量测算,以提高喀斯特山体公园的空间利用效率和适宜性。

（1）游憩场地容量

喀斯特山体公园游憩场地最佳游人容量计算公式见第 7 章式（7-3）～式（7-5）。

（2）游憩空间服务设施容量

山体公园服务设施容量计算目的以山体公园服务设施实际情况为基础，增加或减少游憩设施类型和容量；公园中常见的必要服务设施有座椅、垃圾桶、公共厕所、安全设施等。计算公式见第 9 章式（9-13）～式（9-15）。

2. 城市山体公园游憩承载强度测算

山体公园游憩空间承载力度需从空间、设施和社会三方面进行综合分析，空间承载、心理承载和设施承载具体评价方法如下。

1）空间承载力评价是对游憩空间使用密度扩展潜力的分析，通过定量分析游客容量与空间合理容量的比值，合理确定城市山体公园游憩空间的占地面积、游览路线长度以及游憩空间游人容量。空间承载力计算公式如下

$$D_a = D_m \times (T/t), D_m = S/d \tag{10-1}$$

式中，D_a 为总承载力（人次）；D_m 为瞬时承载力（人次）；T 为公园总开放时间（h）；t 为游客平均停留时间（h）；S 为游览面积（m²）；d 为个人标准空间，为 5～10m²/人，个人标准空间（d）根据相关规划标准[《风景名胜区总体规划标准》（GB/T 50298—2018）]确定。

2）心理承载评价是对游客的拥挤感知进行研究分析，通过参考相关拥挤程度等级、拥挤评价标准等规范来综合评价，以便采取相应的管理措施调节公园游客量及合理分流。

心理承载水平评价指标：

$$拥挤感比较 = \frac{拥挤感人数}{总人数} \times 100\% \tag{10-2}$$

3）设施承载评价是通过实地勘察、问卷调查等对设施使用状况和满意度进行分析与综合评价，根据对各类服务设施的满意程度采取相应的调节措施，从而合理配置城市山体公园游憩空间服务设施的种类与数量。

设施承载水平评价指标：

$$设施满意率 = \frac{满意数}{游客总数} \times 100\% \tag{10-3}$$

3. 城市山体公园游憩服务可获得性测算

（1）城市山体公园可达性的空间句法模型测算

以公园绿地为研究对象，采用监督分类和目视解译的方法，运用 ArcGIS 10.2 中的"Multiple Ring Buffer"工具，以山体公园的山脚线为基准线，向周围空间扩展建立 500m 缓冲区，选择较契合城市道路特性和自由空间尺度（张玉洋等，2019）的轴线模型，将缓冲区的道路网络和用地类型矢量化并进行计算。

公园可达性通过缓冲区内道路的整合度反映。道路整合度数值越高，交通潜力越大，公园与缓冲区内的道路连接越便捷，意味着公园可达性越高，反之则越低（金达·赛义德等，2016）。由图 10-17 公园与缓冲区轴线模型叠加分析可以观察公园分布与 500m 缓冲区内道路轴线模型分布情况，将其模型在 UCL Depthmap 10 软件中处理得到可达性数值，并用不同颜色表示。

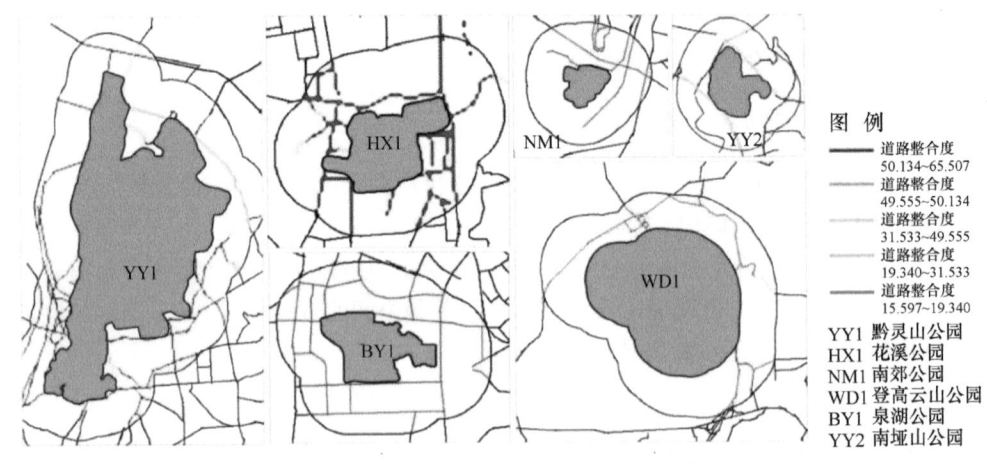

图 10-17　公园与缓冲区轴线模型叠加分析

（2）缓冲区城市人口密度测算

基于遥感影像结合相关统计测算出研究区内各 1km×1km 网格内住户数，参照住宅设计规范，按每户 3.5 人进行测算，得到人口密度网格结果。黔灵山公园缓冲区 16.99 万人、花溪公园缓冲区 8.60 万人、南郊公园缓冲区 2.99 万人、登高云山公园缓冲区 9.02 万人、泉湖公园缓冲区 7.02 万人、南垭山公园缓冲区 15.12 万人。

（3）城市山体公园入口测量与统计

通过遥感影像结合实地调研对各公园出入口数量及各个入口到城市主干道的距离进行测量和统计汇总，结果见表 10-5。

表 10-5　公园入口到城市主干道距离汇总表

公园名称	入口数量/个	DA/m	DB/m	DC/m	DD/m	DE/m
泉湖公园	3	14	6	18		
黔灵山公园	4	116	124	65	275	
南垭山公园	4	93	135	80	31	
花溪公园	4	78	73	147	39	
南郊公园	5	15	48	23	18	80
登高云山公园	2	41	470			

注：空白表示公园没有相应方向的入口。DA～DE 分别表示 A～E 入口到城市主干道的距离

4. 城市山体公园游憩空间效能测算

通过专家征询、文献查阅法结合山体公园实际情况从公园的游憩空间容量、空间承载强度和空间服务功能可获得性三方面构建嵌套加权求和公式，测算研究游憩空间效

能。公式如下

$$ARSE = R_1(X_1 + X_2) + R_2(Y_1 + Y_2 + Y_3) + R_3(Z_1 + Z_2 + Z_3 + Z_4) \qquad (10\text{-}4)$$

式中，ARSE 为公园游憩空间效能；X_1 为最佳场地容量；X_2 为设施容量；Y_1 为空间承载力；Y_2 为心理承载力；Y_3 为设施承载力；Z_1 为可达性；Z_2 为公园入口数量；Z_3 为公园入口到城市主干道的距离；Z_4 为缓冲区人口密度，均为归一化值。由于采用加权求和需要各指标成正比，缓冲区人口密度和公园入口到城市主干道的距离值越小越好，因此 Z_3 为缓冲区人口密度的倒数，Z_4 为公园入口到城市主干道距离的倒数。R_1、R_2 和 R_3 为上述指标影响 ARSE 的三个因素对应的权重值，即为影响 ARSE 二级指标的权重值。

通过专家意见法将各指标权重进行分配，结果见表 10-6。

表 10-6　城市山体公园游憩空间效能指标权重值

评价指标		权重值
游憩空间容量	最佳场地容量	0.13
	设施容量	0.11
	空间承载力	0.10
空间承载强度	心理承载力	0.12
	设施承载力	0.10
	可达性	0.13
空间服务功能可获得性	公园入口数量	0.10
	公园入口到城市主干道的距离	0.11
	缓冲区人口密度	0.10

10.2.2　游憩服务效能比较与分析

1. 城市山体公园游憩空间容量

经测算得到山体公园的空间容量结果如图 10-18 所示。最佳场地容量由大到小的排序为：黔灵山公园＞登高云山公园＞泉湖公园＞花溪公园＞南垭山公园＞南郊公园，设

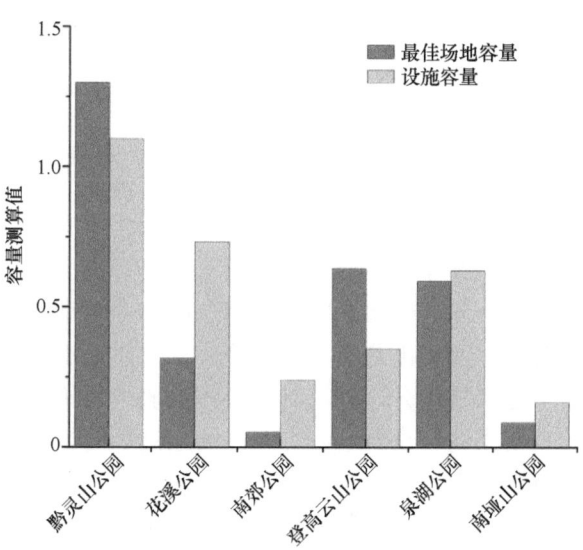

图 10-18　山体公园空间容量

施容量由大到小的排序为：黔灵山公园＞花溪公园＞泉湖公园＞登高云山公园＞南郊公园＞南垭山公园。由此可以看出，最佳场地容量与设施容量排序不对应，如登高云山公园最佳场地容量较大，但其设施容量较小。说明公园的游憩体验受到限制，不能满足游人的需求。综合调查评价得知，登高云山公园和南垭山公园设施容量与面积呈负相关，未能因面积大而适量增加设施种类或者数量，且缺少相关设施的维修和管理。从调查公园实际设施数量来看，山体公园的服务设施以座椅、垃圾桶、公共厕所、指示牌、安全设施五类服务设施为主，其中座椅、垃圾桶、公共厕所、安全设施为必要服务设施。公园空间容量与设施数量、场地大小呈正相关，场地大，设施数量和种类多，所以设施需求也大。山体游憩空间少、小，山体空间呈游人容量低、山体空间资源利用率低以及游人游憩具阶段性聚集等特征，坡度越小的空间对游憩方式及可达性的限制力度会越小，游人密度越大则使用频率越高。

由喀斯特山体公园游人容量测算得到的最佳游人容量（表 10-7）可知，公园空间容量从大到小依次为：黔灵山公园、登高云山公园、泉湖公园、花溪公园、南垭山公园和南郊公园。其中黔灵山公园、登高云山公园、泉湖公园、花溪公园的游人容量较高，说明这几个大型公园满足公园建设的预期结果。当然也有不符合预期的，这是因为公园内部规划因素从本质上决定了空间游人容量，如道路、场所等决定了居民游憩的活动面积。公园空间游人容量与可达性的相关性分析在规划设计中极为重要。若公园可达性高，但游人容量不高，势必造成"地广人稀"的局面；若公园可达性过低，但游人容量却很高，则会造成"人多景少"的现象，使得公园利用率不高。为了公园的可持续利用，应选定最佳游人容量进行公园服务功能的评价。

表 10-7　公园最佳空间容量汇总

公园名称	最佳场地容量/人	设施容量/人	公园空间容量/人
黔灵山公园	136 915	6 907	143 821
花溪公园	33 449	4 597	38 045
南郊公园	5 736	1 503	7 239
登高云山公园	67 054	2 203	69 258
泉湖公园	62 376	3 947	66 323
南垭山公园	9 306	997	10 302

2. 城市山体公园游憩承载强度

图 10-19 显示，公园游憩空间承载力最大的公园是登高云山公园，其次是黔灵山公园、南垭山公园、花溪公园、南郊公园、泉湖公园。心理承载力最大的公园是黔灵山公园，其次为花溪公园、南垭山公园、南郊公园、登高云山公园、泉湖公园。设施承载力图像趋于平缓，除南垭山公园外，其他公园的服务设施受到游客的认可度和满意度较高。综合实际调研来看，设施承载力最高的泉湖公园无论从游憩设施服务还是游憩体验上都满足了游客需求，其存在最丰富的空间类型，即山体+平台+水体；内部游憩空间分布主要以孤山为中心，大部分活动空间处于山脚，宽敞而平坦，使得公园游憩活动类型丰富多样，从而增强了公园的综合服务。南垭山公园之所以设施承载力

低是因为山体公园地形地貌给公园规划建设带来困难，无论在公园管理还是规划建设
方面都受到了制约，活动类型和方式单调，导致公园的游憩服务下降，游客的游憩体
验低。公园空间承载力通过空间容量、公园游览路径及公园体验感来评价，综合分析
发现，空间使用情况整体具有扩展潜力，需采取相应的管理措施调节公园客流量，进
行合理分流。

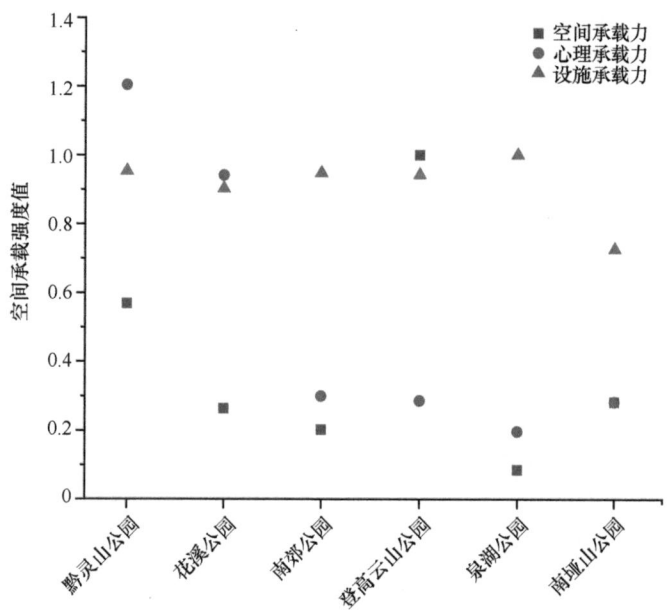

图 10-19　公园空间承载强度

3. 城市山体公园游憩可获得性

（1）缓冲区人口密度分析

运用 ArcGIS 10.2 中的"Overlay Analysis"工具，将公园缓冲区分布情况和贵阳市
整体人口密度分布进行叠加并通过矢量化处理得到各公园 500m 缓冲区人口数量和面
积，同时测算出 6 个公园的缓冲区人口密度（表 10-8），由表 10-8 可以看出，南垭山公
园、花溪公园的缓冲区为人口高密度区域，南郊公园、登高云山公园缓冲区为人口低密
度区域。为了舒缓高密度区人口压力，可以通过建设大型的公园绿地或者增建公园的方
法，在解决公园容量失衡问题的同时增强公园绿地服务覆盖范围的配置合理性。

表 10-8　公园 500m 缓冲区人口密度测算表

公园名称	缓冲面积/m²	缓冲区人口/人	缓冲区人口密度/（人/m²）
南垭山公园	561 457.27	151 200	0.269
花溪公园	574 211.73	86 016	0.15
黔灵山公园	1 343 292.34	169 924	0.126
泉湖公园	571 744.71	70 196	0.123
登高云山公园	883 404.99	90 231	0.102
南郊公园	435 233.15	29 970	0.069

（2）公园入口合理性分析

由公园出入口数量及公园入口到城市主干道的距离测量和统计（表 10-5）可知，登高云山公园的 B 出入口位置与周边城市主干道的距离太远，使得到达公园的便捷程度降低，该入口与城市干道中环路距离为 470m，未与公园西侧整合度较高的富源中路、中环路相接，也没有与高人口密度的南明区连接，因此可增设入口以便邻近居民进入出。登高云山公园因地貌特殊，公园仅有两个出入口，且只有一个为主出入口，可适当在公园西北方向设置出入口对接新天大道，服务这一方向居民。

由图 10-20 可以看出花溪公园、南垭山公园和泉湖公园人口密度分级最为明显。公园入口位置与 500m 缓冲区内的人口密度分布相叠加表明，6 个公园的主出入口共有 22 个，其中，位于高人口密度（≥10 000 人/km²）分布区的有 HX1A、HX1D、YY2A、YY2B、YY1A、BY1A、WD1B 共 7 个，位于中人口密度（1000～10 000 人/km²）分布区的有 YY2C、YY2D、HX1C、HX1B、BY1B、BY1C、WD1A、YY1B 共 8 个，位于低人口密度（≤1000 人/km²）分布区的有 YY1C、YY1D、NM1A、NM1B、NM1C、NM1D、NM1E 共 7 个。

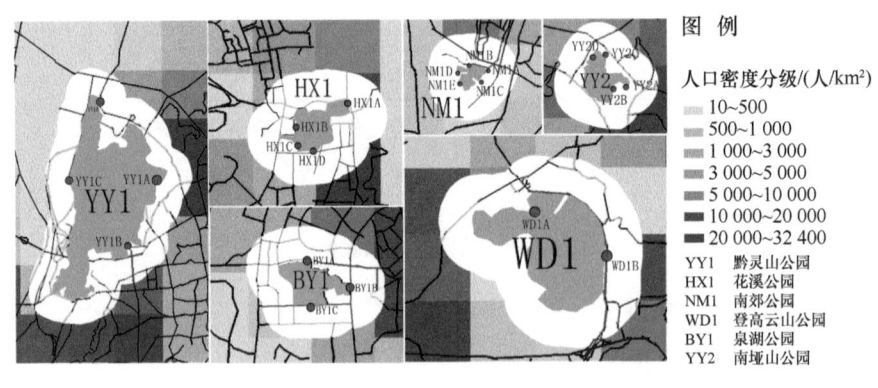

图 10-20　公园入口分布与人口密度叠加

综上所述，由入口数量和距离分析可知，花溪公园、泉湖公园、南垭山公园、黔灵山公园出入口设置合理，即这几个公园入口数量较多且距城市干道的距离相对较近，入口位置大多面向人口密度高的区域，使得周边居民进园游憩的需求得到满足。南郊公园、登高云山公园出入口还需进行进一步改造或者增建。

（3）公园可达性分析

通过 AutoCAD 截取公园缓冲区内道路轴线模型，用 UCL Depthmap 10 软件得到道路整合度数值并用不同颜色标示。由图 10-21 可见，道路整合度高的公园空间相对密集，公园游憩空间布局总体合理，花溪公园、泉湖公园、黔灵山公园是以商业科研用地为主的区域，道路整合度高，人流量大，在该范围公园空间出现"局部加密"现象，且这几个公园都属于市级公园，既能防止对公园造成过大的使用压力，又能为居民提供更多出行选择。出现局部不合理的公园有南垭山公园、南郊公园、登高云山公园，登高云山公

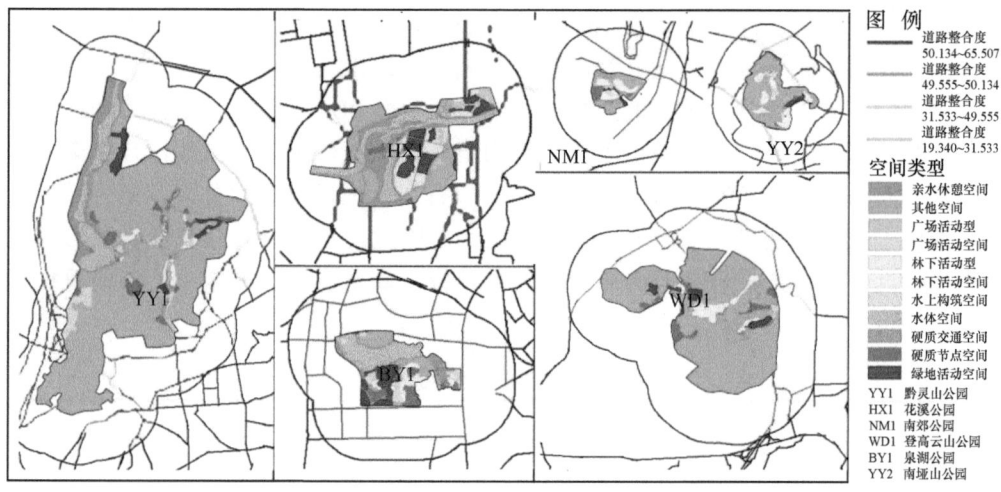

图 10-21　公园空间分布与轴线模型叠加分析

园周边道路可达性较低，且路网单一，限制了公园游憩服务功能，周边高整合度路网不多，游憩功能单一、不齐全，公园游憩功能较好的区域未能服务于周边居民，不能满足居民及游客的游憩需求。

　　将城市人口密度与公园可达性进行叠加得到图 10-22，可以看出，高人口密度区域的公园有黔灵山公园、花溪公园、泉湖公园，公园的高可达性分布路网情况与人口密度等级分布趋势基本吻合。但南郊公园可达性高，人口密度却较低；人口密度极高（10 000～20 000 人/km²）的大片区域，仅有一个较高可达性的黔灵山公园，明显不能满足周边城市居民游憩需求。

　　各公园所能服务的游人数量依次是黔灵山公园 169 924 人、南垭山公园 151 200 人、登高云山公园 90 231 人、花溪公园 86 016 人、泉湖公园 70 196 人、南郊公园 29 970 人、除泉湖公园和登高云山公园外，其余公园所能服务的游人数量与常住人口数量多少差别不大。造成排名差异的原因为：泉湖公园属"千园之城"规划建设示范园，公园相关服务和设施配置较为合理；登高云山公园面积大，游人容量高，但因为公园可达性不高，游憩功能受限，实际游人较少。

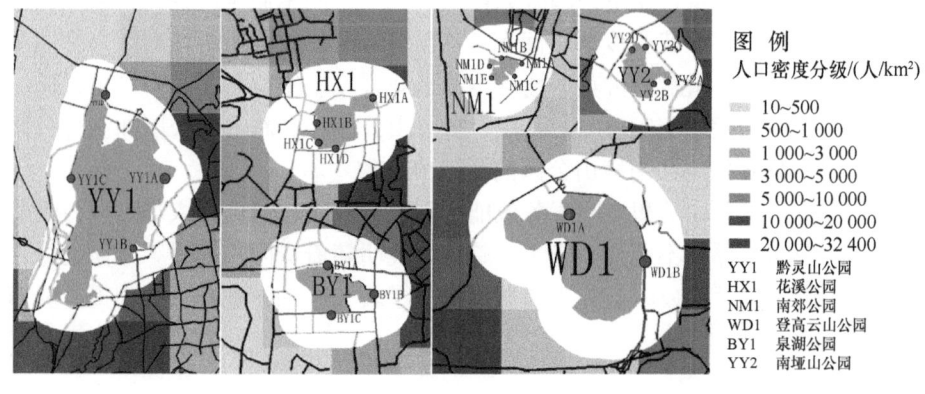

图 10-22　公园缓冲区人口密度与可达性模型叠加分析

经测算得到的可达性结果见表 10-9。结果表明，公园可达性由高到低排序为：黔灵山公园、花溪公园、泉湖公园、登高云山公园、南垭山公园、南郊公园。公园可达性高的原因是公园入口到主干道的距离、公园入口数量和道路整合度都较为合理，如高可达性的公园泉湖公园到达城市干道的平均距离为 73m，公园入口数量有 3 个，其中在高密度人口（≥10 000 人/km²）区域的入口有 2 个；低可达性公园南郊公园，公园入口都位于人口低密度区域（≤1000 人/km²）。因此，公园只有与整合度高的城市干道距离较近，入口数量较多且多半以上的入口位于高密度人口区域，连接便捷程度高，其对外可达性才会高。

表 10-9　山体公园游憩可达性

公园名称	可达性
黔灵山公园	65.507
花溪公园	50.134
南郊公园	15.597
登高云山公园	31.573
泉湖公园	49.555
南垭山公园	19.340

4. 城市山体公园游憩空间效能

对公园的空间容量、空间承载和游憩可获得性进行归一化处理，通过加权求和法得到各公园游憩空间效能。由图 10-23 可以看出，各公园内部存在一定的共性，公园游憩空间效能由高到低依次为：黔灵山公园、花溪公园、泉湖公园、登高云山公园、南郊公园、南垭山公园，效能值均集中在[1，3]。人均游憩效能指标上由高到低依次为：黔灵山公园、登高云山公园、泉湖公园、花溪公园、南郊公园、南垭山公园，人均效能值集中在[0.2，1]。但各公园在等级上表现出一定的差异性，在各自指标上都处于高等级的花溪公园，游憩空间效能值为 2.395，人均游憩效能为 0.438；在各指标上都处于低等级的南垭山公园，游憩空间效能值为 1.166，人均游憩效能值为 0.212。根据各公园图像趋势可知，各公园游憩空间效能指标贡献值从大到小排序为：黔灵山公园空间承载强度＞游憩可获得性＞空间容量，花溪公园游憩可获得性＞空间承载强度＞空间容量，泉湖公园游憩可获得性＞空间承载强度＞空间容量，登高云山公园游憩可获得性＞空间承载强度＞空间容量，南郊公园游憩可获得性＞空间承载强度＞空间容量，南垭山公园游憩可获得性＞空间承载强度＞空间容量。其中，黔灵山公园、登高云山公园和南郊公园的指标贡献值一致，花溪公园和南垭山公园的贡献值一致。

总体来看，公园人均游憩空间服务效能区间差异较大，但选择人均可获得性作为评价指标时，公园间差异并不明显，有集中趋势。说明随着贵阳市建设"千园之城"规划建设的推进，快速建设的公园已为当地居民提供了较公平的游憩机会，为提升城市居民福祉做出了极大贡献。

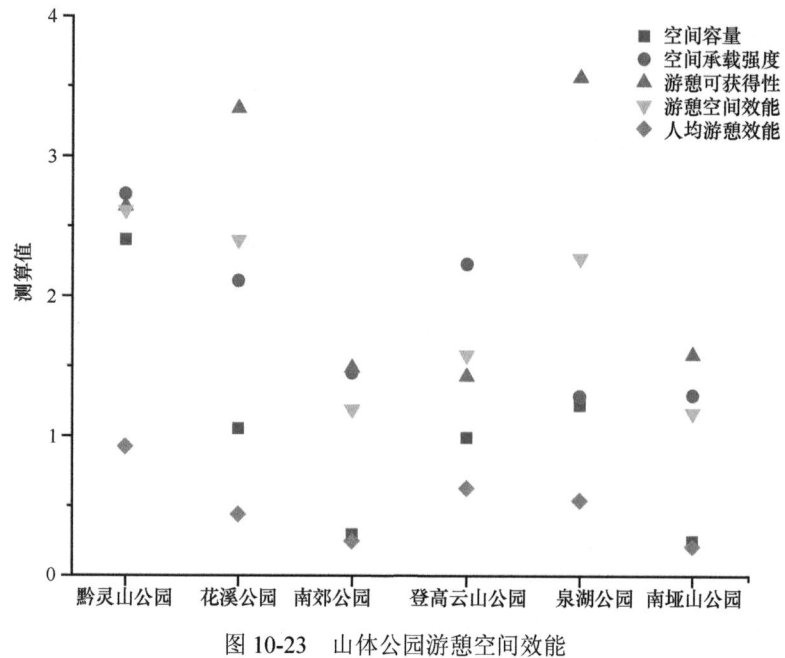

图 10-23　山体公园游憩空间效能

10.3　本 章 小 结

目前我国对城市游憩空间的总体特征、分类体系、相关属性的综合研究相对于现实需求显得十分不足。由于山体公园游憩空间的复杂性和多样性，空间分类系统不可能包括所有类型。随着社会的发展，游憩空间越来越呈现出综合性、多功能的特点。由于空间差异，同一类游憩空间在不同城市中功能会有所不同，面向本地居民的服务属性不是绝对统一的（吴承照，1995）。部分原因是空间的规划设计，随时代发展和使用群体不同，空间活动也不断发展，很大程度上，公园调查更趋向于使用后评估。张勋（2013）结合城市游憩空间的现状，将城市游憩空间划分为 2 个大类，8 个中类，52 个基本类型。钱冶澄（2014）则将游憩空间分为了旅游景点依托型、商业设施依托型、公共空间依托型、城市滨水游憩依托型和文化与娱乐场所依托型。李明芳（2017）结合休闲区域市民的功能性质和相互关系，将游憩空间分为广场、文化娱乐及体育场所、休闲场所、旅游景点、城市内部及郊区大型绿地、其他休闲场所等。在以后的研究中，针对活动者数量多寡、活动类型丰富程度，可选取多功能复合空间进行进一步分析（屠荆清，2017）。在公园规划设计中，关于形态意义的局部空间结构和社会经济意义的宏观空间设计依赖于个人经验判断较多，缺乏定量的评价（付益帆等，2021）。以空间句法为技术手段对空间进行分割量化，研究空间组构与人类经济社会的关系，以及公园空间类型和分布特征的相关评价，在实践和理论研究过程中出现了多种方法，如网络分析法、最小距离法、引力模型法、空间句法等，用以量化评价空间游憩潜力和空间分布布局（张合兵等，2018；吕梁等，2019）。

本研究试图通过实证，以游憩空间容量、游憩空间承载强度和游憩可获得性建立喀斯特山体公园游憩空间效能评价体系，研究运用喀斯特山体公园空间容量测算、空间承载强度测算和喀斯特山体公园的游憩可获得性等分析方法，对延续公园文脉、发展新的游憩机会和营造空间新秩序有较强参考价值。

环境容量、承载力等概念提出后，从风景园林、环境保护以及城市规划等学科拓展了公园游憩研究的内涵，同时也提出了许多可量化模型。根据不同学科特点对公园环境容量的研究各有侧重，在生态学中，环境容量主要反映人口、资源与环境之间的关系，注重资源与环境的协调，保证发展的可持续性，并总结游憩中容量对自然环境、社会、管理等要素的重要性（Manning and McMahan，2011）。在旅游学领域，为了不影响旅游业规模的最高限度，在旅游环境、社会、文化、经济及游憩者感受质量等方面量化了旅游人数最大值（万幼清，2004）。许多学者从不同角度透过风景区旅游资源利用分析承载量探讨游憩承载的意义，如杨锐（1996）建立了游憩承载量概念体系；保继刚（1992）提出了 5 种旅游环境承载量的概念体系，即心理承载量、资源承载量、生态承载量、经济承载量和环境承载量；崔凤军（1995）指出旅游环境承载量的组成要素，即环境生态承纳量、资源空间承载量、心理承载量和经济承载量等内容。当游憩活动使用强度超过使用准则时会影响评估标准所能接受的程度，使得游憩资源受到冲击。游憩承载量的评估大多数涉及社会心理承载量和实质生态承载量两个方面，综合已有研究成果，针对特殊的公园游憩承载方面，以社会心理承载量为主进行探讨。就我国而言，人多地少、资源短缺与污染严重等问题是目前存在的现实环境问题，关于环境容量研究的争论未曾平息。在风景园林学科，以城市公园绿地兼有自然与人工生态环境特征区域为研究对象，只能通过改善绿地结构和效能，以此提升公园绿地空间的生态效能，实现环境可持续发展。

本章通过空间句法研究公园的可达性，综合公园入口合理性和游憩服务范围的人口密度分析山体公园游憩可获得性发现，空间句法在喀斯特多山城市公园游憩服务效能的评价实践性良好，为将来对其深入研究奠定了基础，并为山体公园未来的空间布局提供了依据。但其中仍有不足之处。其一，基于物理缓冲距离的可达性评价方法并未考虑居民的选择意愿（尹海伟等，2008）。许多研究表明，公园可达性水平高，但使用率低，这造成了由空间句法理论测算出的需求和居民实际行为的差异。其二，公园能提供的服务应该考虑到相关质量问题，如舒适度、安全性、品质和艺术价值等，而不能同质化地认为游人容量可以概括这些服务。其三，在进行结果分析和评价时，笼统地将缓冲区内的交通、商业以及生活空间等其他空间与公园的容量、空间承载、游憩可获得性进行叠加分析，探讨山体公园游憩空间服务效能与其他空间关联的方法较为单一，因此评价结果可能只能反映部分现象。

现阶段关于容量的深入研究对于城市公园绿地的规划建设和维护管理等方面都具有重要的现实意义。但目前我国对城市公园绿地空间环境容量的深入研究仍处于起步阶段，针对相关概念尚没有统一的定义，不同学科都根据学科的特点各自进行定义。综合诸多学者的研究成果，并无系统性量化公园绿地特征与城市空间形态关系的研究，在未来还需要对生物多样性、景观组成等绿地内部特征进行量化分析（尹海伟等，2008），从而对城市空间形态做出更精准的评价。

主要参考文献

安明态. 2019. 喀斯特森林土壤水分和养分格局及其植物物种多样性维持机制研究[D]. 贵阳: 贵州大学博士学位论文.

安明态, 喻理飞, 王加国, 等. 2017. 茂兰喀斯特植被恢复过程群落数量特征及健康度研究[J]. 山地农业生物学报, 36(4): 33-38.

包维楷, 陈庆恒. 1999. 退化山地生态系统恢复和重建问题的探讨[J]. 山地学报, 17(1): 22-27.

保继刚. 1992. 论旅游地理学的研究核心[J]. 人文地理, (2): 11-18.

比尔·希列尔, 盛强. 2014. 空间句法的发展现状与未来[J]. 建筑学报, (8): 60-65.

曹伟, 朱鹏辉. 2019. 基于分形理论作出的镇总体规划边界量化评价[J]. 城市发展研究, 26(8): 18-22.

曹越, 万斯·马丁, 杨锐. 2019. 城市野境: 城市区域中野性自然的保护与营造[J]. 风景园林, (8): 20-24.

车生泉, 郑丽蓉, 宫宾. 2009. 城市自然遗留地景观保护设计的方法[J]. 中国园林, (4): 20-25.

陈昌笃. 1981. 进展中的植物生态学[J]. 生物学通报, (3): 13-16.

陈彦光. 2017. 城市形态的分维估算与分形判定[J]. 地理科学进展, 36(5): 529-539.

陈彦光, 刘继生. 2007. 城市形态分维测算和分析的若干问题[J]. 人文地理, (3): 98-103.

陈梓茹, 傅伟聪, 董建文. 2017. 基于场景可视化的城区山体美学质量评价研究——以福州市为例[J]. 中国园林, 33(10): 108-112.

成文青, 陶宇, 吴未, 等. 2020. 基于MSPA-连接度-空间句法的生态保护空间及优先级识别——以苏锡常地区为例[J]. 生态学报, 40(5): 1789-1798.

程明洋, 陶伟, 贺天慈. 2015. 空间句法理论与建筑空间的研究[J]. 地域研究与开发, 34(3): 45-52.

崔凤军. 1995. 城市水环境承载力的实例研究[J]. 山东矿业学院学报, (2): 140-144.

崔凤军, 刘家明. 1998. 旅游环境承载力理论及其实践意义[J]. 地理科学进展, (1): 86-91.

崔亚琴, 樊兰英, 刘随存, 等. 2019. 山西省森林生态系统服务功能评估[J]. 生态学报, 39(13): 4732-4740.

党丽娟, 宋建军. 2020. 新时代全国地质调查需求研究[J]. 中国国土资源经济, 33(1): 43-49, 55.

邓晓红, 毕坤. 2004. 贵州省喀斯特地貌分布面积及分布特征分析[J]. 贵州地质, (3): 191-193, 177.

刁星, 程文. 2015. 城市空间绩效评价指标体系构建及实践[J]. 规划师, (8): 110-115.

丁兰, 陈涛. 2017. 武汉市蔡甸区山体保护规划及管控实施策略[J]. 规划师, 33(11): 100-105.

樊杰, 蒋子龙, 陈东. 2014. 空间布局协同规划的科学基础与实践策略[J]. 城市规划, 38(1): 16-25, 40.

范格塞尔 P H. 1991. 荷兰西部城市群的绿色结构研究[J]. 许慧, 译. 国外城市规划, (3): 40-42, 39.

范小杉, 高吉喜, 于勇. 2007. 基于生态补偿实施的 NSE 生态服务功能分类体系及应用模型[J]. 生态经济, (4): 35-39.

方紫妍, 李林瑜, 艾克拜尔·毛拉, 等. 2019. 人为干扰对西天山野果林群落结构和物种多样性的影响[J]. 水土保持通报, 39(2): 267-274.

冯舒, 孙然好, 陈利顶. 2018. 基于土地利用格局变化的北京市生境质量时空演变研究[J]. 生态学报, 38(12): 4167-4179.

福斯特·恩杜比斯, 希瑟·惠伊洛, 芭芭拉·多伊奇, 等. 2015. 景观绩效: 过去、现状及未来[J]. 风景园林, (1): 40-51.

付益帆, 杨凡, 包志毅. 2021. 基于空间句法和 LBS 大数据的杭州市综合公园可达性研究[J]. 风景园林, 28(2): 69-75.

傅伯杰. 2018. 新时代自然地理学发展的思考[J]. 地理科学进展, 37(1): 1-7.

傅伯杰, 陈利顶, 马克明, 等. 2011. 景观生态学原理及应用(第二版) [M]. 北京: 科学出版社.

傅强, 宋军, 毛锋, 等. 2012. 青岛市湿地生态网络评价与构建[J]. 生态学报, 32(12): 3670-3680.

干靓. 2018. 城市建成环境对生物多样性的影响要素与优化路径[J]. 国际城市规划, 33(4): 67-73.

宫宾, 车生泉. 2007. 城市自然遗留地的概念及分类初探[J]. 上海交通大学学报(农业科学版), (3): 223-227, 231.

宫聪. 2018. 绿色基础设施导向的城市公共空间系统规划研究[D]. 南京: 东南大学博士学位论文.

古恒宇, 黄铎, 沈体雁, 等. 2019. 多源城市数据驱动下城市设计中的空间句法模型校核及应用研究[J]. 规划师, 35(5): 67-73.

郭锐, 陈东, 樊杰. 2019. 国土空间规划体系与不同层级规划间的衔接[J]. 地理研究, 38(10): 2518-2526.

韩博平. 1993. 生态网络与生态网络分析[J]. 自然杂志, (Z1): 46-49.

韩贵锋, 赵珂, 袁兴中, 等. 2008. 基于空间分析的山地生态敏感性评价——以四川省万源市为例[J]. 山地学报, (5): 531-537.

韩婧, 李冲, 李颖怡. 2017. 基于 GIS 的珠海市西区绿地生态网络构建[J]. 西北林学院学报, 32(5): 243-251.

韩西丽, 李迪华. 2009. 城市残存近自然生境研究进展[J]. 自然资源学报, 24(4): 561-566.

韩勇, 余斌, 朱媛媛, 等. 2016. 英美国家关于列斐伏尔空间生产理论的新近研究进展及启示[J]. 经济地理, 36(7): 19-26, 37.

黄光宇. 2005. 山地城市空间结构的生态学思考[J]. 城市规划, (1): 57-63.

黄磊昌, 宋悦, 邹美智, 等. 2014. 基于资源与环境关系的城市绿地系统规划评价指标体系[J]. 规划师, 30(4): 119-124.

黄龙生, 王兵, 牛香, 等. 2019. 济南市森林生态系统服务功能空间格局研究[J]. 生态学报, 39(17): 6477-6486.

黄贞珍, 魏雯, 李哲惠. 2017. 基于景观格局分析的大型校园绿道网络构建——以昆明理工大学呈贡校区为例[J]. 昆明理工大学学报(自然科学版), 42(4): 108-116.

贾振毅, 陈春娣, 童笑笑, 等. 2017. 三峡沿库城镇生态网络构建与优化——以重庆开州新城为例[J]. 生态学杂志, 36(3): 782-791.

简·雅各布斯. 2005. 美国大城市的死与生(纪念版)[M]. 金衡山, 译. 南京: 译林出版社.

姜世国, 周一星. 2006. 北京城市形态的分形集聚特征及其实践意义[J]. 地理研究, (2): 204-212, 369.

蒋思敏, 张青年, 陶华超. 2016. 广州市绿地生态网络的构建与评价[J]. 中山大学学报(自然科学版), 55(4): 162-170.

焦世泰, 王鹏, 陈景信. 2019. 滇黔桂省际边界民族地区土地资源可持续利用[J]. 经济地理, 39(1): 172-181.

金达·赛义德, 特纳·阿拉斯代尔, 比尔·希利尔, 等. 2016. 线段分析以及高级轴线与线段分析: 选自《空间句法方法: 教学指南》第 5、6 章[J]. 城市设计, (1): 32-55.

金燕. 2016. 森林型国家生态旅游示范区生态价值评估与预测研究[D]. 长沙: 中南林业科技大学博士学位论文.

金振洲. 2009. 植物社会学理论与方法[M]. 北京: 科学出版社.

景阿馨, 杜文武, 张建林. 2014. 自贡市中心城区自然山体保护与利用研究[J]. 南方农业, 8(4): 13-18.

孔繁花, 尹海伟. 2008. 济南城市绿地生态网络构建[J]. 生态学报, (4): 1711-1719.

匡奕敦, 彭羽, 桑卫国. 2020. 湘西生态系统服务时空变化分析[J]. 生态环境学报, 29(1): 105-113.

李凤霞. 2018. 西安城市绿地生态效益评价体系及价值估算研究[D]. 西安: 西安建筑科技大学博士学位论文.

李桂静, 廖江华, 吴斌, 等. 2020. 我国喀斯特断陷盆地石漠化区植物群落构建机制研究[J]. 世界林业研究, 33(3): 67-73.

李恒. 2019. 植物群落功能性状对喀斯特山地旅游的响应及其维持机制[D]. 贵阳: 贵州师范大学硕士

学位论文.

李华. 2015. 城市生态游憩空间服务功能评价与优化对策[J]. 城市规划, 39(8): 63-69.

李嘉译, 匡鸿海, 谭超, 等. 2018. 长江经济带城市扩张的时空特征与生态响应[J]. 长江流域资源与环境, 27(10): 2153-2161.

李柳华, 刘小平, 欧金沛, 等. 2019. 基于随机森林模型的城市扩张三维特征时空变化及机制分析[J]. 地理与地理信息科学, 35(2): 53-60.

李明芳. 2017. 城市游憩空间形态特征的空间句法分析——以烟台市主城区为例[J]. 现代园艺, (22): 108.

李睿. 2019. 黔中山地城市植物物种多样性空间格局研究[D]. 贵阳: 贵州大学硕士学位论文.

李晟, 曹悦, 曲俊翰, 等. 2020. 武汉市游憩空间分布质量与服务能力研究: 基于 POI 与 LBS 签到数据[J]. 中国建筑装饰装修, (6): 80-81.

李文华, 张彪, 谢高地. 2009. 中国生态系统服务研究的回顾与展望[J]. 自然资源学报, 24(1): 1-10.

李小马, 刘常富. 2009. 基于网络分析的沈阳城市公园可达性和服务[J]. 生态学报, 29(3): 1554-1562.

李雄. 2006. 园林植物景观的空间意象与结构解析研究[D]. 北京: 北京林业大学博士学位论文.

李雅琦. 2016. 广州市白云区绿地生态网络的构建[D]. 广州: 仲恺农业工程学院硕士学位论文.

李在军, 张雅倩, 胡美娟, 等. 2016. 基于最低成本—周期模型的昆明市空间形态演变研究[J]. 长江流域资源与环境, 25(5): 708-714.

李宗发. 2011. 贵州喀斯特地貌分区[J]. 贵州地质, 28(3): 177-181.

林坚, 赵冰, 刘诗毅. 2019. 土地管理制度视角下现代中国城乡土地利用的规划演进[J]. 国际城市规划, 34(4): 23-30.

刘滨谊, 卫丽亚. 2015. 基于生态能级的县域绿地生态网络构建初探[J]. 风景园林, (5): 44-52.

刘高慧, 肖能文, 高晓奇, 等. 2019. 不同城市化梯度对北京绿地植物群落的影响[J]. 草业科学, 36(1): 69-82.

刘海龙. 2009. 连接与合作: 生态网络规划的欧洲与荷兰经验[J]. 中国园林, 25(9): 31-35.

刘稼丰, 焦利民, 董婷, 等. 2018. 一种新的城市景观扩张过程测度方法: 多阶邻接度指数[J]. 地理科学, 38(11): 1741-1749.

刘杰, 张浪, 季益文, 等. 2019. 基于分形模型的城市绿地系统时空进化分析——以上海市中心城区为例[J]. 现代城市研究, (10): 12-19.

刘锐, 胡伟平, 王红亮, 等. 2011. 基于核密度估计的广佛都市区路网演变分析[J]. 地理科学, 31(1): 81-86.

刘世超, 柯新利. 2019. 中国城市群土地利用效率的演变特征及提升路径[J]. 城市问题, (9): 54-61.

刘世梁, 侯笑云, 尹艺洁, 等. 2017. 景观生态网络研究进展[J]. 生态学报, 37(12): 3947-3956.

刘颂, 张心素. 2019. 城市中心区山体景观保护策略研究[J]. 中国城市林业, 17(5): 74-78.

刘彦伶, 李渝, 张萌, 等. 2019. 基于文献计量的贵州喀斯特地区石漠化等级土壤养分状况分析[J]. 中国土壤与肥料, (2): 171-180.

刘勇, 张星星, 陈吉煜. 2016. 山地城市绿地演变及其对城市扩展的影响——以重庆为例[J]. 西部人居环境学刊, 31(6): 69-73.

龙健, 吴求生, 李娟, 等. 2020. 贵州茂兰喀斯特森林不同小生境类型对岩石溶蚀的影响[J/OL]. 土壤学报. [2021-02-05]. http://kns.cnki.net/kcms/detail/32.1119.P.20200908.1536.006.html.

路晓, 王金满, 李新凤, 等. 2017. 基于最小费用距离的土地整治生态网络构建[J]. 水土保持通报, 37(4): 143-149, 346.

吕梁, 陈钟煊, 魏文静, 等. 2019. 基于 GIS 的城市滨海游憩空间分布特征研究[J]. 长春师范大学学报, 38(6): 102-107, 134.

骆畅. 2018. 山地城市绿地生态系统服务价值评估及规划策略研究[D]. 北京: 北京林业大学博士学位论文.

马克平, 黄建辉, 于顺利, 等. 1995. 北京东灵山地区植物群落多样性的研究. II丰富度、均匀度和物种多样性指数[J]. 生态学报, (3): 268-277.

麦克·哈格. 2006. 设计结合自然[M]. 黄经纬, 译. 天津: 天津大学出版社.

毛齐正, 黄甘霖, 邬建国. 2015. 城市生态系统服务研究综述[J]. 应用生态学报, 26(4): 1023-1033.

孟兆祯. 2009. 浅谈城市的安全和规划的基点[J]. 城市规划, 33(11): 16-17.

苗苗, 李长健. 2017. 城市土地利用与社会-经济-自然系统协调发展研究——以长江中游城市群 26 市为例[J]. 城市发展研究, 24(7): 1-6, 18.

聂春祺, 谷人旭, 王春萌, 等. 2017. 城市空间自相关特征及腹地空间格局研究——以福建省为例[J]. 经济地理, 37(10): 74-81.

牛莉芹. 2019. 人类干扰对五台山森林群落结构的影响[J]. 应用与环境生物学报, 25(2): 300-312.

欧阳志云, 王如松, 赵景柱. 1999b. 生态系统服务功能及其生态经济价值评价[J]. 应用生态学报, (5): 635-640.

欧阳志云, 王效科, 苗鸿. 1999a. 中国陆地生态系统服务功能及其生态经济价值的初步研究[J]. 生态学报, (5): 607-613.

钱冶澄. 2014. 基于空间句法的城市游憩空间形态研究——以厦门岛为例[D]. 厦门: 厦门大学硕士学位论文.

秦随涛, 龙翠玲, 吴邦利. 2018. 地形部位对贵州茂兰喀斯特森林群落结构及物种多样性的影响[J]. 北京林业大学学报, 40(7): 18-26.

卿凤婷, 彭羽. 2016. 基于景观结构的北京市顺义区生态风险时空特征[J]. 应用生态学报, 27(5): 1585-1593.

仁青吉, 武高林, 任国华. 2009. 放牧强度对青藏高原东部高寒草甸植物群落特征的影响[J]. 草业学报, 18(5): 256-261.

任梅. 2018. 基于景观生态分析的山地城市绿地格局研究[D]. 贵阳: 贵州大学硕士学位论文.

阮玉龙, 连宾, 安艳玲, 等. 2013. 喀斯特地区生态环境保护与可持续发展[J]. 地球与环境, 41(4): 388-397.

沈清基. 2017. 城市生态修复的理论探讨: 基于理念体系、机理认知、科学问题的视角[J]. 城市规划学刊, (4): 30-38.

盛茂银, 熊康宁, 崔高仰, 等. 2015. 贵州喀斯特石漠化地区植物多样性与土壤理化性质[J]. 生态学报, 35(2): 434-448.

盛叶子, 曾蒙秀, 林德根, 等. 2020. 2000-2014 年人类活动对贵州省植被净初级生产力的影响[J]. 中国岩溶, 39(1): 62-70.

史北祥, 杨俊宴. 2019. 基于 GIS 平台的大尺度空间形态分析方法——以特大城市中心区高度、密度和强度为例[J]. 国际城市规划, 34(2): 111-117.

侍昊. 2010. 基于 RS 和 GIS 的城市绿地生态网络构建技术研究[D]. 南京: 南京林业大学硕士学位论文.

税伟, 杜勇, 王亚楠, 等. 2019. 闽三角城市群生态系统服务权衡的时空动态与情景模拟[J]. 生态学报, 39(14): 5188-5197.

宋姣姣, 彭鹏, 周国华, 等. 2017. GIS 支持下的长沙市生态环境敏感性分析[J]. 中南林业科技大学学报(社会科学版), 11(4): 21-26.

宋世雄, 刘志锋, 何春阳, 等. 2018. 城市扩展过程对自然生境影响评价的研究进展[J]. 地球科学进展, 33(10): 1094-1104.

宋永昌. 2001. 植被生态学[M]. 上海: 华东师范大学出版社.

苏维词. 2000. 贵州喀斯特山区生态环境脆弱性及其生态整治[J]. 中国环境科学, (6): 547-551.

苏维词, 朱文孝. 2000. 贵州喀斯特山区生态环境脆弱性分析[J]. 山地学报, (5): 429-434.

苏维词, 朱文孝, 李坡. 2001. 论贵州喀斯特地域自然保护区的生态旅游开发[J]. 地域研究与开发, (1): 87-90.

汤茜, 丁访军, 朱四喜, 等. 2020. 茂兰喀斯特地区不同植被演替阶段对土壤化学性质与酶活性的影响[J]. 生态环境学报, 29(10): 1943-1952.

唐志军, 叶显东, 夏慧君. 2012. 浅析城市规划中的山体保护与利用: 以株洲市枫溪生态山体保护规划为例[C]//中国城市规划学会. 多元与包容: 2012 中国城市规划年会论文集. 昆明: 云南科技出版社: 844-851.

田雅楠, 张梦晗, 许荡飞, 等. 2019. 基于"源-汇"理论的生态型市域景观生态安全格局构建[J]. 生态学报, (7): 1-10.

屠荆清. 2017. 空间组成对使用者行为影响之研究——以台北市大安森林公园为例[J]. 风景园林, (11): 113-117.

万幼清. 2004. 旅游环境容量确定方法的探讨[J]. 江西财经大学学报, (4): 60-63.

王彬. 2016-03-07. 济南今年拟打造 15 处山体公园[N]. 济南日报.

王兵, 任晓旭, 胡文. 2011. 中国森林生态系统服务功能及其价值评估[J]. 林业科学, 47(2): 145-153.

王伯荪. 1998. 城市植被与城市植被学[J]. 中山大学学报(自然科学版), (4): 10-13.

王剑强, 王志泰. 2014. 基于缓解热岛效应的山地城市生态斑块研究——以贵州省贞丰县为例[J]. 西北林学院学报, 29(2): 232-236.

王竞永, 王江萍. 2019. "城市双修"视角下的城市山体修复研究——以武汉大学为例[J]. 城市建筑, 16(31): 52-54.

王力国. 2016. 生态和谐的山地城市空间格局规划研究——以重庆主城区为例[D]. 重庆: 重庆大学博士学位论文.

王世杰, 张信宝, 白晓永. 2015. 中国南方喀斯特地貌分区纲要[J]. 山地学报, 33(6): 641-648.

王显, 龙健, 李娟, 等. 2020. 贵州茂兰喀斯特森林不同演替下土壤真核微生物多样性[J]. 环境科学, 41(9): 438-445.

王砚耕. 1996. 贵州主要地质事件与区域地质特征[J]. 贵州地质, (2): 99-104.

王燕, 高吉喜, 王金生, 等. 2013. 生态系统服务价值评估方法述评[J]. 中国人口·资源与环境, (11): 337-339.

王玉圳. 2018. 城市双修指导下的三亚山体修复规划探索[C]//中国城市规划学会. 共享与品质: 2018 中国城市规划年会论文集. 杭州: 中国建筑工业出版社: 1-9.

王云才. 2009. 上海市城市景观生态网络连接度评价[J]. 地理研究, 28(2): 284-292.

王云才, 申佳可, 彭震伟, 等. 2018. 适应城市增长的绿色基础设施生态系统服务优化[J]. 中国园林, (10): 45-49.

王志芳, 李迪华, 杨凌, 等. 2017. 生态系统负面服务研究与城市问题诊断[J]. 景观设计学, 5(6): 28-35.

魏绪英, 蔡军火, 叶英聪, 等. 2018. 基于 GIS 的南昌市公园绿地景观格局分析与优化设计[J]. 应用生态学报, 29(9): 2852-2860.

邬建国. 2007. 景观生态学: 格局、过程、尺度与等级(第二版)[M]. 北京: 高等教育出版社.

吴昌广, 周志翔, 王鹏程, 等. 2009. 基于最小费用模型的景观连接度评价[J]. 应用生态学报, 20(8): 2042-2048.

吴承照. 1995. 西欧城市游憩规划的历史理论和方法[J]. 城市规划汇刊, (4): 22-27, 33, 63.

吴健生, 曹祺文, 石淑芹, 等. 2015. 基于土地利用变化的京津冀生境质量时空演变[J]. 应用生态学报, 26(11): 3457-3466.

吴健生, 马洪坤, 彭建. 2018. 基于"功能节点—关键廊道"的城市生态安全格局构建: 以深圳市为例[J]. 地理科学进展, 37(12): 1663-1671.

吴唯佳, 吴良镛, 石楠, 等. 2019. 空间规划体系变革与学科发展[J]. 城市规划, 43(1): 17-24, 74.

吴杨哲, 刘丽. 2012. 景观生态学理论在城市绿地系统规划中的应用分析[J]. 河北林业科技, (4): 37-39.

吴映梅, 张超, 杨艳昭, 等. 2019. 云南宣威市集镇体系分形特征及影响因素[J]. 经济地理, 39(7): 85-95.

吴榛, 王浩. 2015. 扬州市绿地生态网络构建与优化[J]. 生态学杂志, 34(7): 1976-1985.

向杏信, 黄宗胜, 王志泰. 2021a. 喀斯特多山城市空间形态结构与植物群落物种多样性的耦合关系——以安顺市为例[J]. 生态学报, 41(2): 575-587.

向杏信, 王志泰, 范春苗, 等. 2021b. 喀斯特多山城市植物群落物种多样性空间分异特征——以安顺市为例[J]. 西部林业科学, 50(2): 56-61.

肖寒, 欧阳志云, 赵景柱, 等. 2000. 森林生态系统服务功能及其生态经济价值评估初探——以海南岛尖峰岭热带森林为例[J]. 应用生态学报, (4): 481-484.

谢高地. 2015. 城市生物多样性保护与生态系统服务供给[J]. 环境保护, 43(5): 25-28.

谢高地, 鲁春霞, 成升魁. 2001a. 全球生态系统服务价值评估研究进展[J]. 资源科学, (6): 5-9.

谢高地, 张彩霞, 张昌顺, 等. 2015a. 中国生态系统服务的价值[J]. 资源科学, 37(9): 1740-1746.

谢高地, 张彩霞, 张雷明, 等. 2015b. 基于单位面积价值当量因子的生态系统服务价值化方法改进[J]. 自然资源学报, 30(8): 1243-1254.

谢高地, 张钇锂, 鲁春霞, 等. 2001b. 中国自然草地生态系统服务价值[J]. 自然资源学报, (1): 47-53.

谢高地, 甄霖, 鲁春霞, 等. 2008. 一个基于专家知识的生态系统服务价值化方法[J]. 自然资源学报, (5): 911-919.

辛琨, 肖笃宁. 2002. 盘锦地区湿地生态系统服务功能价值估算[J]. 生态学报, (8): 1345-1349.

熊康宁, 池永宽. 2015. 中国南方喀斯特生态系统面临的问题及对策[J]. 生态经济, 31(1): 23-30.

徐银凤, 汪德根, 沙梦雨. 2019. 双维视角下苏州城市空间形态演变及影响机理[J]. 经济地理, 39(4): 75-84.

许宁. 2010. 山体绿线控制规划研究[J]. 中国建材科技, 19(4): 78-81.

闫维, 李洪远, 孟伟庆. 2010. 欧美生态网络规划对中国的启示[J]. 环境保护, (18): 64-66.

杨光梅, 李文华, 闵庆文. 2006. 生态系统服务价值评估研究进展——国外学者观点[J]. 生态学报, (1): 205-212.

杨启池, 李亭亭, 汪正祥, 等. 2017. 神农架国家公园生态敏感性综合评价[J]. 湖北大学学报(自然科学版), 39(5): 455-461.

杨锐. 1996. 风景区环境容量初探——建立风景区环境容量概念体系[J]. 城市规划汇刊, (6): 12-15, 32, 64.

杨瑞, 喻理飞. 2015. 退化喀斯特森林自然恢复过程中的冠层结构特征及其动态变化[J]. 中国水土保持科学, 13(4): 32-36.

杨文越, 李昕, 叶昌东. 2019. 城市绿地系统规划评价指标体系构建研究[J]. 规划师, 35(9): 71-76.

殷铭, 周俊汝, 薛杰, 等. 2017. 总体城市设计中山体景观眺望体系构建研究——以武夷山市为例[J]. 风景园林, (12): 101-106.

尹海伟, 孔繁花, 祈毅, 等. 2011. 湖南省城市群生态网络构建与优化[J]. 生态学报, 31(10): 2863-2874.

尹海伟, 孔繁花, 宗跃光. 2008. 城市绿地可达性与公平性评价[J]. 生态学报, (7): 3375-3383.

于强, 杨澜, 岳德鹏, 等. 2018. 基于复杂网络分析法的空间生态网络结构研究[J]. 农业机械学报, 49(3): 214-224.

于溪, 李强, 肖逸雄, 等. 2018. 基于GlobeLand30的中国城市扩张模式及其对生态用地的影响[J]. 地理与地理信息科学, 34(3): 5-12.

于振良. 2016. 生态学的现状与发展趋势[M]. 北京: 高等教育出版社.

於晓磊. 2015. "城乡景融合发展"理念下的城市郊野公园建设——以遵义市南部新城山体公园规划设计为例[J]. 建筑知识, 35(12): 193-194.

袁周炎妍, 万荣荣. 2019. 生态系统服务评估方法研究进展[J]. 生态科学, 38(5): 210-219.

苑涛, 贾亚男. 2011. 中国西南岩溶生态系统脆弱性研究进展[J]. 中国农学报, 27(32): 175-180.

曾雨静. 2018. 山地城市生物多样性保护规划策略研究[D]. 贵阳: 贵州大学硕士学位论文.

詹庆明, 郭华贵. 2015. 基于GIS和RS的遗产廊道适宜性分析方法[J]. 规划师, 31(S1): 318-322.

张彪, 谢高地, 肖玉, 等. 2010. 基于人类需求的生态系统服务分类[J]. 中国人口·资源与环境, 20(6): 64-67.

张德顺, 赖剑青. 2016. 城市山体景观生存危机[J]. 中国城市林业, 14(2): 28-32, 22.

张帆, 张伶伶, 张蓓蓓. 2017. 集群形态理论下的城市结构生长模式[J]. 建筑学报, (10): 112-117.

张合兵, 于壮, 邵河顺. 2018. 基于多源数据的自然生态空间分类体系构建及其识别[J]. 中国土地科学, 32(12): 24-33.

张建利, 吴华, 喻理飞, 等. 2013. 贵州草海湿地流域典型喀斯特森林植物群落结构特征[J]. 南方农业学报, 44(3): 471-477.

张瑾珲. 2019. 黔中地区喀斯特山体公园游人容量研究[D]. 贵阳: 贵州大学硕士学位论文.

张瑾珲, 王志泰, 邢龙. 2020. 基于空间分析法的喀斯特山体公园空间承载力及提升策略——以黔灵山公园为例[J]. 中国园林, 36(3): 120-125.

张军以, 戴明宏, 王腊春, 等. 2015. 西南喀斯特石漠化治理植物选择与生态适应性[J]. 地球与环境, 43(3): 269-278.

张蕾, 苏里, 汪景宽, 等. 2014. 基于景观生态学的鞍山市生态网络构建[J]. 生态学杂志, 33(5): 1337-1343.

张林, 田波, 周云轩, 等. 2015. 遥感和 GIS 支持下的上海浦东新区城市生态网络格局现状分析[J]. 华东师范大学学报(自然科学版), (1): 240-251.

张茜, 段城江, 周典, 等. 2019. 深圳城市出行空间结构研究[J]. 城市发展研究, 26(3): 16-23, 2.

张荣, 余飞燕, 周润惠, 等. 2020. 坡向和坡位对四川夹金山灌丛群落结构与物种多样性特征的影响[J]. 应用生态学报, 31(8): 2507-2514.

张仕豪, 熊康宁, 张俞, 等. 2019. 石漠化封山育林区不同坡向群落空间结构与环境因子的关系[J]. 四川农业大学学报, 37(5): 676-684, 694.

张喜, 王莉莉, 刘延惠, 等. 2016. 喀斯特天然林植物多样性指数和土壤理化指标的相关性[J]. 生态学报, 36(12): 3609-3620.

张晓琳, 金晓斌, 赵庆利, 等. 2020. 基于多目标遗传算法的层级生态节点识别与优化——以常州市金坛区为例[J]. 自然资源学报, 35(1): 174-189.

张信宝, 王世杰, 孟天友. 2012. 石漠化坡耕地治理模式[J]. 中国水土保持, (9): 41-44.

张勋. 2013. 福州市游憩空间供给与需求特征研究[D]. 福州: 福建师范大学硕士学位论文.

张亚丽. 2020. 基于空间句法的校园空间形态认知研究——以武汉大学校园为例[J]. 建筑与文化, (7): 131-132.

张妍, 郑宏媚, 陆韩静. 2017. 城市生态网络分析研究进展[J]. 生态学报, 37(12): 4258-4267.

张玉洋, 孙雅婷, 姚崇怀. 2019. 空间句法在城市公园可达性研究中的应用——以武汉三环线内城市公园为例[J]. 中国园林, 35(11): 92-96.

张远, 王志泰. 2016. 岩溶地区山地城市山体绿地资源公园化利用初探——以黔中城市为例[J]. 山地农业生物学报, (4): 30-35.

张远景, 俞滨洋. 2016. 城市生态网络空间评价及其格局优化[J]. 生态学报, 36(21): 6969-6984.

张竹村. 2019. 城市生态修复效果评价指标体系构建研究[J]. 中国园林, 35(11): 36-40.

赵同谦, 欧阳志云, 郑华, 等. 2004. 中国森林生态系统服务功能及其价值评价[J]. 自然资源学报, (4): 480-491.

郑德凤, 郝帅, 吕乐婷, 等. 2020. 三江源国家公园生态系统服务时空变化及权衡协同关系[J]. 地理研究, 39(1): 64-78.

中国科学院生物多样性委员会. 1994. 生物多样性研究的原理与方法[M]. 北京: 中国科学技术出版社.

周亮进, 由文辉. 2007. 闽江河口湿地景观格局动态及其驱动力[J]. 华东师范大学学报(自然科学版), (6): 77-87.

周年兴, 俞孔坚, 李迪华. 2005. 风景名胜区规划中的相关利益主体分析——以武陵源风景名胜区为例[J]. 经济地理, (5): 716-719.

周颖, 田银生, 魏开. 2013. 康泽恩城市形态学理论在中国的发展及思考[C]//中国城市规划学会. 城市时代 协同规划: 2013 中国城市规划年会论文集. 青岛: 青岛出版社: 286-301.

周玉璇, 李郇, 申龙. 2018. 资本循环视角下的城市空间结构演变机制研究——以海珠区为例[J]. 人文地理, 33(4): 68-75.

朱强, 俞孔坚, 李迪华. 2005. 景观规划中的生态廊道宽度[J]. 生态学报, (9): 2406-2412.

Abem J. 1995. Greenway as a planing strategy[J]. Landscape and Urban Planning, (33): 131-155.

Ahern J. 1991. Planning for an extensive open space system: linking landscape structure and function[J]. Landscape and Urban Planning, 21: 1-2.

Alonzo M, Mcfadden J P, Nowak D J, et al. 2016. Mapping urban forest structure and function using hyperspectral imagery and lidar data[J]. Urban Forestry & Urban Greening, 17: 135-147.

Anderson E C, Minor E S. 2017. Vacant lots: an underexplored resource for ecological and social benefits in cities[J]. Urban Forestry & Urban Greening, 21: 146-152.

Auslander M, Nevo E, Inbar M. 2003. The effects of slope orientation on plant growth, developmental instability and susceptibility to herbivores[J]. Journal of Arid Environments, 55(3): 405-416.

Balasooriya B L W K, Samson R, Mbikwa F, et al. 2009. Biomonitoring of urban habitat quality by anatomical and chemical leaf characteristics[J]. Environmental and Experimental Botany, 65(2-3): 386-394.

Barbier E B. 2000. Valuing the environment as input: review of application to mangrove-fishery linkages[J]. Ecological Economics, 35: 47-61.

Batty M. 1985. Fractals-geometry between dimensions[J]. New Scientist, 106: 31-35.

Benguigui L, Czamanski D, Marinov M, et al. 2000. When and where is a city fractal[J]? Environment & Planning B Planning & Design, 27(4): 507-519.

Board M E A. 2005. Millenium Ecosystem Assessment: ecosystems and human well-being: wetlands and water synthesis[J]. Physics Teacher, 34(9): 534.

Bratman G N, Anderson C B, Berman M G, et al. 2019. Nature and mental health: an ecosystem service perspective[J]. Science Advances, 5(7): eaax0903.

Brunbjerg A K, Hale J D, Bates A J, et al. 2018. Can patterns of urban biodiversity be predicted using simple measures of green infrastructure[J]? Urban Forestry & Urban Greening, 32: 143-153.

Budd W W, Cohen P L, Saunders P R, et al. 1996. Stream corridor management in the pacific Northwest: I. determination of stream-corridor widths[J]. Environment Management, 20(5): 589-597.

Burkhard B, Petrosillo L, Costanza R. 2010. Ecosystem services-bridging ecology, economy and social sciences[J]. Ecological Complexity, 7(3): 257-259.

Calderón-Contreras R, Quiroz-Rosas L E. 2017. Analysing scale, quality and diversity of green infrastructure and the provision of Urban Ecosystem Services: a case from Mexico City[J]. Ecosystem Services, 23: 127-137.

Carlson C, Canty D, Steiner F, et al. 1989. A path for the palouse: an example of conservation and recreation planning[J]. Landscape and Urban Planning, (17): 1-9.

Chen A L, Yao L, Sun R H, et al. 2014. How many metrics are required to identify the effects of the landscape pattern on land surface temperature[J]? Ecological Indicators, 45: 424-433.

Chen B, Nie Z, Chen Z Y, et al. 2017. Quantitative estimation of 21st-century urban green space changes in Chinese populous cities[J]. Science of the Total Environment, 609: 956-965.

Chen F, Zhou Z X, Xiao R B. 2006. Estimation of ecosystem services of urban green-land in industrial areas: a case study on green-land in the workshop area of the Wuhan Iron and Steel Company[J]. Acta Ecologica Sinica, 26(7): 2229-2236.

Chen W J, Li C Y, He G M, et al. 2013. Dynamics of CO_2 exchange and its environmental controls in an urban green-land ecosystem in Beijing Olympic Forest Park[J]. Acta Ecologica Sinica, 33(20): 6712-6720.

Chiesura A. 2003. The role of urban parks for the sustainable city[J]. Landscape and Urban Planning, 68(1): 129-138.

Costanza R, D'Arge R, de Groot, et al. 1997. The value of the world's ecosystem services and natural capital[J]. Nature, 387(6630): 253-260.

Cristina A, Daniel D, Luis Z. 2019. Characteristics of urban parks and their relation to user well-being[J].

Landscape and Urban Planning, 189: 27-35.

Daily G C, Tore S, Aniyar S, et al. 2000. The value of nature and the nature of value[J]. Science, 289(5478): 395-396.

de Araújo M L V S, Bernard E. 2016. Green remnants are hotspots for bat activity in a large Brazilian urban area[J]. Urban Ecosystems, 19: 287-296.

de Groot R S, Alkemade R, Braat L, et al. 2010. Challenges in integrating the concept of ecosystem services and values in landscape planning, management and decision making[J]. Ecological Complexity, 7(3): 260-272.

de la Barrera F, Henríquez C, Coulombié F, et al. 2019. Periurbanization and conservation pressures over remnants of native vegetation: impact on ecosystem services for a Latin-American capital city[J]. Change and Adaptation in Socio-Ecological Systems, 4(1): 21-32.

Desyllas J, Duxbury E. 2001. Axial maps and visibility graph analysis: a comparison of their methodology and use in models of urban pedestrian movement[C]. Atlanta: International Symposium on Space Syntax.

Ehrlich P R, Ehrlich A H. 1981. The causes of consequences of the disappearance of species[J]. Quarterly Review of Biology, (1): 82-85.

Ehrlich P R, Ehrlich A H, Holdren J P. 1977. Ecoscience: Population, Resources, Environment[M]. San Francisco: Freeman and Co.

Esbah H, Cook E A, Ewan J. 2009. Effects of increasing urbanization on the ecological integrity of open space preserves[J]. Environmental Management, 43(5): 846-862.

Fahrig L. 2017. Ecological responses to habitat fragmentation per se[J]. Annual Review of Ecology, Evolution, and Systematics, 48: 1-23.

Fahrig L. 2019. Habitat fragmentation: a long and tangled tale[J]. Global Ecology and Biogeography, 28(1): 33-41.

Fahrig L, Arroyo-Rodríguez V, Bennett J R, et al. 2019. Is habitat fragmentation bad for biodiversity[J]? Biological Conservation, 230: 179-186.

Fernández I C, Wu J G, Simonetti J A. 2019. The urban matrix matters: quantifying the effects of surrounding urban vegetation on natural habitat remnants in Santiago de Chile[J]. Landscape and Urban Planning, 187: 181-190.

Fletcher R J, Didham R K, Banks-Leite C, et al. 2018. Is habitat fragmentation good for biodiversity[J]? Biological Conservation, (226): 9-15.

Gibb H, Hochuli D. 2002. Habitat fragmentation in an urban environment: large and small fragments support different arthropod assemblages[J]. Biological Conservation, 106: 91-100.

Goode D. 1998. Integration of Nature in Urban Development[M].//Breuste J, Feldmann H, Uhlmann O. Urban Ecology. Berlin: Springer.

Guetté A, Gaüzère P, Devictor V, et al. 2017. Measuring the synanthropy of species and communities to monitor the effects of urbanization on biodiversity[J]. Journal of Computational & Graphical Stats, 26(1): 182-194.

Hillier B, Penn A. 1996. Cities as movement economies[J]. Urban Design International, 1(1): 49-60.

Hobbs R J, Hussey B, Saunders D A. 1990. Nature conservation 2, the role of corridors[J]. Journal of Environmental Management, 31(1): 93-94.

Holdren J P, Ehrlich P R. 1974. Human population and the global environment[J]. American Scientist, 62: 282-292.

Kibria A S M G, Behie A, Costanza R, et al. 2017. The value of ecosystem services obtained from the protected forest of Cambodia: the case of Veun Sai-Siem Pang National Park[J]. Ecosystem Services, 26: 27-36.

Kinzig A P, Warren P, Martin C, et al. 2004. The effects of human socioeconomic status and cultural characteristics on urban patterns of biodiversity[J]. Ecology and Society, 10(1): 585-607.

Knapp S, Kühn I, Schweiger O, et al. 2008. Challenging urban species diversity: contrasting phylogenetic patterns across plant functional groups in Germany[J]. Ecology Letters, 11(10): 1054-1064.

Koprowska K, Łaszkiewicz E, Kronenberg J. 2020. Is urban sprawl linked to green space availability[J]? Ecological Indicators, 108: 105723.

Korakis G, Gerasimidis A, Poirazidis K, et al. 2006. Floristic records from Dadia-Lefkimi-Soufli National Park, NE Greece[J]. Flora Mediterranea, 16: 11-32.

Lloyd J L, Taylor J A. 1994. On the temperature dependence of soil respiration[J]. Functional Ecology, 8(3): 315-323.

Malkinson D, Kopel D, Wittenberg L. 2018. From rural-urban gradients to patch – matrix frameworks: plant diversity patterns in urban landscapes[J]. Landscape and Urban Planning, 169: 260-268.

Manning R E, McMahan K K. 2011. Studies in Outdoor Recreation: Search and Research for Satisfaction[M]. Corvallis: Oregon State University Press.

Miller J R. 2005. Biodiversity conservation and the extinction of experience[J]. Trends in Ecology & Evolution, 20(8): 430-434.

Müller A, Bøcher P K, Svenning J C. 2015. Where are the wilder parts of anthropogenic landscapes? A mapping case study for Denmark[J]. Landscape and Urban Planning, 144: 90-102.

Natálie Č, Veronika K, Zdeňka L. 2017. Effects of settlement size, urban heat island and habitat type on urban plant biodiversity[J]. Landscape and Urban Planning, 159: 15-22.

Nowak D J, Greenfield E J. 2012. Tree and impervious cover change in US cities[J]. Urban Forestry & Urban Greening, 11(1): 21-30.

Osborn F. 1946. The Urgency of Conservation Education[J]. The American Biology Teacher, 9(3): 72-75.

Ottewell K, Pitt G, Pellegrino B, et al. 2019. Remnant vegetation provides genetic connectivity for a critical weight range mammal in a rapidly urbanising landscape[J]. Landscape and Urban Planning, 190: 103587.

Parsons H, French K, Major R E. 2003. The influence of remnant bushland on the composition of suburban bird assemblages in australia[J]. Landscape and Urban Planning, 66(1): 43-56.

Pennekamp F, Pontarp M, Tabi A, et al. 2018. Biodiversity increases and decreases ecosystem stability[J]. Nature, 563: 109-112.

Ramalho C E, Laliberté E, Poot P, et al. 2014. Complex effects of fragmentation on remnant woodland plant communities of a rapidly urbanizing biodiversity hotspot[J]. Ecology, 95(9): 2466-2478.

Romero-Duque L P, Trilleras J M, Castellarini F, et al. 2020. Ecosystem services in urban ecological infrastructure of Latin America and the Caribbean: how do they contribute to urban planning[J]? Science of the Total Environment, 1728: 138780.

Saunders A, Duncan J, Hurley J, et al. 2020. Leaf my neighbourhood alone! predicting the influence of densification on residential tree canopy cover in perth[J]. Landscape and Urban Planning, 199: 103804.

SCEP. 1970. Man's impact on the global environment: assessment and recommendations for action[M]. Cambridge: MIT Press.

Seto K C, Güneralp B, Hutyra L R. 2012. Global forecasts of urban expansion to 2030 and direct impacts on biodiversity and carbon pools[J]. Proceedings of the National Academy of Sciences, 109(40): 16083-16088.

Smith M J, Ruykys L, Palmer B, et al. 2020. The impact of a fox- and cat free safe haven on the bird fauna of remnant vegetation in south-western Australia[J]. Restoration Ecology, 28(2): 468-474.

Soga M, Gaston K J. 2016. Extinction of experience: the loss of human-nature interactions[J]. Frontiers in Ecology and the Environment, 14(2): 94-101.

Sushinsky J R, Rhodes J R, Possingham H P, et al. 2013. How should we grow cities to minimize their biodiversity impacts[J]. Global Change Biology, 19(2): 401-410.

Tiwary N K, Urfi A J. 2016. Spatial variations of bird occupancy in Delhi: the significance of woodland habitat patches in urban centres[J]. Urban Forestry & Urban Greening, 20: 338-347.

Walker J S, Grimm N B, Briggs J M, et al. 2009. Effects of urbanization on plant species diversity in central Arizona[J]. Frontiers in Ecology and the Environment, 7(9): 465-470.

Wallace K J. 2007. Classification of ecosystem services: problems and solutions[J]. Biological Conservation, 139(3-4): 235-246.

Wang Y C, Shen J K, Xiang W N. 2018. Ecosystem service of green infrastructure for adaptation to urban growth: function and configuration[J]. Ecosystem Health and Sustainability, 4(5): 132-143.

Westman W E. 1977. How much are natures services worth[J]? Science, 197(4307): 960-964.

White H, Shah P. 2019. Attention in urban and natural environments[J]. The Yale Journal of Biology and Medicine, 92(1): 115-120.

Willianm V. 1948. Road to survival[J]. Soil Science, 67(1): 75.

Yan Z G, Teng M J, He W, et al. 2019. Impervious surface area is a key predictor for urban plant diversity in a city undergone rapid urbanization[J]. Science of the Total Environment, 650: 335-342.

Yu D Y, Shi P J, Liu Y P, et al. 2013. Detecting land use-water quality relationships from the viewpoint of ecological restoration in an urban area[J]. Ecological Engineering, 53: 205-216.

Yu Q, Yue D P, Wang Y H, et al. 2018. Optimization of ecological node layout and stability analysis of ecological network in desert oasis: a typical case study of ecological fragile zone located at Deng Kou County (Inner Mongolia)[J]. Ecological Indicators, 84: 304-318.

Zambrano J, Garzon-Lopez C X, Yeager L, et al. 2019. The effects of habitat loss and fragmentation on plant functional traits and functional diversity: what do we know so far[J]? Oecologia, 191(6): 505-518.

Zhang L, Hou G L, Li F P. 2020. Dynamics of landscape pattern and connectivity of wetlands in western Jilin Province, China[J]. Environment, Development and Sustainability, 22(3): 2517-2528.

Zhang X, Wang L L. 2015. Effect of soil organic matter content on soil physical and chemical indexes and plant diversity indexes of natural secondary Karst forest in Southern Guizhou Province, China[J]. Agricultural Science & Technology, 16(11): 2372-2378.